"十二五"普通高等教育本科国家级规划教材

普通高等教育"十一五"国家级规划教材

21世纪高校机电类规划教材

数控机床与编程

第 2 版

主　编　郑　堤

副主编　张　建　王春海　陈廉清

参　编　梁雅琴　潘晓彬

主　审　李郝林

机械工业出版社

本书以实际应用为出发点，在简要介绍数控技术的历史、现状和发展趋势，数控技术原理，数控系统功能与结构原理，以及数控机床的使用、维护与管理的基础上，结合大量工程实例，详细介绍数控机床的结构与特点，重点介绍数控机床（包括数控车床、铣床和加工中心）的加工工艺特点、手工编程加工方法以及计算机辅助编程加工方法和软件等。

本书兼顾了课堂教学及自学的特点和需要，每章都附有一定数量的习题与思考题，有助于读者加深对本书内容的理解及检验学习效果。

本书还提供配套的 CAI 课件，便于采用现代化手段进行教学。

本书可作为高校机械类本科生的专业课或选修课教材，也可供夜大、函授或数控技术培训使用，还可供从事数控加工与管理的工程技术人员参考。

图书在版编目（CIP）数据

数控机床与编程/郑堤主编. —2 版. —北京：机械工业出版社，2010.5（2019.1 重印）

普通高等教育"十一五"国家级规划教材. 21 世纪高校机电类规划教材

ISBN 978 – 7 – 111 – 30011 – 3

Ⅰ. ①数…　Ⅱ. ①郑…　Ⅲ. ①数控机床 – 程序设计 – 高等学校 – 教材　Ⅳ. ①TG659

中国版本图书馆 CIP 数据核字（2010）第 038577 号

机械工业出版社（北京市百万庄大街 22 号　邮政编码 100037）
策划编辑：邓海平　刘小慧　责任编辑：李建秀　责任校对：张莉娟
封面设计：张　静　　　　　责任印制：孙　炜
保定市中画美凯印刷有限公司印刷
2019 年 1 月第 2 版·第 10 次印刷
184mm×260mm · 18.25 印张 · 390 千字
标准书号：ISBN 978 – 7 – 111 – 30011 – 3
定价：39.80 元

21世纪高校机电类规划教材

编 审 委 员 会

序

为了适应我国制造业迅速发展的需要，培养大批素质高、应用能力与实践能力强的应用综合型人才已成为当务之急。这同时对高等教育的办学理念、体制、模式、机制和人才培养等方面提出了全新的要求。

为了打通新形势下高等教育和社会需求之间的瓶颈，中国机械工业教育协会机电类学科教学委员会和机械工业出版社联合成立了"21世纪高校机电类规划教材"编审委员会，本着"重基本理论、基本概念，淡化过程推导，突出工程应用"的原则，组织教材编写工作，并力求使本套教材突出以下特点：

（1）科学定位 本套教材主要面向应用的综合型人才的培养，既不同于培养研究型人才的教材，也不同于一般应用型本科的教材；在保持高学术水准的基础上，突出工程应用，强调创新思维。

（2）品种齐全 这套教材设有"力学"、"制图"、"设计"、"数控"、"控制"、"实训"、"材料"和"双语"等模块，方便学校选用。

（3）立体化程度高 教材均要求配备CAI课件和相关的教辅材料，并在网站上为本套教材开设研讨专栏。

机械工业出版社是我国成立最早、规模最大的科技出版社之一，是国家级优秀出版社，是国家高等教育的教材出版基地之一，在机电类教材出版领域具有很高的地位。相信这套教材在中国机械工业教育协会机电类学科委员会和机械工业出版社的精心组织下，通过全国几十所学校的老师的仔细认真的编写，一定能够为我国高等教育应用综合型人才的培养提供更好用、更实用的教材。

教育部·机械工程及自动化专业分教学指导委员会·主任
中国机械工业教育协会·高等学校机械工程及自动化学科教学委员会·主任
李培根　院士
于华中科技大学

第 2 版前言

改革开放以来，特别是进入 21 世纪以来，伴随我国工业经济的迅速崛起，许多中小企业陆续完成了艰苦的原始积累过程，科技创新意识逐步增强，科技创新投入不断提高，加速了我国制造业从"中国制造"向"中国创造"的转变。蕴含创新成果的高新技术产品需要采用先进制造装备来生产。因此，数控机床开始大量进入中小企业的生产车间，掌握数控技术的应用型人才已经成为企业的迫切需求。为了服务传统产业的转型升级，针对企业需要培养一大批数控紧缺人才，几乎所有地方普通高校的机电类专业都将数控机床与编程技术作为一门重要的专业课程列入其教学计划。

本书正是为了适应这一经济形势发展的需要，在机械工业出版社的组织和支持下，联合 5 所普通地方高校具有多年数控机床与编程技术教学和科研经验的教师共同编写而成的。本书自 2005 年第 1 版问世以来，由于在体系结构和内容上充分考虑了应用型本科院校的教学特点，具有较明显的特色，尤其是比较适合针对企业的需要进行应用型人才培养，因此受到了各兄弟院校同仁的厚爱，4 年内已有十余所普通地方高校选用本书作为授课教材，另有许多企业工程技术人员选用本书作为自学参考书。本书于 2008 年被教育部列入"十一五"国家级规划教材。

本书的修订，一方面针对编者使用过程中发现的若干不足之处以及因形势发展而需及时更新之处，另一方面充分采纳了读者陆续反馈的一些中肯意见和建议。修订的内容主要包括下述几个方面：1）对重要概念或名词（如插补、对刀、电主轴等）进行了更加准确、详尽的阐释；2）按照常用数控系统（如 FANUC）的编程规则对部分数控加工程序实例进行了补充、修改与完善；3）对不太清楚的插图进行了重绘或替换；4）对有关数控技术和数控行业发展的数据进行了更新。

参加本书修订工作的有：浙江大学宁波理工学院郑堤（第一、七章），广东海洋大学张建（第二章），宁波工程学院陈廉清（第三章），华北工学院梁雅琴（第四章，第五章一、二节），北华航天工业学院王春海（第五章三、四节，第六章）。

本书在编写和修订过程中参考了许多已公开或未公开发表的各类有关资料，采纳了许多老师和读者的意见和建议，在此一并表示衷心的感谢。

限于编者水平，书中错误、疏漏之处在所难免，恳请广大读者批评指正。

编 者
于浙江大学宁波理工学院

第1版前言

本书是在 2004 年 4 月由中国机械工业教育协会机电类学科委员会和机械工业出版社联合举办的应用型高等工程教育机械类专业年会上提出的 "21 世纪高校机电类规划教材" 之一，由宁波大学、湛江海洋大学、北华航天工业学院、宁波工程学院、华北工学院五所院校合作编写的。

数控机床自 20 世纪 50 年代问世以来，随着微电子技术、集成电路技术、计算机与信息处理技术、伺服驱动技术和精密机械技术的进步而得到迅速发展。目前，数控系统已经经历了从电子管、晶体管、集成电路到小型计算机、微型计算机等五代的演变，正在进入基于工业 PC 的第六代发展阶段；数控机床品种从数控铣床、数控车床发展到各种加工中心机床和柔性制造系统，几乎所有机械制造装备都有相应的数控产品；数控机床的应用已经从大中型企业普及到更加广泛的中小型企业甚至家庭作坊，据资料介绍，2004 年我国数控机床消费量近 8 万台，机床产值数控化率已达 32.7%；数控机床正在适应技术与经济发展的需要向智能化、开放化、网络化、高速化、精密化和复合化方向发展。

"数控机床" 或 "数控技术" 课程早在 20 世纪 80 年代就已被普遍列入高等学校机械类专业的教学计划，但其教材和教学内容均侧重于数控机床或数控技术的研究，面向数控机床应用的内容则被忽视。随着高等教育大众化时代的到来，以及我国制造业的迅速崛起，对数控机床应用人才的需求更加迫切，更多的高等院校机械类专业毕业生将主要从事数控机床的应用与管理。据资料介绍，我国近几年数控应用专业人才的缺口高达几十万人，而且随着制造业信息化的不断向前推进，需求数量还将进一步扩大。针对这种社会需求的变化，有必要进一步加强数控机床应用人才的培养，在有关数控机床的课程中强调实用性知识的讲授，并在数控机床教材中加强实用性知识的介绍。本书就是基于上述需要而编写的。

本书共分七章。第一章介绍数控技术与数控机床的基本概念、原理、特点、分类等以及数控机床发展历史、现状及趋势；第二章介绍数控系统及数控装置的结构及工作原理；第三章介绍数控机床机械结构；第四章介绍数控加工与编程基础；第五章介绍数控机床手工编程原理及方法；第六章介绍数控机床计算机辅助编程原理及方法；第七章介绍数控机床的购置、使用与维护保养。本书内容丰富，介绍深入浅出，既注意与先修课程的衔接，又避免相互重复，并将侧重点放在了实际应用上。本书还有配套的 CAI 课件，方便教学。

参加本书编写的有：宁波大学郑堤（第一章）；广东海洋大学张建（第二章）；北华航天工业学院王春海（第五章第三、四节，第六章）；宁波工程学院陈廉清（第三章）；华北工学院梁雅琴（第四章，第五章第一、二节）；宁波大学潘晓彬（第七章）。本书由郑堤担任主编，张建、王春海、陈廉清担任副主编，上海理工大学李郝林教授担任主审。

　　本书编写过程中参考了许多已公开出版或未公开出版的有关资料，在此向这些资料的作者致以衷心的感谢。

　　限于编者的水平，书中错误、疏漏之处在所难免，恳请广大读者批评指正。

编　者

于宁波大学

目　　录

第一章 绪 论

第一节 数控技术的基本概念与原理

数字控制技术，简称数控技术（Numerical Control，NC），是采用数字指令信号对机电产品或设备进行控制的一种自动控制技术。数控技术与传统的设备自动控制技术的一个显著区别在于，数控技术不仅具有顺序逻辑控制功能，而且更重要的是具有关于运动部件位置的坐标控制功能，即采用数字指令信号对设备的坐标运动进行控制的功能。

数控技术的基本原理是，将被控设备末端执行部件的运动（或多个末端执行部件的合成运动）纳入到适当的坐标系中，将所要求的复杂运动分解成各坐标轴的简单直线运动或回转运动，并用一个满足精度要求的基本长度单位（Basic Length Unit，BLU）对各坐标轴进行离散化，由电子控制装置（即数控装置）按数控程序规定的运动控制规律产生与基本长度单位对应的数字指令脉冲对各坐标轴的运动进行控制，并通过伺服执行元件加以驱动，从而实现所要求的复杂运动。

数控技术的核心是插补与驱动。插补装置的功用是将期望的设备运动轨迹沿各坐标轴微分成基本长度单位，并转换成可控制各坐标轴运动的一系列数字指令脉冲。驱动装置是指伺服驱动系统，其功用是将插补装置输出的数字指令脉冲进行转换与放大，驱动执行元件，实现由数字指令脉冲序列规定的坐标运动，并最终由各坐标运动合成所期望的运动轨迹。对应于插补装置输出的每一个数字指令脉冲，伺服驱动系统末端执行部件所实现的理论位移被称为脉冲当量，它是系统所能控制的最小位移，又称系统的控制分辨率，一般取为基本长度单位。

早期数控功能是采用硬件数字电路实现的。现代数控功能均采用微型计算机来实现，因此又称为计算机数字控制技术，简称计算机数控（Computer Numerical Control，CNC）。计算机数控技术属先进制造技术，是现代制造业实现柔性自动化的基础，也是计算机集成制造（Computer Integrated Manufacturing，CIM）、智能制造（Intelligent Manufacturing，IM）、敏捷制造（Agile Manufacturing，AM）、虚拟制造（Virtual Manufacturing，VM）等先进制造技术或生产模式的基础。

计算机数控技术广泛应用于各种机电产品或设备的控制，如各种数控机床（CNC Machine Tools）、三坐标测量机（Coordinate Measuring Machines，CMM）、工业机器人（Industrial Robots，IR）、绘图机（Drawing Machines）、激光快速成型机（Rapid Prototyping Machines，RPM）等均采用数控技术原理进行控制。

第二节　数控机床

一、数控机床的组成与工作原理

数控机床是采用数控技术对工作台运动和切削加工过程进行控制的机床，是典型的机电一体化产品，是数控技术的最典型应用。典型数控机床的组成如图 1-1 所示。由图可见，数控机床主要由程序编制、数控装置、伺服驱动系统、强电控制系统、检测反馈系统和机床本体等六大部分组成，其中数控装置与伺服驱动系统、强电控制系统、检测反馈系统又合称为数控系统。

实际上，程序编制并非数控机床的物理组成部分，但从逻辑上讲，数控机床的加工过程必须按数控加工程序的规定进行，数控加工程序编制是数控机床加工的一个重要环节，因此常将程序编制列入数控机床的组成部分。数控装置是数控机床的运算和控制系统，目前均采用微型计算机及其外设

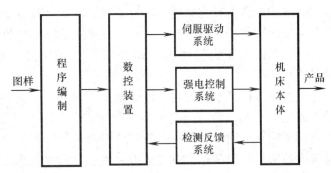

图 1-1　典型数控机床的组成框图

和各种接口电路实现。伺服驱动系统负责将数控装置输出的控制指令信号放大，并驱动机床工作台按照程序规定的轨迹运动，其输入为电信号，输出为机床的位移、速度和力。强电控制系统是介于数控装置和机床的机械与液压部件之间的各种开关执行电器的控制系统，主要实现各种辅助功能控制（如机床起停、换刀、切削液开关等控制），目前多由数控装置内置的可编程机床控制器（Programmable Machine Controller，PMC）来实现。机床本体是实现切削加工的主体，对加工过程起支撑作用，数控机床的精度、精度保持性、刚度、抗振性、低速运动平稳性、热稳定性等主要性能均取决于机床本体。检测反馈系统负责将机床各坐标轴的实际位移检测出来，并将其反馈到数控装置与程序规定的指令位移相比较，以实现闭环反馈控制，提高加工精度。开环控制的数控机床，没有检测反馈系统。

在数控机床上加工零件时，首先应根据零件图样的要求，结合所采用的数控机床的功能、性能和特点，确定合理的加工工艺，编制相应的数控加工程序，并采用适当的方式将程序输入到数控装置。在数控机床加工过程中，数控装置对数控加工程序进行编译、运算和处理，输出坐标控制指令到伺服驱动系统，顺序逻辑控制指令到 PMC，通过伺服驱动系统和 PMC 驱动机床刀具或工件按照数控加工程序规定的轨迹和工艺参数运动，从而使机床精确地加工出符合图样要求的零件。

二、数控机床的分类

数控技术与数控机床同步产生，同步发展。世界上最早出现的数控机床是一台三坐

标数控铣床，诞生于 1952 年。之后，随着数控技术的不断发展、完善和广泛应用，数控机床的种类日益繁多。为便于研究和使用，人们从不同的角度将数控机床分成不同类型，常见的有下述几种分类方法。

1. **按数控机床的加工工艺分类**

根据数控机床的加工工艺不同，并与传统机床的称谓相对应，可将数控机床分为数控车床，数控铣床，加工中心机床，数控钻床，数控磨床，数控镗床，数控剪板机，数控折弯机，数控电加工机床，数控三坐标测量机等，其中加工中心机床可将多种工艺内容集中在同一台机床上实现，具有自动换刀功能，可在工件一次装卡后连续自动地完成铣削、钻削、镗削、铰孔、扩孔、攻螺纹等多道工序的加工。常见的加工中心机床有车削加工中心和镗铣类加工中心，有些镗铣类加工中心还具有自动更换工作台功能。

2. **按数控机床运动轨迹控制方式分类**

按数控机床运动轨迹的控制方式可将数控机床分成点位控制和连续控制两大类。

（1）**点位控制数控机床** 点位控制数控机床的特点是，只要求控制刀具相对于工件在机床加工平面内从某一加工点运动到另一加工点的精确坐标位置，而对两点之间的运动轨迹原则上不进行控制，且在运动过程中不作任何加工，如图 1-2 所示。典型的点位控制数控机床有数控钻床、数控镗床、数控冲床等。这类机床无需插补器，其基本要求是定位精度、定位时间和移动速度，对运动轨迹无精度要求。

（2）**连续控制数控机床** 连续控制数控机床的特点是，不仅要求控制刀具相对于工件在机床加工空间内从某一点运动到另一点的精确坐标位置，而且要求对两点之间的运动轨迹进行精确控制，且能够边移动边加工，如图 1-3 所示。典型的连续控制数控机床有数控车床、数控铣床、加工中心、数控激光切割机床等。这类机床用于加工二维平面轮廓或三维立体轮廓，因此又称轮廓控制数控机床。这类机床的数控系统带有插补器，以精确实现各种曲线或曲面的加工。

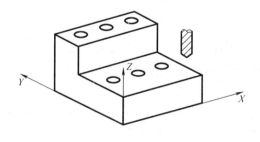

图 1-2　数控钻床点位控制示意图

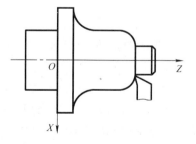

图 1-3　数控车床连续控制示意图

3. **按伺服系统控制方式分类**

按所采用的伺服系统控制方式不同，可将数控机床分成开环、闭环和半闭环控制数控机床三类。

（1）开环控制数控机床　开环控制的数控机床上没有位置检测与反馈装置，数控系统仅按照数控加工程序的规定发出位置控制指令信号，而对机床的实际执行情况不加任何检测，因此机床结构简单，成本低，但加工精度也低。这类机床一般是负载不大、精度不高的经济型数控机床，常采用步进电动机或电液步进马达做执行元件，其结构如图1-4所示。

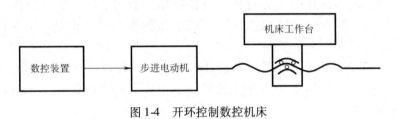

图1-4　开环控制数控机床

（2）闭环控制数控机床　闭环控制数控机床上有完善的位置检测与反馈装置，直接对机床末端执行部件的实际位置进行检测与反馈，并根据指令位置与实际位置的偏差对机床运动进行控制，因此机床加工精度高，但结构复杂，成本高。这类机床一般是负载较大的大型或重型数控机床或高精度数控机床，常采用直流或交流伺服电动机、伺服液压缸或液压马达作为执行元件，其结构原理如图1-5所示。

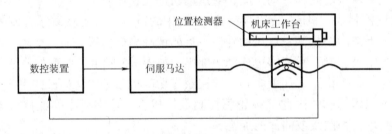

图1-5　闭环控制数控机床

（3）半闭环控制数控机床　半闭环控制数控机床是介于开环和闭环控制数控机床之间的一类机床，其控制原理与闭环控制数控机床相同，所不同的是其检测元件不直接检测机床末端执行部件的实际位置，而是通过对执行元件的输出或伺服传动机构中间某个环节的输出进行检测，依据检测点到末端执行部件的传动关系推算出末端执行部件的实际位置，其结构原理如图1-6所示。这类数控机床与闭环控制的数控机床一样采用了闭环反馈控制，但由于检测元件所安装的位置不同而将机械系统的大部分机构封闭在反馈控制环之外，因此机床结构和伺服控制系统的复杂程度、加工精度与成本等均介于开环和闭环控制数控机床之间，是目前应用最广、数量最大的一类数控机床，目前企业中使用的大部分全功能数控机床均为半闭环控制的数控机床。

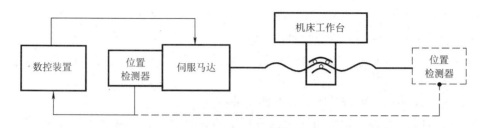

图 1-6 半闭环控制数控机床

4. 按数控机床功能强弱分类

按功能强弱可将数控机床分为经济型数控机床、全功能数控机床和高档型数控机床。

（1）经济型数控机床 经济型数控机床又称简易数控机床，主要采用功能较弱、价格低廉的经济型数控装置，多为开环控制，其机械结构与传统机床结构差异不大，刚度与精度均较低。由于这类机床经济性好，因此在我国中小企业应用广泛。目前国产数控仪表机床多为经济型数控机床，有些企业还以自用为目的，采用经济型数控装置对传统机床进行适当改造，获得经济型数控机床。经济型数控机床的脉冲当量一般在 0.001 ~ 0.01mm 范围内。

（2）全功能数控机床 全功能数控机床又称普及型数控机床，采用功能完善、价格较高的数控装置，如日本的 FANUC 系统和德国的 SIEMENS 系统等，采用闭环或半闭环控制，直流或交流伺服电动机驱动，在机械结构设计上充分考虑了强度、刚度、抗振性、低速运动平稳性、精度、热稳定性和操作宜人等方面的要求，能实现高速、强力切削或高精度产品加工。这类机床是企业生产中的关键设备，随着我国制造业的迅速发展，在企业中得到越来越普遍的应用。全功能数控机床的脉冲当量一般在 0.1 ~ 1μm 范围内。

（3）高档型数控机床 高档型数控机床是指五轴以上联动控制、能加工复杂形状零件的数控机床，或者工序高度集中、具备高度柔性的数控机床，或者可进行超高速、精密、超精密甚至纳米加工的数控机床。这类机床性能很好，但价格也很高，一般仅用在特别需要的场合。高档型数控机床的脉冲当量一般为 0.1μm 甚至更小。

5. 按控制联动坐标轴数分类

按所能控制联动坐标轴数目的不同，数控机床还可分成二坐标、三坐标、四坐标和五坐标等数控机床。二坐标数控机床主要用于加工二维平面轮廓，三坐标数控机床主要用于加工三维立体轮廓，四坐标和五坐标数控机床主要用于加工空间复杂曲面或一些高精度、难加工的特殊型面。

三、数控机床的特点

数控机床既不同于自动化的程序控制专用机床和仿型机床，也不同于手工操作的通用机床，它实际上是可编程的、具有坐标控制功能和顺序逻辑控制功能的柔性自动化通用机床。在数控机床上加工不同零件时，只需根据不同零件图样要求编制相应的零件数控加工程序，并将程序输入到数控机床，则数控机床就可在不同程序的控制下加工出不同的零件。数控机床加工一般不需要复杂工装，因此特别适合单件小批、形状复杂、精度要求高的零件加工。

与传统机床相比，数控机床具有下述显著特点：

（1）自动化程度高　数控机床上的零件加工是在程序的控制下自动完成的。在零件加工过程中，操作者只需完成装卸工件、装刀对刀、操作键盘、启动加工、加工过程监视、工件质量检验等工作，因此劳动强度低，劳动条件明显改善。数控机床是柔性自动化加工设备，是制造装备数字化的主角，是计算机辅助制造（Computer Aided Manufacturing，CAM）、柔性制造系统（Flexible Manufacturing System，FMS）、计算机集成制造系统（Computer Integrated Manufacturing System，CIMS）等柔性自动化制造系统的重要底层设备。

（2）加工精度高　数控机床的控制分辨率高，机床本体强度、刚度、抗振性、低速运动平稳性、精度、热稳定性等性能均很好，具有各种误差补偿功能，机械传动链很短，且采用闭环或半闭环反馈控制，因此本身即具有较高的加工精度。又由于数控机床的加工过程自动完成，排除了人为因素的影响，因此加工零件的尺寸一致性好，合格率高，质量稳定。

（3）生产率高　一方面，数控机床主运动速度和进给运动速度范围大且无级调速，快速空行程速度高，结构刚性好，驱动功率大，可选择最佳切削用量或进行高速强力切削，与传统机床相比切削时间明显缩短；另一方面，数控机床加工可免去划线、手工换刀、停机测量、多次装夹等加工准备和辅助时间，从而明显提高数控机床的生产效率。此外，有些数控机床采用双工作台结构，使工件装卸的辅助时间与机床的切削时间重合，进一步提高了生产效率。

（4）对工件的适应性强　数控机床具有坐标控制功能，配有完善的刀具系统，可通过数控编程加工各种形状复杂的零件。数控机床主运动速度和进给运动速度范围大且无级调速，可适应多种难加工材料零件的加工。数控机床属柔性自动化通用机床，在不需对机床和工装进行较大调整的情况下，即可适应各种批量的零件加工。

（5）有利于生产管理信息化　数控机床按数控加工程序自动进行加工，可以精确计算加工工时、预测生产周期，所用工装简单，采用刀具已标准化，因此有利于生产管理的信息化。现代数控机床正在向智能化、开放化、网络化方向发展，可将工艺参数自动生成、刀具破损监控、刀具智能管理、故障诊断专家系统、远程故障诊断与维修等功能集成到数控系统中，并可在计算机网络和数据库技术支持下将多台数控机床集成为柔性自动化制造系统，为企业制造信息化奠定底层基础。

四、数控机床坐标系

数控机床最重要的功能是坐标控制功能。数控机床坐标系是设计、制造和使用数控机床的基础。为了统一数控机床的坐标系以便于数控机床的设计与制造，保证同类数控机床零件加工程序的通用性以便于数控机床的应用，国际标准化组织于 1974 年制订了有关数控机床坐标系的国际标准 ISO841—1974。与该国际标准等效，我国于 1999 年颁布了专业标准 JB/T3051—1999《数控机床　坐标和运动方向的命名》。下面简要介绍标准中有关数控机床坐标系的规定及坐标轴的确定方法。

1. 数控机床坐标系

数控机床坐标系采用右手笛卡儿直角坐标系，如图 1-7 所示。该坐标系规定了 X、Y、Z 三个相互垂直的直线坐标轴和分别绕三个直线坐标轴回转的回转坐标轴 A、B、C。坐标系中各坐标轴应与机床各主要导轨平行设置，坐标轴 X、Y、Z 的正向采用右手定则确定，坐标轴 A、B、C 的正向采用右手螺旋定则确定。

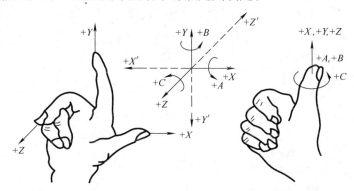

图 1-7　数控机床坐标系

通常在命名数控机床坐标系时，总是假定工件不动，刀具相对于工件运动，则坐标系用 XYZABC 表达；若刀具不动，工件相对于刀具运动，则相应的坐标系用 X'Y'Z'A'B'C' 来表达。两种坐标系中的正运动方向正好相反。

数控机床在设计、制造和使用过程中涉及到几种不同的坐标系，分别是机床坐标系、工件坐标系、绝对坐标系和相对坐标系、附加坐标系。

（1）机床坐标系　机床坐标系是机床上固有的坐标系，并设有固定的坐标原点，称机床零点或机械零点。该坐标系由数控机床制造商提供，机床出厂时该坐标系就已确定，用户不能轻易修改。该坐标系与机床的位置检测系统相对应，是数控机床的基准，机床每次上电开机后，应首先使运动部件返回机床零点，对机床坐标系进行校准。

（2）工件坐标系　工件坐标系可以任意设置，它是为编程和加工方便由编程人员在编制零件数控加工程序时设置的，不同的零件或不同的编程人员可以根据习惯或工艺特点而采用不同的工件坐标系。工件坐标系的设置主要考虑工件形状、工件在机床上的装夹方法以及刀具加工轨迹计算等因素，一般以工件图样上某一固定点为原点，按平行于各装夹定位面设置各坐标轴，按工件坐标系中的尺寸计算刀具加工轨迹并编程。加工时，通过对刀和坐标系偏置等操作建立起工件坐标系与机床坐标系的关系，将工件坐标系置于机床坐标系中，如图 1-8 所示，其中 XOY 为机床坐标系，$X_1O_1Y_1$ 为工件坐标系。数控装置则根据两个坐标系的相互关系将加工程序中的工件坐标系坐标转换成机床坐标系坐标，并按机床坐标系坐标对刀具的运动轨迹进行控制。因此，采用工件坐标系进行编程时，可以不考虑加工时所采用的具体机床的坐标系及工件在机床上的装夹位置，为编程人员带来很大方便。

（3）绝对坐标系和相对坐标系　绝对坐标系是指刀具运动轨迹上所有点的坐标值均从某一固定坐标原点计量的坐标系。相对坐标系（又称增量坐标系）是指刀具运动轨迹的终点坐标是相对于起点计量的坐标系。绝对坐标系和相对坐标系是为了编程方便而采用的，可通过标准数控代码 G90（绝对坐标指令代码）和 G91（相对坐标指令代码）进行转换。在图 1-9 中，若 A 点为刀具起点，B 点为刀具终点，采用绝对坐标系时，坐标系原点在 O 点，编程终点坐标为 $X_B = 12$，$Y_B = 15$；采用相对坐标系时，坐标原点在 O_1（A）点，编程终点坐标为 $X_{1B} = -18$，$Y_{1B} = -20$。

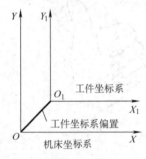

图 1-8　机床坐标系与工件
坐标系的相互关系

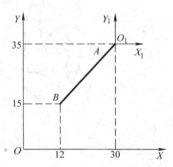

图 1-9　绝对坐标系与
相对坐标系

（4）附加坐标系　如果机床在主坐标系 $XYZABC$ 的坐标运动之外还有与之平行的坐标运动，则可分别用 U、V、W、P、Q、R 来指定相应的坐标轴，构成附加坐标系 $UVWPQR$。附加坐标系一般仅在大型数控机床上会出现。

2. 数控机床坐标轴的确定

在使用数控机床，编制数控加工程序时，应首先了解机床坐标系及其各坐标轴运动方向。一般情况下，可根据机床使用说明书或按相关标准来确定。下面简要介绍一般的确定方法。

（1）Z 轴及其方向　对于有主轴的机床，如车床、铣床、钻镗床等，Z 轴与主轴轴线平行；对于没有主轴的机床，如刨床等，或多主轴机床，如龙门式轮廓铣床等，Z 轴与工件装夹面（即工作台面）的法线平行。

使刀具远离工件或使工件尺寸增大的运动方向为 Z 轴的正方向。

由于 Z 轴特征明显，容易识别，故一般应首先确定 Z 轴及其方向。

（2）X 轴及其方向　X 轴一般位于与主轴轴线垂直或与工件装夹面平行的水平面内。

在工件旋转的机床上，如车床等，X 轴垂直于主轴轴线且平行于横向滑板，使刀具远离工件或使工件尺寸增大的运动方向为 X 轴的正方向。

在刀具旋转的机床上，若主轴是水平的，如卧式铣床等，则逆着 Z 轴正向由刀具（主轴）向工件看，X 轴的正向指向右边；若主轴是垂直的，如立式铣床等，则由刀具向立柱看，X 轴的正向指向右边。

（3）Y 轴及其方向 Y 轴及其方向可在已经确定好 Z 轴和 X 轴的基础上，按右手定则来确定。

图 1-10 ~ 图 1-12 给出了几种常见机床的坐标系，其中 XYZ 为刀具相对于工件运动的坐标系，$X'Y'Z'$ 为工件相对于机床运动的坐标系。对于立式和卧式加工中心，可分别参照立式铣床和卧式镗铣床来确定坐标系。

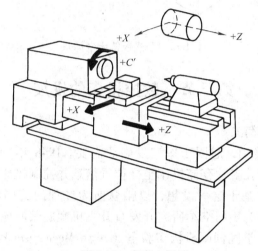

图 1-10 车床坐标系

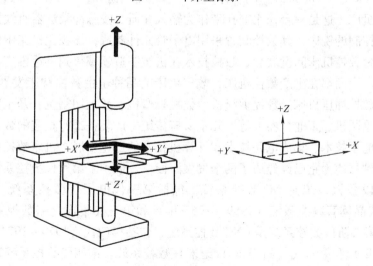

图 1-11 立式铣床坐标系

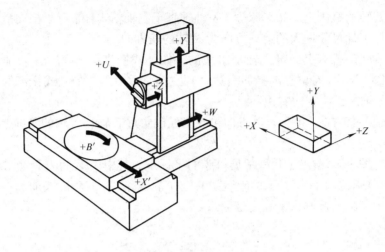

图 1-12　卧式镗铣床坐标系

第三节　数控机床的发展

一、数控机床发展简史

数控技术起源于美国，起因于军工发展的需要。1948 年，美国人帕森斯（John Parsons）提出了采用穿孔卡片存储机床坐标位置信息并控制机床按坐标位置进行工件表面轮廓加工的设想。基于这一设想，以帕森斯为经理的美国帕森斯公司（Parsons Co.）于 1949 年承担了为美国空军研究开发直升飞机螺旋桨叶轮轮廓检验样板加工机床的任务。在麻省理工学院伺服机构实验室（Servo Mechanism Laboratory of the Massachusetts Institute of Technology）的合作下，经过三年的研究，于 1952 年试制成功世界上第一台数控机床，这是一台采用穿孔带作为输入介质、按脉冲乘法器直线插补原理进行三坐标连续控制的铣床，其数控装置采用电子管元件制造，体积比机床本体还大。

自第一台数控机床问世之后，数控技术在机械制造领域得到迅速推广，目前几乎所有的机床生产厂商都在生产数控机床，数控机床的品种也由数控铣床发展到数控车床、加工中心、数控冲压机床、数控剪板机、数控折弯机、数控切割机，乃至数控三坐标测量机、数控绘图机、工业机器人等，几乎所有传统生产装备都有相应的数控产品。

随着微电子技术、集成电路技术和计算机技术的迅速发展，机床数控系统也在不断更新换代，到目前为止已经经历了两个发展阶段，发展到了第六代数控系统。

第一阶段数控系统是 NC 数控系统，包括第一代电子管数控系统（1952～1959年）、第二代晶体管数控系统（1959～1965 年）和第三代集成电路数控系统（1965～1970 年）。第二阶段数控系统是 CNC 数控系统，包括第四代（1970～1974 年）、第五代（始于 1974 年）和第六代（始于 20 世纪末）数控系统。第四代数控系统采用大规模集成电路及小型通用计算机实现，开创了计算机数控（CNC）时代，并引导了计算机直接数控（Direct Numerical Control，DNC）和柔性制造系统（FMS）的发展。第五代数控系统是微型计算机数控系统，采用专用或通用微处理器芯片、半导体存储器芯片以及数控专用电路构成数控装置，其数控功能主要通过软件来实现，数控系统档次随着计算机硬软件技术的发展也在不断升级，目前应用的数控系统大多数属于这一代产品。第六代数控系统又称基于 PC（Personal Computer，PC）的数控系统，其显著特点是采用通用微型计算机系统作为数控系统的硬件平台，在通用操作系统（如 Windows 等）环境下开发，并在通用操作系统环境下运行，数控功能全部通过软件来实现，因此其柔性更大，操作界面更加宜人，体积更小，成本更低。

据资料介绍，从 1966 年的集成电路数控系统（NC）到 1976 年的微型计算机数控系统（CNC），10 年内系统功能扩大了 1 倍，而体积则缩小为 1/20，价格降为 1/4，可靠性得到极大的提高。目前，随着第五代数控系统的不断升级和第六代数控系统的不断完善和普及，数控系统的功能和性能都在不断提高，体积和价格也在不断下降。

随着数控系统的不断更新换代，对数控机床机械系统的要求也在不断提高，促使机床本体无论在布局、结构、机构、造型上，还是在功能和性能上都发生了很大变化。在机床布局上，数控机床充分考虑了零件表面成形方法、工序集中、自动化、效率高以及自动上下料、自动交换工作台等进入自动化生产系统的需要，布局形式更加多样，更加趋于合理。在结构上，数控机床充分考虑数控加工的特点，普遍采用计算机辅助设计（Computer Aided Design，CAD）和分析（Computer Aided Engineering，CAE）等手段进行设计，采用性能优越的各种新材料进行制造，在精度、强度、刚度、抗振性、低速运动平稳性和热稳定性等方面均达到了很高的水平。在机构上，数控机床越来越趋向于选用结构简单、性能优异的各种新机构，如主传动系统，由机械有级变速到主电动机无级调速，主传动链越来越短，结构越来越简单，传动效率越来越高，可靠性越来越好，现在许多数控机床的主传动系统采用电动机与主轴集成一体的电主轴，已经完全突破了传统主传动链的概念；又如进给伺服机构，从步进电动机驱动、直流伺服电动机驱动、交流伺服电动机驱动到直线伺服电动机驱动，传动机构在不断简化甚至取消，而性能却在不断提高；再如导向机构，从普通滑动导轨、塑料贴面滑动导轨到滚动导轨，其精度、耐磨性、精度保持性、低速运动平稳性等性能越来越高，其制造已经形成专业化。在造型上，早期的机床主要考虑功能和性能的实现，现在的数控机床在外形、色彩、操作和安全防护等方面都更加宜人，更加人性化。在功能上，新一代数控机床除了具备加工所必须的基本功能外，还增加了图形模拟、干涉检验、刀具管理、故障诊断、通信联网等便于使用和管理，更加宜人化的功能。在性能方面，数控机床的切削速度、加工精度、可靠性和安全性等在不断提高，加工工艺范围在不断扩大，成本在不断降低。

我国数控技术起步于 1958 年，其发展历程大致可分为 3 个阶段。第一阶段从 1958年到 1979 年，即封闭式发展阶段。在此阶段，由于国外的技术封锁和我国的基础条件的限制，数控技术的发展较为缓慢。第二阶段是在国家的"六五"、"七五"期间以及"八五"的前期，即引进技术，消化吸收，初步建立起国产化体系阶段。在此阶段，由于改革开放和国家的重视，以及研究开发环境和国际环境的改善，我国数控技术的研究、开发以及在产品的国产化方面都取得了长足的进步。第三阶段是在国家的"八五"后期和"九五"期间，即实施产业化研究，进入市场竞争阶段。在此阶段，我国国产数控装备的产业化取得了实质性进步。在"九五"末期，国产数控机床的国内市场占有率达30%，配置的国产数控系统（普及型）也达到了10%。进入21世纪以来，我国的数控机床进入了快速发展期。一方面，伴随经济社会的高速发展，对数控机床的需求日益增长，自2001年起，我国陆续成为世界第一机床消费大国和世界第一机床进口大国，预计未来几年的需求增长速度将达30%左右。另一方面，虽然我国数控机床产量连续多年以年均40%左右的速度高速增长，但仍难满足国内的需求，其中主要是对中高档数控机床的需求难以满足。目前，国产数控机床在产品设计、质量、精度、性能等方面与国际先进水平还存在差距，技术规范和标准制定相对滞后，处于低档迅速膨胀、中档进展缓慢、高档依靠进口的局面，特别是国家重点工程需要的关键设备还主要依靠进口。针对这种现状，《国家中长期科学和技术发展规划纲要（2006年~2020年）》明确提出，"以促进企业技术创新为突破口，通过技术攻关，基本实现高档数控机床、工作母机、重大成套技术装备、关键材料和关键零部件的自主设计制造，提高装备设计、制造和集成能力"，并确定将"高档数控机床和基础制造技术"作为重大专项优先发展。在《国民经济和社会发展第十一个五年规划纲要》中，把振兴装备制造业作为"十一五"规划中推进工业结构优化升级的主要内容，而数据机床则是"十一五"规划中装备制造业振兴的重点之一。在《国务院关于加快振兴装备制造业的若干意见》中，确定了振兴装备制造业的主要任务，提出了十六个重点突破的领域，其中第十二个重点突破的关键领域是"发展大型、精密、高速数控装备和数控系统及功能部件，改变大型、高精度数控机床大部分依靠进口的现状，满足机械、航空航天等工业发展的需要"。

在数控机床应用方面，以往由于我国的制造业长期处于低迷状态，数控机床的拥有率一直很低。进入21世纪以来，我国制造业迅速崛起，数字化制造技术已成为企业的迫切追求，数控机床的普及率迅速提高，数控机床拥有率目前已接近3%，尤其在我国沿海制造业比较发达的地区，几乎所有的制造业企业无论大小都在应用数控机床，从而导致近几年在各类媒体上经常出现数控技术人才大量需求的报道。目前，数控技术与数控机床的迅速普及和广泛应用已成为我国从制造大国向制造强国发展的一个重要标志。

二、数控机床发展趋势

人类历史是一部始终"有所发现、有所发明、有所创造、有所前进"的发展史，数控机床也是一样，虽然经历了半个多世纪的发展进步，但却始终在向更高的尖峰攀登。从目前世界上的发展动态来看，数控机床的发展主要呈现以下几个方面的趋势。

（1）智能化 数控技术通过与迅速发展的人工智能相融合，使数控机床不但具有自动编程、前馈控制、模糊控制、学习控制、自适应控制、工艺参数自动生成、三维刀具补偿、运动参数动态补偿、自动识别负载并自动优化调整参数等功能，而且人机界面极为友好，具有故障诊断专家系统使自诊断和故障监控功能更趋完善。随着人工智能（包括专家系统、模糊系统、神经网络控制和自适应控制等）理论与技术的发展与成熟，数控机床的智能化程度将不断提高，以更好地实现对人类智力的延伸。

（2）开放化 具有开放式体系结构的数控系统是在基于 PC 的 CNC 系统基础上发展起来的，其硬件、软件和总线规范都是对外开放的，可以大量采用通用微机的先进技术（如多媒体技术等），实现声控自动编程、图形扫描自动编程等功能。具有开放式体系结构的数控系统由于有充足的软、硬件资源可供利用，不仅可使数控系统制造商和用户进行的系统集成得到有力的支持，而且也为用户的二次开发带来极大方便，使用户能够将特殊应用和技术诀窍集成到控制系统中，促进了数控系统多档次、多品种的开发和广泛应用。开放式的体系结构既可通过升档或剪裁构成各种档次的数控系统，又可通过扩展构成不同类型数控机床的数控系统，使开发生产周期大大缩短。由于体系结构的开放化使数控系统具有更好的通用性、柔性、适应性、扩展性，有利于数控系统向智能化、网络化方向发展，因此近几年许多国家都在纷纷研究开发这种系统，如美国的 NGC（The Next Generation Work-Station/Machine Control）、欧盟的 OSACA（Open System Architecture for Control within Automation Systems）、日本的 OSEC（Open System Environment for Controller）和中国的 ONC（Open Numerical Control System）等。

（3）网络化 数控机床网络化的重要意义主要体现在三个方面，第一是在企业内部，具有网络功能的数控机床可充分实现企业内部资源和信息的共享，使企业底层生产控制系统的集成更加简便有效；第二是在企业之间，数控机床的网络化功能可以更好地适应敏捷制造（AM）等先进制造模式，促进企业间的合作与资源共享；第三是对数控机床制造商和用户，数控机床的网络化使制造商能够通过计算机网络为用户提供远程故障诊断、维修、技术咨询等服务。因此，数控机床的网络化将极大地满足生产线、制造系统、制造企业对信息集成的需求，也是实现新的制造模式如敏捷制造、虚拟企业（Virtual Enterprises，VE）、全球制造（Global Manufacturing，GM）的重要基础单元。

（4）高速化 数控机床向高速化方向发展，可充分发挥现代刀具材料的性能，不但可大幅度提高加工效率、降低加工成本，而且还可提高零件的表面加工质量和精度，适应制造业对高效、优质、低成本生产的广泛需求。因此，近年来世界各国争相开发应用新一代高速数控机床，加快机床高速化发展步伐。目前高速主轴单元（电主轴，转速 15,000～100,000r/min）、高速且高加/减速度的进给运动部件（快移速度达 150m/min 以上，加速度达 2.5g 以上，切削进给速度达 100m/min 以上）、高性能数控和伺服系统以及数控工具系统都出现了新的突破，达到了新的技术水平。随着超高速切削机理、超硬耐磨长寿命刀具材料和磨料磨具、大功率高速电主轴、高加/减速度直线电动机驱动进给部件以及高性能控制系统（含监控系统）和防护装置等一系列技术领域中关键技术的解决，新一代高速数控机床正在大量涌现，以满足快速发展的制造业的需要。

（5）精密化 数控机床的精密化是为了适应高新技术发展的需要，也是为了提高普通机电产品的性能、质量和可靠性，减少其装配时的工作量从而提高装配效率的需要。随着高新技术的发展和对机电产品性能与质量要求的提高，数控机床用户对加工精度的要求越来越高。为了满足精密和超精密加工的需要，世界各工业强国都在致力发展高精度数控机床。近 10 多年来，普通级数控机床的加工精度已由 ±10μm 提高到 ±5μm，精密级数控机床的加工精度则从 ±3~5μm 提高到 ±1~1.5μm，超精密数控机床加工精度已开始进入纳米级（0.01μm）。

"九五"期间，北京机床研究所研制成功了大型纳米级超精密数控车床 NAM-800，该车床的反馈系统分辨率为 2.5nm，机械进给系统可实现 5nm 的微小移动，主轴的回转精度为 0.03μm，溜板移动直线度为 0.15μm/200mm，最大可加工直径为 800mm，表面粗糙度 R_a < 0.008μm，形面精度小于 0.3μm/100mm。该车床的成功研制，标志着我国超精密机床的制造水平达到了新的高度，为我国的航空航天、天文、光学、激光等尖端技术行业所需的大型极高精度的核心部件提供了纳米级的切削加工手段和技术支持。

（6）复合化 数控机床的复合化是指增加数控机床的复合加工功能，进一步提高其工序集中度，减少多工序加工零件的上下料时间，避免零件在不同机床上进行工序转换而增加的工序间输送和等待的时间，降低零件的生产周期，满足敏捷生产等现代生产模式的需要。复合化数控机床的效益可用数控五面加工龙门铣床（加工中心）来说明，它可使零件的生产周期缩短至工序分散的非数控机床的 16%，使加工过程中的切削时间比率由 17% 增至 70%，大大提高了机床的利用率，同时由于减少多次安装零件引起的误差，易于保证加工精度。5 面加工与 5 轴联动数控机床是典型的复合化数控机床。以往由于数控系统与主机结构复杂、价格高、编程技术难度大等原因，制约了 5 面加工与 5 轴联动数控机床的发展。当前由于电主轴的出现，使得实现 5 轴联动加工的复合主轴头结构大为简化，其制造难度和成本大幅度降低，数控系统的价格差距缩小，因此促进了复合主轴头类型的 5 轴联动机床和复合加工机床（含 5 面加工机床）的发展。

习题与思考题

1-1 什么是数控技术？什么是计算机数控技术？数控技术与传统的设备自动控制技术的主要区别是什么？

1-2 数控技术的基本原理是什么？

1-3 何谓基本长度单位（BLU）？何谓脉冲当量？

1-4 什么是计算机数控？CNC 与 NC 的主要区别是什么？

1-5 数控机床由哪几个部分组成？数控机床的工作原理是什么？

1-6 与传统机床相比，数控机床有何特点？

1-7 数控机床如何分类？可分成哪些类型？

1-8 数控机床坐标系及各坐标轴与运动方向是怎样规定的？何谓机床坐标系？何谓工件坐标系？如何建立机床坐标系与工件坐标系的联系？坐标系与加工程序编制有何关系？

1-9 与传统机床相比，数控机床机械结构主要有哪些变化？

1-10 数控机床的发展趋势如何？

第二章　数控系统及工作原理

第一节　概　　述

现代数控系统以微型计算机为核心构成，称为计算机数字控制系统，简称 CNC 系统，其大部分或全部数控功能是通过软件实现的。CNC 系统是软件和硬件的统一体，其中硬件是基础，软件是灵魂，两者相辅相成，缺一不可。与早期的硬件数控（NC）系统相比，CNC 系统的显著优点在于它能够通过软件更新来实现数控功能的扩展和提高。

一、CNC 系统组成和功用

CNC 系统的典型组成如图 2-1 所示，它由输入/输出设备、计算机数字控制装置（简称 CNC 装置或数控装置）、可编程控制器（PLC）、强电控制部分、主轴调速驱动单元及主轴电动机、进给伺服驱动单元及进给电动机、辅助装置电动执行器、位移与速度检测装置等组成。

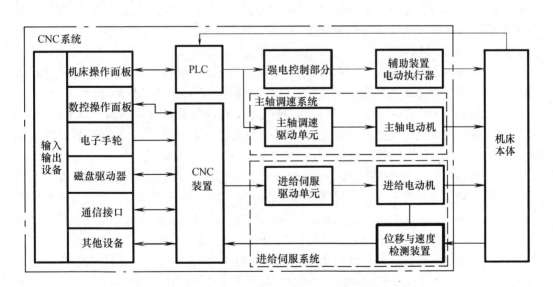

图 2-1　CNC 系统的典型组成框图

1. 输入/输出设备

输入/输出（I/O）设备是操作者与数控系统进行人机交互，或其他外部信息处理设备与 CNC 系统进行信息交换的装置。常见的输入/输出设备有数控操作面板、机床操作面板、电子手轮、磁盘驱动器、通信接口等。

数控操作面板是数控系统的控制面板，主要由显示器（CRT 或 LCD）、手动数据输入（MDI）键盘组成。显示器可显示文本，如零件加工程序、轴坐标值、操作菜单和提示、诊断结果、补偿值、机床参数和状态等，也可显示图形，如模拟控制轨迹、形象提示、软功能键等。操作者可通过 MDI 键盘向数控系统输入零件加工程序、各种补偿值、参数、操作命令等。MDI 键盘的按键，除各种符号键和数字键外，还常设控制键和用户定义键等。显示器与 MDI 键盘协调配合，共同构成和谐的人机交互环境。

机床操作面板上设有各种按钮和选择开关，用于对机床直接手动操作或对机床的运行进行干预，如轴运动、辅助装置的起停、加工方式选择、速度倍率选择等。机床操作面板上还设有信号显示灯，用于显示主轴运行、辅助装置运行等机床运行状态。在机械结构上，机床操作面板常和数控操作面板做成一体，但二者之间有明显界限。

电子手轮实质上是一个手摇脉冲发生器，用于手动操作各轴的运动。

磁盘驱动器用来将存储在软磁盘上的零件加工程序读入数控系统，或把 CNC 系统内存中的零件加工程序写入软磁盘。目前普遍使用 3.5in 软磁盘。有些 CNC 系统提供 USB 接口，用优盘取代软磁盘来存储零件加工程序。

CNC 系统普遍配置各种通信接口，如 RS-232C、RS-422、RS-485 等，主要用来与上位编程、管理计算机交换信息。一些高端的全功能数控系统还配备有网络接口，如 MAP3.0、SINEC H1 等，用于将数控设备接入工业局域网以构成直接数控（DNC）、柔性制造系统（FMS）或计算机集成制造系统（CIMS）等。

2. CNC 装置和 PLC

CNC 装置和 PLC 是 CNC 系统的核心，负责实现系统所有的控制功能，其中 CNC 装置实现系统的主要和绝大多数控制功能，PLC 协助其实现部分辅助控制功能。

CNC 装置实质上是一台专用计算机，硬件基本组成部分有微处理器（CPU）、内部存储器、各种 I/O 接口及外围逻辑电路、数控专用接口电路等。对应 CNC 装置的不同硬件结构，相应软件结构也不同。

CNC 装置的具体任务是：①接收各输入设备的输入信息，这些信息有零件加工程序、工作参数、操作命令等；②对零件加工程序及工作参数进行存储，对操作命令转相应处理；③执行零件加工程序，对加工程序指令进行译码、逻辑分析、插补运算；④将生成的运动轨迹控制信息输出到进给伺服驱动单元，进而控制和驱动进给电动机，实现刀具相对于工件的坐标运动；⑤将机床主运动和辅助功能控制指令，即开关量顺序逻辑控制指令，转交给 PLC 处理和执行，同时接收 PLC 的反馈信息并做相应处理；⑥把各工作环节的有关数据和图形信息，如零件加工程序、轴坐标值、操作菜单和提示、诊断结果、补偿值、机床参数和状态、模拟控制轨迹等输出到显示器进行显示；⑦实现与上位编程、管理计算机的信息交换。

CNC 系统中的 PLC 通过其本身的输入/输出端与机床操作面板、强电控制部分、主轴调速驱动单元、各种行程开关等相联接。

PLC 的任务是：①接收 CNC 装置转交来的机床主运动和辅助功能控制指令，同时从本身的输入端获得机床主运动和辅助动作状态、机床操作面板操作信息等；②对上述状态信息进行逻辑运算及数值运算处理；③将处理结果信息根据控制功能需要分别输出到机床操作面板（供状态显示用）、主轴调速驱动单元（控制主轴的起停、变速）和强电控制部分（控制辅助装置的电动执行器，完成指令要求的机床辅助动作，如机床启停、工件装夹、刀具更换、切削液开关等），或反馈给 CNC 装置（这些信息是 CNC 装置运行必不可少的）。

3. 强电控制部分和辅助装置电动执行器

强电控制部分由各种继电器及继电器驱动电路构成，是 CNC 系统的功率接口，其作用是对 PLC 输出的辅助功能控制信号进行隔离并功率放大，驱动辅助装置电动执行器。常用的电动执行器包括主轴电动机、回转刀架电动机、刀库电动机的接触器、夹紧或松开工件的电磁铁、切削液管路的电磁开关、液压回路电磁阀等。

4. 进给伺服驱动单元及进给电动机

进给伺服系统包括进给伺服驱动单元、进给电动机、位置与速度检测装置等，是以位置（或位移）为控制目标的伺服控制系统。进给伺服单元接收来自 CNC 装置的运动轨迹控制信息（运动指令），经变换和放大后，驱动伺服电动机，再经机械传动机构驱动机床工作台或刀具，实现坐标运动。

5. 主轴调速驱动单元及主轴电动机

现代数控机床的主运动广泛采用由调速电动机驱动的无级变速系统。主轴调速驱动单元、主轴电动机、转速检测装置构成以主运动速度为控制目标的自动控制系统，称为主轴调速系统。主轴调速驱动单元接收来自 PLC 的转速控制信息（转速指令），经变换和放大后，驱动主轴电动机运转，使主轴获得给定的转速。

6. 位移与速度检测装置

在位置伺服系统中，位移与速度检测装置用于检测各坐标轴位置（或位移）和速度，并反馈给 CNC 装置和进给伺服驱动单元，或仅反馈给进给伺服驱动单元。在主轴调速系统中，速度检测装置用于检测主轴的转速，并反馈主轴调速驱动单元。

二、CNC 装置的主要工作及过程

（一）系统的初始化

当数控机床通电后，CNC 数控装置和 PLC 将对 CNC 系统各组成部分的状态进行检查和诊断，并进行初始状态设置，如对有关寄存器、存储器、输出口设置初始值。

初始状态设置工作正常完成后，机床将自动返回参考点或提示操作者手动返回参考点，以便建立机床坐标系。这是 CNC 系统正确运行的前提。

此后 CNC 装置显示机床刀架或工作台等的当前位置信息，同时处于准备接收各种数据和操作命令的状态。

对于第一次使用的数控装置，必须进行机床参数设置，如设置系统控制的坐标轴、坐标计量单位和分辨率、可编程控制器的配置状态（有或无配置，是独立型还是内装型）、检测装置的配置（如有无检测元件，检测元件类型及有关参数）、各坐标轴正负向行程极限等。通过机床参数的设置，使 CNC 装置适应具体数控机床的硬件结构环境。机床参数设置一般由供货商在机床出厂前或在安装调试时完成。

（二）输入

输入 CNC 装置的主要有零件加工程序、各种补偿值、各种参数及操作命令等。操作者可通过 MDI 键盘编写和输入加工程序，也可在其他计算机或 CNC 装置上编写，然后通过磁盘输入或采用通信方式输入。上述输入的数据信息存放在 CNC 装置内存中。零件加工程序以文本格式（通常是 ASCⅡ码）存放在程序存储区，并可利用 CNC 装置的程序编辑器进行编辑和修改。程序存储区可同时顺序存储多个加工程序。为了便于程序的调用或编辑操作，一般在存储区中开辟一个目录区，在目录区中按设定格式存放加工程序的有关信息，主要包括程序名，程序在存储区中的首地址和末地址等。

（三）加工程序的执行

对已输入 CNC 装置的零件加工程序，可选择手动、单段和连续三种运行方式来运行。手动、单段运行方式用于零件加工程序的调试，连续运行方式用于实际加工。

在连续运行方式中，零件加工程序是按程序段逐段执行的。图 2-2 示出执行一段程序的主要工作过程，包括译码、数据处理（坐标变换、刀具补偿处理、进给速度处理）、插补、位置控制和开关量控制等。

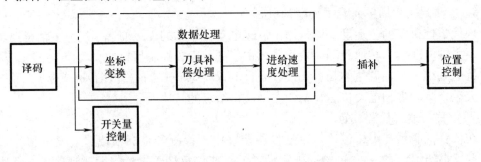

图 2-2　程序执行的主要工作过程框图

1. 译码

程序段是按规则编写的，其中含有零件的轮廓（线型、起点、终点坐标）、进给速度（F 代码）和其他辅助信息（M. S. T 代码等）。译码就是根据规则对程序段指令（功能字）进行识别，转换成后续处理程序所要求的数据格式，并将其存放在指定的内存专用区——译码缓冲区。

CNC 装置的译码原理：将程序段从程序存储区中逐个字符读入，并逐个与规定使用的所有指令地址符（M、G、S、T、F、X、Y、Z 等）相比较，如哪个相等，就识别出对应指令，并作相应处理（每个指令地址符处理内容不同）。例如等于 S，说明是主轴转速指令，于是将数据存储指针指向译码缓冲区中指令 S 所对应的存储单元，为存储后面的转速值作好准备。指令地址符后的±号或数字属于该功能字，在识别过程中暂时存储，直到识别出下一个指令地址符时，将前面连续识别出的±号和数字组合，并将其转换成后续处理程序要求的数值类型，存储到数据存储指针所指示的译码缓冲区单元。采用同样的方法对后续地址符及其数据进行识别、处理和存储。

译码结果在形式上是后续处理程序所要求的数据格式，但实质内容不变。一般规定：X、Y、Z 等坐标值以带符号的二进制数形式存放；进给速度、主轴转速以不带符号的二进制数形式存放；程序号、刀具号、刀补号以 BCD 码形式存放；G 代码以标志的形式存放，每一种 G 代码占一个二进制位，一个字节可表示八种 G 代码；M 代码与 G 代码存放形式相同；由于已经去掉了地址符，它们之间按指定存储区域来区分。

一个程序段的译码结果存放在一个译码缓冲区。一般设置若干个译码缓冲区，构成译码缓冲区组。每次译码都把译码缓冲区组占满，这样每次可完成多个程序段译码。一个程序段的译码结果被取出执行后，其占用的译码缓冲区被释放，当释放的（空的）译码缓冲区达到一定个数，启动译码程序对加工程序剩余程序段进行译码，并再次把译码缓冲区组占满。译码中若发现 M02 或 M30 指令时，整个加工程序译码结束。

在译码过程中，还要对程序段的语法错误和逻辑错误等进行检查，一旦发现错误，立即报警显示。语法错误主要指代码或程序段格式错误，而逻辑错误主要指数控加工程序中功能和代码之间互相排斥、互相矛盾的错误。

2. 数据处理

数据处理主要针对译码缓冲区中有关轨迹运动的数据进行处理，处理内容包括坐标变换、刀具补偿处理、进给速度处理等，为下一步插补做好准备，故又称插补预处理。

（1）坐标变换　在数控加工中允许采用多种坐标系，如机床坐标系、工件坐标系、绝对坐标系和相对坐标系等，不同坐标系下刀位点坐标不同，需要转换成机床加工时实际参照的机床坐标系中的坐标进行处理。由于这些坐标系是相互平行的，坐标原点的相对位置也是已知的，因此相应的坐标变换只需简单的平移变换。

（2）刀具补偿处理　编程时，常将实际刀具简化为刀位点，把零件轮廓作为刀位点运动轨迹进行编程。加工时，由于实际刀具具有不同的长度、半径和位置，必须控制刀具中心（或刀位点）的运动轨迹，且该运动轨迹与零件本身轮廓一般不重合。因此，CNC 装置提供了刀具补偿功能，该功能可根据输入的刀具参数，自动调整刀位点的运动轨迹。刀具补偿包括刀具位置补偿、半径补偿和长度补偿，其主要任务是根据刀具补偿指令、刀具补偿值和编程轨迹终点坐标计算刀位点轨迹终点坐标。经过刀具补偿处理后的数据存放在刀补缓冲区中，供后续处理程序使用。刀补缓冲区与译码缓冲区的数据结构相似。

（3）速度处理　速度处理是根据编程指令速度 F 为后续插补运算及速度控制提供

所需的数据。速度处理因 CNC 装置采用的插补方法不同差别较大。经过速度处理后的数据存放在插补缓冲区中，供后续插补使用。插补缓冲区与刀具补偿缓冲区的数据结构相似。

3. 插补

CNC 系统的核心功能是运动轨迹控制，实现运动轨迹控制的根本手段是插补。插补是在程序段给出的运动轨迹起点和终点之间，根据进给速度要求，实时地计算出满足运动轨迹要求的若干中间点及其坐标，并以此为位置控制指令，控制和驱动伺服系统实现各坐标轴的进给运动，最终使刀具顺序经过各中间点，加工出程序给定的零件轮廓。插补原理将在第二节详细介绍。

4. 位置控制

CNC 装置的位置控制（简称位控）主要是将插补运算结果以伺服系统要求的数据形式输出，以及后续伺服系统的部分运算工作。

在步进电动机为执行元件的开环 CNC 系统中，插补运算结果以指令脉冲的形式输出。当伺服驱动单元中的环行脉冲分配采用软件实现时，环行脉冲分配作为位置控制工作的一部分，由 CNC 装置完成。

在闭环和半闭环 CNC 系统中，位置控制的任务包括：将插补运算结果作为指令位置输出，并将其与检测装置反馈的实际位置相比较，生成位置跟随误差；通过位置调节器将位置误差变换成速度指令，并以此速度指令作为速度控制环的输入，驱动伺服电动机；通过机械传动机构将伺服电动机的转动转换成坐标轴运动。图 2-3 所示为一个坐标轴的电气进给伺服系统构成和工作过程框图，其中也示出了不同 CNC 装置所承担的进给伺服控制任务的工作界面。

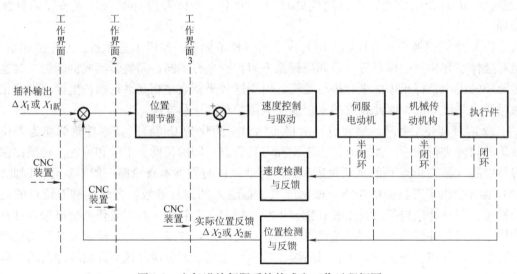

图 2-3　电气进给伺服系统构成和工作过程框图

　　有些 CNC 装置不承担进给伺服控制任务，其功能范围到工作界面 1 为止，伺服控制由硬件承担。

　　常见的 CNC 装置承担部分伺服控制任务，其功能范围到工作界面 2，主要完成各坐标轴位置跟随误差计算。

　　若 CNC 装置的功能范围到工作界面 3，则除进行位置跟随误差计算外，还要实现位置调节，进行速度环指令值计算。由 CNC 装置实现位置调节器功能的优点是可在速度指令输出前通过软件进行传动机构反向间隙和传动误差的补偿，以提高机床的定位精度。

　　5. 开关量控制

　　开关量控制的任务是将译码缓冲区中有关机床主运动和辅助功能控制的各开关量控制数据（如 M 代码、主轴转速、换刀指令等）传送到 PLC 内存中，由 PLC 处理和执行。

　　（四）显示

　　CNC 系统通过显示器将系统信息显示给操作者，供程序输入、编辑、修改、存储、参数输入、运行操作、状态监视等使用。零件加工程序、轴坐标值、操作菜单和提示、诊断结果、补偿值、机床参数等以文本形式显示，软功能键、形象提示、运动轨迹等以图形显示。CNC 装置在处理实时性任务的间隙进行显示处理，并不断刷新显示内容。

　　在机床操作面板上还设有许多状态指示灯，用于指示机床各种状态，作为对显示器的补充。这部分工作是由 PLC 完成的。

　　（五）故障自动检测和诊断

　　现代 CNC 系统都具有故障检测和诊断功能，并有联机诊断和脱机诊断两种方式。联机诊断又分开机诊断和运行诊断，是 CNC 系统正常运行时的自动诊断。开机诊断是系统从开始通电到进入正常运行期间的自动诊断，诊断的主要对象是 CNC 装置本身，与通用微型计算机（PC 机）的开机自检类似。运行诊断是指 CNC 系统正常运行期间的自动诊断，主要针对 CNC 装置及其他设备（如主轴调速驱动单元及主轴电动机、进给伺服驱动单元及进给电动机、位移与速度检测装置等）进行诊断。联机诊断可通过显示器显示故障编号及其简要说明。对具有破坏性的故障（如进给轴超程、进给电动机或主轴电动机过载等），能够立即终止加工，切断动力电，使系统进入急停状态，同时发出报警信号。对操作错误引起的故障，由 PLC 负责诊断并发出报警信号，同时屏蔽相应的操作。

　　脱机诊断是通过各种脱机诊断程序对 CNC 系统进行的专门诊断。脱机诊断可以采用远程通信方式进行，利用电话线路或网络将 CNC 系统与诊断中心（如系统生产厂家的维修站）连接起来，向用户设备发送诊断程序进行远程诊断。目前，国外一些名牌数控系统大多将此功能作为任选功能供用户选购。随着通信技术尤其是网络技术的发展，远程通信诊断将被广泛采用。

第二节　数控插补原理

一、插补的基本概念

1. 插补的定义

被加工零件是由各种形状的几何表面构成的，如平面、圆柱面、球面、回转面、螺旋面、自由曲面等。根据机床运动学原理，几何表面是由一条发生线沿着另一条发生线运动形成，而形成这两条发生线除了成形法以外都要求刀具相对工件按相应的轨迹运动，这些运动称之为表面成形运动。金属切削机床就是提供表面成形运动。为形成零件表面，刀具必须相对工件作要求的运动，运动的轨迹取决于零件几何表面和成形方法。

刀具相对工件运动（以下简称刀具运动）的轨迹，是由各种线型构成的，如直线、圆弧、螺旋线、抛物线、双曲线、自由曲线，其中以直线和圆弧最为常见。当采用数控机床加工时，在零件加工程序中，必须给出确定该线型所需要的参数，如用起点和终点坐标确定直线，用起点和终点坐标、圆心坐标（或半径）、圆弧的顺逆确定平面上的圆弧等。CNC 系统按程序给出的线型和参数，自动控制进给坐标轴运动，最终实现要求的刀具运动轨迹，加工出零件表面。在刀具运动轨迹自动控制中，数控装置必须按运动顺序实时地（由进给速度要求的实时性）计算出满足线型要求的若干中间点坐标，并将其作为各坐标轴的位置控制指令，通过进给伺服系统驱动工作台或刀具，按计算出来的中间点走出程序要求的线型。借鉴数值计算中实现数据密化的插值概念，在数控技术中称上述计算中间点的过程为插补。概括地讲：所谓插补就是根据给定的刀具运动轨迹和给定进给速度，采用适当的计算方法，在运动轨迹的起点和终点之间，计算出满足预定要求的中间点坐标。插补过程采用的计算方法称为插补算法或插补方法，实现插补功能的电路或程序称为插补器。目前 CNC 系统的插补功能主要由软件实现，即所谓软件插补。完全由硬件电路实现插补功能的 NC 系统已被淘汰。还有一种粗精两步插补方法，即由软件实现粗插补，由硬件实现精插补。

2. 有关插补的几个说明

1）插补是数控装置的主要功能指标之一。不同的 CNC 装置可能具有不同的插补功能。一般称直线和圆弧为插补基本线型，绝大多数的 CNC 装置都具有直线和圆弧插补功能，一些高档 CNC 系统中还具有抛物线、渐开线、螺旋线、正弦线、样条曲线或曲面直接插补等功能。

2）由于插补过程将连续轨迹离散化和数字化，因此实际的刀具运动轨迹是由多段小线段构成的折线，折线的形状与插补算法和允许的逼近误差有关

3）数控加工时，若零件轮廓是由直线和圆弧基本线型构成的，或者所采用的 CNC 系统具备零件轮廓所要求的线型插补功能，则可利用 CNC 系统所提供的插补功能直接编程。否则，需要在编程时用直线或圆弧等基本线型对零件轮廓进行拟合或逼近，然后再用拟合轮廓进行编程。轮廓拟合过程实际上也是一种插补过程，常被称为"一次插

补",它不是 CNC 装置完成的,是在编程中数值计算环节完成的,目前都采用计算机辅助实现。CNC 装置实现的插补又被称为"二次插补"。一次插补方法将在第四章介绍。

在数控技术发展过程中,出现了很多插补方法。一般可把插补算法归纳为两大类,即基准脉冲插补和数据采样插补。

二、基准脉冲插补

基准脉冲插补又称脉冲增量插补或行程标量插补,其主要特点是在顺序循环计算运动轨迹中间点的过程中,每次插补循环的输出是下一中间点相对当前中间点的坐标位移增量,并以指令脉冲形式输出以驱动各坐标轴的进给,同时控制每次插补输出的坐标位移增量不大于系统的脉冲当量,即每次插补输出的指令脉冲或者是一个,或者没有。因此,在运动轨迹的起点和终点之间,中间点个数是已知的,插补循环次数也是已知的,通过控制每次插补循环的时间,就可控制总插补时间,从而控制运动速度。

基准脉冲插补主要用于步进电动机驱动的开环系统,也用于数据采样插补中的精插补。

基准脉冲插补的方法很多,有脉冲乘法器法、逐点比较法、数字积分法、矢量判别法、比较积分法、最小偏差法、单步追踪法等,其中应用较多的是逐点比较法和数字积分法。下面仅对逐点比较法加以介绍。

(一)逐点比较法插补的基本原理

逐点比较法插补的基本思路是:在从起点到终点的路程中,根据刀具当前位置与给定轨迹的偏离情况,并为消除这个偏离,在其中一个坐标轴上走一小步,这样一步步直到终点。每一步都是用给定轨迹对实际轨迹进行修正。

每一步作为一个插补计算循环。插补循环一般由偏差判别、坐标进给、偏差函数计算和终点判别四个工作节拍组成。

(1)偏差判别　首先要判断刀具当前点与其要求的运动轨迹的偏离情况。具体方法是根据要求的运动轨迹设计一个偏差函数,该偏差函数是刀具坐标的函数,其函数值反映偏离情况。

(2)坐标进给　根据上面判断的结果,发出一个进给指令脉冲,控制刀具沿相应坐标轴产生一个脉冲当量的位移。进给脉冲分配给哪一个坐标轴,正向还是负向,总的原则是用这个位移的结果纠正已有的偏离。

(3)偏差函数计算　用新的刀具位置坐标重新计算偏差函数的值。

(4)终点判别　判断刀具点是否到达轨迹的终点,如到达轨迹终点则插补结束,否则重复开始下一个插补循环。

(二)逐点比较法直线插补

为插补计算方便,通常建立与机床坐标系平行的插补坐标系,插补坐标系与机床坐标系是简单的平移变换关系。直线插补时,插补坐标系原点选在直线起点上。在直线插补指令中,若终点坐标采用增量坐标给出,则与插补坐标系下坐标一致。

下面讨论刀具运动轨迹为 XOY 平面上第一象限直线的插补。如图 2-4 所示，直线 OA，起点 O（0，0），终点 A（X_e，Y_e），坐标单位为脉冲当量。

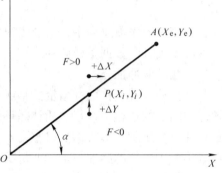

1. 偏差函数

将直线 OA 的方程

$$\frac{X}{Y} - \frac{X_e}{Y_e} = 0$$

改写成

$$YX_e - XY_e = 0$$

设加工时刀具位置为 P（X_i，Y_i）点，取偏差函数为

$$F_i = Y_iX_e - X_iY_e \qquad (2\text{-}1)$$

图 2-4 逐点比较法直线插补

则

当 P 点在直线上时，$F_i = 0$；

当 P 点在直线上方时，$F_i > 0$；

当 P 点在直线下方时，$F_i < 0$。

2. 进给脉冲分配

进给脉冲分配应使对应的坐标位移的结果纠正刀具位置 P（X_i，Y_i）已有的偏离。因此：

当 P 点在直线上方，即 $F_i > 0$ 时，向 $+X$ 方向分配一个进给脉冲，即向 X 轴正方向走一步（一个脉冲当量的位移），简记为 $+\Delta X$；

当 P 点在直线下方，即 $F_i < 0$ 时，向 $+Y$ 方向分配一个进给脉冲，即向 Y 轴正方向走一步，简记为 $+\Delta Y$。

当 P 点在直线上，即 $F_i = 0$ 时，为使加工继续进行，规定按 P 点在直线上方情况处理，即向 X 轴正方向走一步。

3. 偏差函数的递推计算

由上述可知，若 $F_i \geqslant 0$，向 X 轴正方向走一步，则 P 点新的位置坐标及偏差为

$$\begin{cases} X_{i+1} = X_i + 1 \\ Y_{i+1} = Y_i \\ F_{i+1} = Y_iX_e - X_{i+1}Y_e = F_i - Y_e \end{cases} \qquad (2\text{-}2)$$

若 $F_i < 0$，向 Y 轴正方向走一步，则 P 点新的位置坐标及偏差为

$$\begin{cases} X_{i+1} = X_i \\ Y_{i+1} = Y_i + 1 \\ F_{i+1} = Y_{i+1}X_e - X_iY_e = F_i + X_e \end{cases} \qquad (2\text{-}3)$$

采用递推计算式（2-2）、式（2-3）代替式（2-1）计算偏差函数，既可以简化计算，又可以缩短插补时间。

4. 终点判别

一般常采用插补循环或进给的总步数来判断是否到达终点。设插补循环或进给的总步数为 E，显然有

$$E = X_e + Y_e$$

最简单的方法是每进行一次插补循环，就对 E 进行一次减 1 运算，当 E 等于 0 时，表明到达终点，插补结束。

5. 逐点比较法直线插补举例

【**例 2-1**】　插补计算图 2-5 所示第一象限直线 OA，起点 $O(0,0)$，终点 $A(5,3)$。

插补计算过程如表 2-1 所示，刀具运动轨迹如图 2-5 中的折线所示。

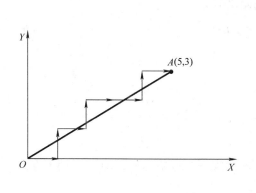

图 2-5　逐点比较法直线插补轨迹　　　　图 2-6　逐点比较法圆弧插补刀具运动轨迹

表 2-1　逐点比较法直线插补计算过程

步序	工作节拍			
	偏差判别	坐标进给	偏差函数计算	终点判别
0			$F_0 = 0$	$E = X_e + Y_e = 5 + 3 = 8$
1	$F = 0$	$+\Delta X$	$F_1 = F_0 - Y_e = 0 - 3 = -3$	$E = 8 - 1 = 7$
2	$F < 0$	$+\Delta Y$	$F_2 = F_1 + X_e = -3 + 5 = 2$	$E = 7 - 1 = 6$
3	$F > 0$	$+\Delta X$	$F_3 = F_2 - Y_e = 2 - 3 = -1$	$E = 6 - 1 = 5$
4	$F < 0$	$+\Delta Y$	$F_4 = F_3 + X_e = -1 + 5 = 4$	$E = 5 - 1 = 4$
5	$F > 0$	$+\Delta X$	$F_5 = F_4 - Y_e = 4 - 3 = 1$	$E = 4 - 1 = 3$
6	$F > 0$	$+\Delta X$	$F_6 = F_5 - Y_e = 1 - 3 = -2$	$E = 3 - 1 = 2$
7	$F < 0$	$+\Delta Y$	$F_7 = F_6 + X_e = -2 + 5 = 3$	$E = 2 - 1 = 1$
8	$F > 0$	$+\Delta X$	$F_8 = F_7 - Y_e = 3 - 3 = 0$	$E = 1 - 1 = 0$　插补结束

（三）逐点比较法圆弧插补

数控装置仅能对平行于坐标平面上的圆弧进行插补。建立与机床坐标系平行的插补坐标系，并将坐标系原点选在圆弧的圆心。下面讨论刀具运动轨迹为 XOY 平面上第一象限逆时针圆弧的插补。如图 2-6 所示，圆弧 AB，起点 A（X_0，Y_0），终点 B（X_e，Y_e），坐标单位为脉冲当量。

1. 偏差函数

圆弧 AB 的方程为

$$X^2 + Y^2 - R^2 = 0$$

设加工时刀具位于 P（X_i，Y_i）点，取偏差函数为

$$F_i = X_i^2 + Y_i^2 - R^2 \tag{2-4}$$

则

当 P 点在圆弧上时，$F_i = 0$；

当 P 点在圆弧外时，$F_i > 0$；

当 P 点在圆弧内时，$F_i < 0$。

2. 进给脉冲分配

当 P 点在圆弧外，即 $F_i > 0$ 时，向 $-X$ 方向分配一个进给脉冲，即向 X 轴负方向走一步；

当 P 点在圆弧内，即 $F_i < 0$ 时，向 $+Y$ 方向分配一个进给脉冲，即向 Y 轴正方向走一步；

当 P 点在圆弧上，即 $F_i = 0$ 时，为使加工继续进行，规定按 P 点在圆弧外情况处理。

3. 偏差函数的递推计算

由上述可知，若 $F_i \geq 0$，向 X 轴负方向走一步，则 P 点新的位置坐标及偏差为

$$\begin{cases} X_{i+1} = X_i - 1 \\ Y_{i+1} = Y_i \\ F_{i+1} = X_{i+1}^2 + Y_i^2 - R^2 = (X_i - 1)^2 + Y_i^2 - R^2 = F_i - 2X_i + 1 \end{cases} \tag{2-5}$$

若 $F_i < 0$，向 Y 轴正方向走一步，则 P 点新的位置坐标及偏差为

$$\begin{cases} X_{i+1} = X_i \\ Y_{i+1} = Y_i + 1 \\ F_{i+1} = X_i^2 + Y_{i+1}^2 - R^2 = X_i^2 + (Y_i + 1)^2 - R^2 = F_i + 2Y_i + 1 \end{cases} \tag{2-6}$$

采用递推计算式（2-5）、式（2-6）代替式（2-4）计算偏差函数，既可以简化计算，又可以缩短插补时间。

4. 终点判别

一般常采用插补循环或进给的总步数来判断是否到达终点。设插补循环或进给的总步数用 E 表示，显然有

$$E = |X_e - X_0| + |Y_e - Y_0|$$

每进行一次插补循环，就对 E 进行一次减 1 运算，当 E 等于 0 时，表明到达终点，插补结束。

5. 逐点比较法圆弧插补举例

【例 2-2】　插补计算图 2-7 所示第一象限逆时针圆弧，起点 $A(5,0)$，终点 $B(0,5)$。

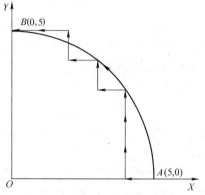

图 2-7　逐点比较法圆弧插补轨迹

插补计算过程如表 2-2 所示，刀具运动轨迹如图 2-7 中的折线所示。

表 2-2　逐点比较法圆弧插补计算过程

步序	工作节拍				
	偏差判别	坐标进给	偏差函数及动点坐标计算		终点判别
0			$F_0 = 0$	$X_0 = 5$, $Y_0 = 0$	$E = 10$
1	$F = 0$	$-\Delta X$	$F_1 = F_0 - 2X_0 + 1 = 0 - 2 \times 5 + 1 = -9$	$X_1 = 5 - 1 = 4$, $Y_1 = 0$	$E = 10 - 1 = 9$
2	$F < 0$	$+\Delta Y$	$F_2 = F_1 + 2Y_1 + 1 = -9 + 2 \times 0 + 1 = -8$	$X_2 = 4$, $Y_2 = 0 + 1 = 1$	$E = 9 - 1 = 8$
3	$F < 0$	$+\Delta Y$	$F_3 = F_2 + 2Y_2 + 1 = -8 + 2 \times 1 + 1 = -5$	$X_3 = 4$, $Y_3 = 1 + 1 = 2$	$E = 8 - 1 = 7$
4	$F < 0$	$+\Delta Y$	$F_4 = F_3 + 2Y_3 + 1 = -5 + 2 \times 2 + 1 = 0$	$X_4 = 4$, $Y_4 = 2 + 1 = 3$	$E = 7 - 1 = 6$
5	$F = 0$	$-\Delta X$	$F_5 = F_4 - 2X_4 + 1 = 0 - 2 \times 4 + 1 = -7$	$X_5 = 4 - 1 = 3$, $Y_5 = 3$	$E = 6 - 1 = 5$
6	$F < 0$	$+\Delta Y$	$F_6 = F_5 + 2Y_5 + 1 = -7 + 2 \times 3 + 1 = 0$	$X_6 = 3$, $Y_6 = 3 + 1 = 4$	$E = 5 - 1 = 4$
7	$F = 0$	$-\Delta X$	$F_7 = F_6 - 2X_6 + 1 = 0 - 2 \times 3 + 1 = -5$	$X_7 = 3 - 1 = 2$, $Y_7 = 4$	$E = 4 - 1 = 3$
8	$F < 0$	$+\Delta Y$	$F_8 = F_7 + 2Y_7 + 1 = -5 + 2 \times 4 + 1 = 4$	$X_8 = 2$, $Y_8 = 4 + 1 = 5$	$E = 3 - 1 = 2$
9	$F > 0$	$-\Delta X$	$F_9 = F_8 - 2X_8 + 1 = 4 - 2 \times 2 + 1 = 1$	$X_9 = 2 - 1 = 1$, $Y_9 = 5$	$E = 2 - 1 = 1$
10	$F > 0$	$-\Delta X$	$F_{10} = F_9 - 2X_9 + 1 = 1 - 2 \times 1 + 1 = 0$	$X_9 = 1 - 1 = 0$, $Y_9 = 5$	$E = 1 - 1 = 0$　结束

（四）其他直线和圆弧的处理

以上仅讨论了第一象限的直线和逆时针圆弧插补，对于其他象限的直线和圆弧，有多种方法进行处理，其中较简单和直观的处理方法是取与上面相同的偏差函数，仿照上面的分析方法，分别确定其偏差判别及递推计算公式，并按实际情况合理分配进给脉冲。

三、数据采样插补

（一）基本原理

数据采样插补又称数字增量插补、时间分割插补或时间标量插补，它采用时间分割思想，把加工中刀具相对工件运动的时间分为若干相等的时间间隔，也称插补周期 T，并根据进给速度要求，将运动轨迹分割为每个插补周期内的进给直线段 ΔL（又称轮廓步长，矢量，其长度 ΔL 为插补周期内的合成进给量），以这些直线段来逼近轮廓曲线。插补任务就是根据运动轨迹与各坐标轴的几何关系将轮廓步长分解为各坐标轴的坐标增量。

数据采样插补方法很多，如直线函数法、扩展数字积分法、二阶递归算法等，主要用于伺服电动机驱动的闭环或半闭环数控系统，能较好地满足速度控制和精度控制的要求。

为获得更高的进给速度，同时保证较高的轨迹控制精度，需要提高插补运算速度。在软件插补不能满足速度要求时，可将插补分为两步进行，即首先采用数据采样插补方法进行粗插补，然后采用基准脉冲插补方法对粗插补获得的轮廓步长进行精插补。粗插补由软件完成，而精插补由硬件实现，从而减轻软件插补工作量，发挥硬件插补速度快的优势，满足高速加工的要求。

（二）插补周期与轨迹运动精度、速度的关系

数据采样插补方法是用小直线段逼近零件轮廓。因此，在直线插补时一般不会产生逼近误差。

在圆弧插补时，一般将轮廓步长 ΔL 作为弦线或割线对圆弧进行逼近，如图 2-8 所示，因此存在逼近误差。设圆弧半径为 R、插补周期为 T、进给速度为 F，则当采用弦线对圆弧进行逼近时（如图 2-8a 所示），最大径向误差 δ 为

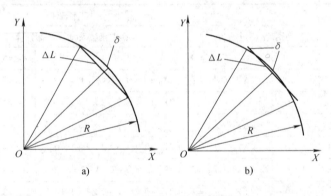

图 2-8　圆弧插补的逼近误差

$$\delta = \frac{(FT)^2}{8R} \tag{2-7}$$

当采用割线对圆弧进行逼近时，应使圆弧内外径向误差相等（如图 2-8b 所示），则最大径向误差 δ 为

$$\delta = \frac{(FT)^2}{16R} \tag{2-8}$$

从式（2-7）、式（2-8）知，圆弧插补时的径向误差 δ 与圆弧半径 R 成反比，而与插补周期和进给速度 F 的平方成正比。对具体的 CNC 装置，T 是固定的。将 CNC 装置应用于具体的数控机床时，允许的径向逼近误差 $\delta_允$ 也是一定的。当加工圆弧半径 R 已

知时，可求出允许的最大进给速度 F_{max}，则实际使用的进给速度应小于 F_{max}。

（三）插补周期的选择

CNC 装置进行一次插补运算的最长时间是确定的，显然插补周期必须大于这个时间。而在采用 CPU 分时共享的 CNC 装置中，CPU 除了完成插补运算外，还要执行显示、监控和位置控制等实时任务，所以插补周期 T 必须大于插补运算时间与完成其他实时任务时间之和，一般情况下插补周期应取为最长插补运算时间的两倍以上。此外，由于插补输出是位置控制的输入，因此插补周期应与位置控制周期相等或成整数倍关系，从而使插补运算与位置控制相互协调。

（四）数据采样法直线插补

建立与机床坐标系平行的插补坐标系，插补坐标系原点选在直线起点上，如图 2-9 所示。刀具运动轨迹为 XOY 平面上的直线 OA，起点 O（0，0），终点 A（X_e，Y_e），指令进给速度 F，系统插补周期 T，插补周期内合成进给量 $\Delta L = FT$。

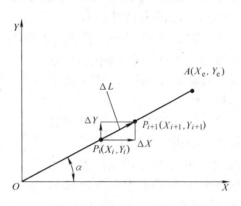

图 2-9　数据采样法直线插补

将直线 OA 分割成若干个轮廓步长 ΔL，每个 ΔL 小直线段都与直线 OA 重合，与坐标轴夹角等于直线的倾角 α，在两坐标轴上的投影为 ΔX、ΔY，则

$$\begin{cases} \cos\alpha = \dfrac{X_e}{\sqrt{X_e^2 + Y_e^2}} \\[2mm] \Delta X = \Delta L\cos\alpha \\[2mm] \Delta Y = \dfrac{Y_e}{|X_e|}\Delta X \end{cases} \tag{2-9}$$

采用式（2-9）进行计算时，坐标值应带符号，正号表示与坐标轴正向一致，负号表示与坐标轴正向相反。因此，该式适用于四个象限的直线插补。

采用式（2-9）存在下述问题：

1）当终点 A 的 X 轴坐标值很小，即 X_e 很小时，由于计算机字长是一定的，引起的舍入误差会很大。极端情况是 X_e 接近于 0，则 $\cos\alpha$ 计算结果总为 0。

2）当 $|Y_e| > |X_e|$ 时，$\dfrac{|Y_e|}{|X_e|} > 1$，若 ΔX 存在计算误差，则该式对误差有放大作用，将使 ΔY 产生更大的计算误差，尤其是 $|Y_e| \gg |X_e|$ 时，误差将被极大放大，导致计算结果超差。

解决这个问题很简单。当 $|X_e| \geq |Y_e|$ 时，直接应用式（2-9）进行插补计算；而当 $|X_e| < |Y_e|$ 时，先将 X_e、Y_e 对调，然后采用式（2-9）进行插补计算，计算后再将 X_e、Y_e 以及结果 ΔX、ΔY 对调回来即可。

得到 ΔX、ΔY 后，可按式（2-10）递推计算插补中间点坐标

$$\begin{cases} X_{i+1} = X_i + \Delta X \\ Y_{i+1} = Y_i + \Delta Y \end{cases} \tag{2-10}$$

式(2-10)中各坐标值均应带符号，因此它同样适用于四个象限的直线插补。

由于直线插补的 ΔX、ΔY 是固定的，因此只需在插补前使用式(2-9)计算出 ΔX、ΔY，而每一插补中间点坐标的实时计算只需使用递推公式(2-10)即可。

（五）数据采样法圆弧插补

用轮廓步长 ΔL 小直线段来逼近圆弧可以有几种方法，如弦线逼近、割线逼近、切线逼近等，其中采用内接弦线逼近圆弧是最基本的方法，下面主要介绍这种方法。

建立与机床坐标系平行的插补坐标系，插补坐标系原点选在圆弧的圆心，如图 2-10 所示。刀具运动轨迹为 XOY 平面上第一象限的顺时针圆弧 AB，起点 A（X_0, Y_0），终点 B（X_e, Y_e），指令进给速度 F，系统插补周期 T，插补周期内合成进给量 $\Delta L = FT$，P（X_i, Y_i）为圆弧上任一个插补中间点，Q（X_{i+1}, Y_{i+1}）为圆弧上相对 P 点的下一个插补中间点。

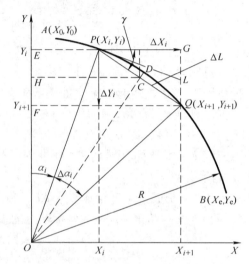

图 2-10　内接弦线圆弧插补

内接弦线逼近圆弧就是用直线段 PQ（轮廓步长 ΔL）来代替圆弧 PQ。设直线段 PQ 的中点为 C，圆弧 PQ 的中点为 D，直线段 PQ 与 X 轴的夹角为 γ。

由几何关系可知，$\Delta X_i = \Delta L \cos\gamma$。因为 $\gamma = \angle GPQ = \angle PQF = \angle FOC = \alpha_i + \Delta\alpha_i/2$，$CD$ 是用直线段 PQ 代替圆弧 PQ 产生的误差 δ，因此在直角 $\triangle HOC$ 中

$$\cos\left(\alpha_i + \frac{1}{2}\Delta\alpha_i\right) = \frac{\overline{OH}}{\overline{OC}} = \frac{\overline{OE} - \overline{EH}}{\overline{OD} - \overline{CD}} = \frac{Y_i - \dfrac{1}{2}\Delta Y_i}{R - \delta}$$

一般合成进给量 ΔL 相对圆弧半径足够小，δ 是 ΔL 的高阶无穷小，可从上式中舍去。用上一步插补运算结果 ΔY_{i-1} 近似代替 ΔY_i，得

$$\cos\left(\alpha_i + \frac{1}{2}\Delta\alpha_i\right) = \frac{Y_i - \dfrac{1}{2}\Delta Y_{i-1}}{R}$$

在开始第一步插补时，可取 ΔY_0 为

$$\Delta Y_0 = \Delta L \sin\alpha_0 = \frac{\Delta L X_0}{R} = \frac{FT X_0}{R}$$

其中 α_0 为圆弧起点 $A(X_0, Y_0)$ 的切线与 X 轴的夹角，$\sin\alpha_0 = X_0/R$。最后得 ΔX_i、ΔY_i、X_{i+1}、Y_{i+1} 计算式为

$$\begin{cases} \Delta X_i = \frac{FT}{R}\left(Y_i - \frac{\Delta Y_{i-1}}{2}\right) \\ X_{i+1} = X_i + \Delta X_i \\ \Delta Y_i = Y_i - \sqrt{R^2 - X_{i+1}^2} \\ Y_{i+1} = Y_i + \Delta Y_i \end{cases} \tag{2-11}$$

前面通过两次近似来计算 $\cos\gamma$，因此必然存在误差，由此求出的 ΔX_{i+1}、ΔY_{i+1} 也会与设想的值存在偏离。但计算 ΔY_i 时没有使用公式 $\Delta Y_i = -\Delta L \sin\gamma$，而是采用圆的方程

$$X_{i+1}^2 + Y_{i+1}^2 = (X_i + \Delta X_i)^2 + (Y_i + \Delta Y_i)^2 = R^2$$

进行计算的，这样所得到的下一插补中间点 $Q(X_{i+1}, Y_{i+1})$ 的坐标必然满足圆的方程，即中间点 Q 必定在圆上。近似计算 $\cos\gamma$ 所带来的误差实际上是每次插补直线段 PQ 的长度误差，只引起很小的进给速度变动，对加工轨迹精度几乎没有影响。

以上仅讨论了第一象限的顺时针圆弧插补。第一象限的逆时针圆弧插补以及其他三个象限的顺时针和逆时针圆弧插补，可参照上述方法求出插补计算公式。在实际进行圆弧插补时，应先判断圆弧所在象限和顺逆方向，然后选择相应的插补计算公式进行插补计算。

第三节 数控补偿原理

补偿是数控技术中较常用的处理问题的方法。补偿主要应用在两个方面，一方面是轨迹控制中有关刀具情况的补偿，如刀具半径补偿、长度补偿和位置补偿等，另一方面是进给运动中对机械传动情况的补偿，如传动间隙补偿和传动副传动误差补偿等。下面介绍刀具的补偿。

一、刀具补偿概述

1. 几个基本概念

（1）刀位点 已经提到的刀具坐标、刀具运动轨迹等，都是对一个点的。在数控加工编程时就必须把刀具作为一个点处理。用刀具体上与零件表面形成有密切关系的理想的或假想的点来描述刀具位置，这个点就称为刀具的刀位点。常用刀具的刀位点选择情况见图 2-11。

（2）刀具补偿 在编制加工程序时，使用零件本身轮廓作为编程轨迹，程序执行

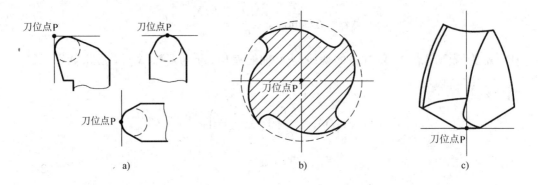

图 2-11　常见零件加工中刀具的刀位点

结果是刀位点按编程轨迹运动。这样带来两个问题：①刀具起切削作用的是一段切削刃，很多情况下对形成零件表面轮廓的影响不能简化为一个点，形成的零件表面轮廓与切削刃的形状、尺寸和采用的加工方法有关；这时，如果刀位点按编程轨迹运动，却加工不出要求的零件轮廓，如用立铣刀加工凸轮工作面时，由于铣刀回转半径影响，当铣刀回转中心沿编程轨迹运动时，显然得不到要求的凸轮工作面，而是加工出与凸轮工作面差铣刀半径的等距面。②刀具重磨或更换其他刀具后再次安装，必然造成刀位点的变化，如继续使用已编制好的程序来加工，必然造成零件尺寸和位置偏差。为解决上述问题，CNC 装置提供了刀具补偿功能。在编程时，将刀具简化为刀位点，用零件本身轮廓进行编程，但要将实际刀具的参数（如刀具位置、长度和圆弧切削刃半径等）测量出来并输入给 CNC 装置，输入的参数统称为刀具补偿值，简称刀补值；在程序中适当的位置调用刀具补偿指令，CNC 装置就会根据程序指定的刀补值自动调整刀位点的运动轨迹，使刀位点的运动轨迹相对编程轨迹产生偏移，这个偏移恰好能加工出要求的零件轮廓。

（3）刀具号和刀补号　对加工中使用的每一把刀具按机床规定的编号方式进行编号，得到刀具号（简称刀号），为每个刀号分配一组刀具补偿号（简称刀补号），每个刀补号对应该刀具的刀补值（包括位置补偿值、半径补偿值、长度补偿值）。刀补值存储在 CNC 装置指定的存储单元中，这些存储单元称刀具补偿寄存器，简称刀补寄存器，可通过刀补号来寻址。刀补号 0 对应的一组刀补值永远都是 0，主要用于撤消刀补。

2. 刀补指令及其应用

数控车床等用于回转类零件表面加工的数控机床，其 CNC 装置一般都具有刀具位置补偿和半径补偿功能。在数控车床加工程序编制中，常使用刀具功能字指定刀具位置补偿。常用的刀具功能字格式为 T××××（"×"表示一位十进制数），其中前两位表示刀号，后两位表示刀补号。如 T0103 表示换 01 号刀，并使用刀补号 03 对应的刀补值进行刀具补偿。而对刀具半径补偿则使用 G41 或 G42 指令指定，用 D×× 给出刀补号。

数控铣床、数控镗铣床、加工中心等机床的 CNC 装置中，一般都具有刀具半径补偿和刀具长度补偿功能，而数控钻床一般只有刀具长度补偿功能。对这些机床进行编程时，一般使用 G41 和 G42 指令进行刀具半径补偿，并使用 D×× 给出刀补号；使用 G43 和 G44 指令进行刀具长度补偿，并使用 H×× 给出刀补号。

3. 刀补的全过程

刀补使用的过程包括三个阶段。

（1）刀补建立 在首次出现有刀补指令的插补程序段，将刀补号对应的刀补值按指令要求补偿到刀具的位移中，使刀位点相对编程轨迹产生一个偏置。

（2）刀补进行 刀补指令是模态指令，在没出现刀补撤消指令时一直有效，即在刀补指令和刀补撤消指令所在的两个程序段之间的程序段中，刀补指令一直有效，刀位点始终保持相应于刀补值的偏置。

（3）刀补撤消 若在某程序段出现刀补撤消指令，则取消刀位点产生的偏置，使刀位点回复到编程轨迹上。刀补撤消的过程是刀补建立的逆过程。

在使用刀具功能字 T×××× 指定刀具位置补偿和刀具半径补偿的机床上，当给出刀补号为 0 时，即指定刀补撤消，如 T0100，表示撤消 01 号刀具的位置补偿和半径补偿。

在使用 G41 或 G42 指令指定刀具半径补偿，或使用 G43 或 G44 指令指定刀具长度补偿的机床上，可以使用刀具补偿号 0、G40 或 G49 指令撤消刀补。

4. 使用要点

使用刀补时应注意以下几点：

1）在 G00 和 G01 插补指令段建立和撤消刀补。

2）在建立新的刀补时，应先撤消已建立的刀补，然后再建立新的刀补。

3）将刀补建立和撤消指令安排在零件加工的辅助空行程程序段中，使刀补建立和撤消过程中不进行切削加工。

二、刀具位置补偿原理

图 2-12 所示为数控车床四角回转刀架，现装有两把不同尺寸的刀具，分别称 1 号刀和 2 号刀，刀架转位换刀后，两把刀的刀位点不同。以 1 号刀刀位点 B 为所有刀具的编程刀位点。当 1 号刀执行一段程序，从 B 点直线运动到 A 点时，其在 X 轴、Z 轴位移增量分别为 U_{BA}、W_{BA}

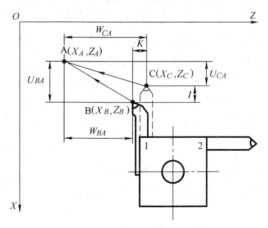

$$\begin{cases} U_{BA} = X_A - X_B \\ W_{BA} = Z_A - Z_B \end{cases}$$

当更换 2 号刀时，2 号刀位点在 C 点，执行同一段程序，采用刀具位置补偿功能，使刀位点从 C 点运动到 A 点，在 X 轴和 Z 轴上的位移增量分别为

图 2-12 刀具位置补偿示意图

U_{CA}、W_{CA}

$$\begin{cases} U_{CA} = X_A - X_C \\ W_{CA} = Z_A - Z_C \end{cases} \qquad (2\text{-}12)$$

但程序是按 1 号刀刀位点 B 点编制的。设 I、K 为 2 号刀 X 轴、Z 轴的刀补值，令

$$\begin{cases} U_{CA} = X_A - X_B + I \\ W_{CA} = Z_A - Z_B + K \end{cases} \qquad (2\text{-}13)$$

比较式（2-12）和式（2-13），得

$$\begin{cases} I = X_B - X_C \\ K = Z_B - Z_C \end{cases} \qquad (2\text{-}14)$$

综上所述，刀具位置补偿原理为：编程员按式（2-14）计算 2 号刀位置补偿值，并将其输入到对应的刀补寄存器中，当 CNC 装置执行刀具补偿指令时，按式（2-13）计算 X 轴和 Z 轴位移增量，并按此位移增量控制刀具运动，使 2 号刀刀位点 C 最终运动到 A 点。因此，有了刀具补偿功能，在刀位点发生变化时，不必重新编制零件加工程序，只需根据变化了的刀位点重新输入相应的刀补值即可。

刀具位置补偿在与基本坐标平面平行的平面内进行。CNC 装置处理刀具位置补偿的有关计算，是在轨迹插补前一次性处理完的，属于插补预处理，而非实时任务。

三、刀具长度补偿原理

数控铣削、钻削和镗削等加工时，因磨损、重磨和换刀所引起的刀具刀位点在回转轴线方向上的位置变化，即刀具长度变化，可使用刀具长度补偿功能来消除。

下面以钻削加工为例简要说明刀具长度补偿原理。如图 2-13 所示，标准刀具为 I，要求刀位点 A 运动到指定的平面 M，使用增量坐标编程（也可使用绝对坐标编程），终点坐标为 W_1。但由于刀具重磨等原因，实际刀具为 II，刀位点为 B。若仍按编程要求使刀位点 B 到达平面 M，实际位移应为 W_2。这样应在编程终点坐标 W_1 的基础上自动补偿

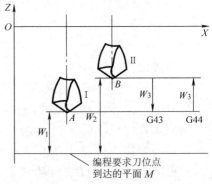

图 2-13 刀具长度补偿示意图

一个值 W_3，使其与实际终点坐标 W_2 一致，而不必修改程序。即

$$W_2 = W_1 \pm W_3 \qquad (2\text{-}15)$$

式（2-15）中的 W_1、W_2、W_3 都有方向性，与 Z 轴正向一致取正，相反取负。等式右边加号对应指令 G43，减号对应指令 G44。补偿值为

$$W_3 = \pm(W_2 - W_1) \qquad (2\text{-}16)$$

G43 指令对应取正号，G44 指令对应取负号。

综上所述，刀具长度补偿原理为：编程员按式（2-16）计算刀具Ⅱ的长度补偿值，并输入到对应的刀补寄存器中，当 CNC 装置执行刀具长度补偿指令时，数控装置按式（2-15）计算 Z 轴终点坐标，使刀位点 B 运动到平面 M。

四、刀具半径补偿原理

1. 刀具半径补偿的作用

在数控铣床上用圆柱铣刀加工母线为任意曲线的平面轮廓时，铣刀的回转轴线应垂直母线所在的平面，取铣刀的回转中心为刀位点，如果要求铣削出轮廓线，刀位点轨迹应该是轮廓线的等距线，如图 2-14 所示。使用圆头车刀车削零件表面，并将刀位点选为车刀的圆弧切削刃圆心时，与上述情况相同。

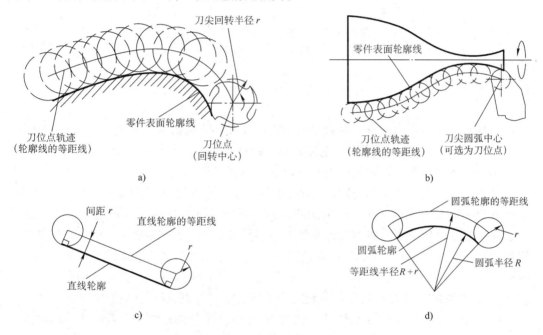

图 2-14　刀位点运动轨迹与轮廓线关系

众所周知，直线的等距线还是直线，两者是平移关系；圆弧的等距线还是圆弧，两者是半径不同的同心圆；而非直线、非圆弧的轮廓线，其等距线方程却非常复杂。这就是说，具有抛物线插补功能的数控机床不能用圆柱铣刀加工抛物线表面，因为此时刀位点的轨迹并非抛物线。正因如此，数控装置一般都只具备直线和圆弧曲线插补功能。

刀具半径补偿在与基本坐标平面平行的平面内进行。

2. 刀具半径补偿的刀位点计算

如图 2-15 所示，设刀具半径补偿值为 r。当零件轮廓线是直线或圆弧时，刀位点的轨迹线形不变，分别是与零件轮廓线距离为 r 的等距直线和与零件轮廓线半径差为 r 的等距同心圆弧。

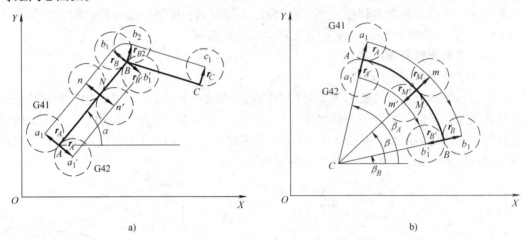

图 2-15　刀具半径补偿时刀位点计算

　　刀具半径补偿中刀位点一般采用矢量方法计算。限于篇幅，这里不作详细介绍。

　　3. B 功能刀具半径补偿与 C 功能刀具半径补偿

　　零件轮廓常由多段直线和圆弧组合而成，刀具半径补偿时涉及两段基本轮廓线连接点处刀位点轨迹如何转接的问题。如图 2-15a 所示，零件轮廓上的两段直线 AB 与 BC 相交于 B 点，下部为零件实体，当采用圆柱铣刀进行铣削加工时，应使用 G41 指令进行左刀补；如果单独考虑两段直线轮廓的刀位点轨迹，则直线 AB 段对应的刀位点轨迹是直线 a_1b_1，直线 BC 段对应的刀位点轨迹是直线 b_2c_1，两者之间不连续，即前一段直线轮廓 AB 加工结束后，刀位点处于 b_1 点，而后一段直线轮廓 BC 开始加工时，刀位点应在 b_2 点。可采用两种方法处理两段轮廓线连接点处刀位点轨迹的转接：

　　第一种方法采用圆弧过渡转接，称为 B 功能刀具半径补偿。在两段轮廓线相交形成的外轮廓交角（工件实体角度小于 180°）处，由 CNC 装置自动插入一段半径为 r 的过渡圆弧，如图 2-15a 中从刀位点 b_1 到刀位点 b_2 的过渡。B 功能刀具半径补偿方法简单，转接处理不需要额外的计算工作。但由于轮廓尖角处始终与刀具接触，往往会变成小圆角，在对轮廓尖角有要求时，这种方法不能使用。

　　第二种方法充分考虑两段刀位点轨迹的具体情况，采用缩短、延长和插入一段直线段完成转接，称为 C 功能刀具半径补偿。目前，CNC 装置普遍采用 C 功能刀具半径补偿。图 2-16 列出了在 G41 刀补指令方式下各种直线和圆弧轮廓的刀位点轨迹转接形式。图中 γ 角是从前一段轮廓的终点矢量逆时针转到后一段轮廓的起点矢量的角度，反映了零件前后两段轮廓的连接情况。符号 L 表示轮廓线形为直线；C 表示轮廓线形为圆弧；r 表示轮廓上该点的半径补偿矢量；i 表示转接矢量；I 表示转接矢量终点；实线为零件轮廓轨迹，虚线为刀位点轨迹。

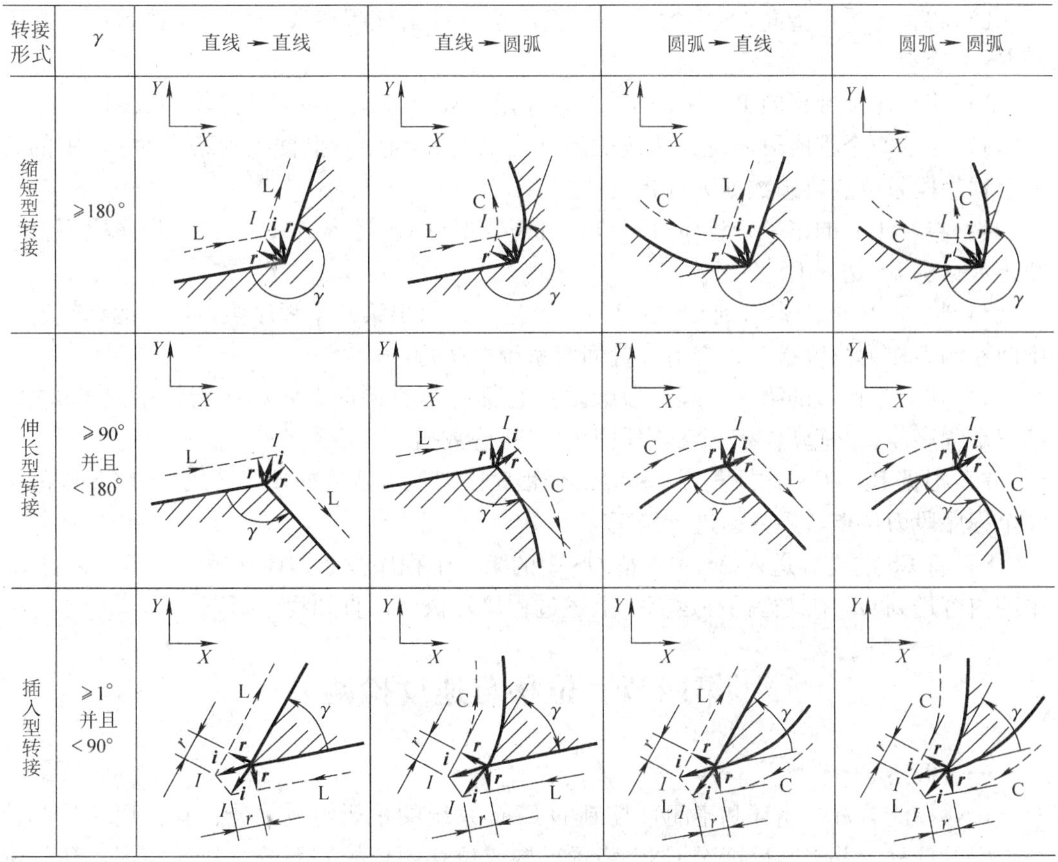

转接形式
γ
直线→直线
直线→圆弧
圆弧→直线
圆弧→圆弧
缩短型转接
≥180°
伸长型转接
≥90°并且<180°
插入型转接
≥1°并且<90°

图 2-16　C 功能刀具半径补偿刀位点轨迹转接

4. C 功能刀具半径补偿指令的执行

由第一节知，在零件加工程序的执行过程中，在译码之后，译码缓冲区放置着多组已经译码完但还没有执行的程序段数据，这些数据将按程序段顺序进行处理（坐标变换、刀补处理、速度处理、插补处理），最后进行插补运算。对于有 C 刀具半径补偿指令的程序段，由于刀补处理需要进行两程序段刀位点轨迹的转接，需要使用下一程序段轮廓数据，因此不能采用处理一段、执行一段的方法。

根据 C 功能刀具半径补偿的需要，除译码缓冲区 BS 外，在 CNC 装置的内存中又增设了刀补缓冲区 CS、插补缓冲区 AS 和输出缓冲区 OS。图 2-17 示出 C 功能刀具半径补偿程序的流程。

译码缓冲区BS
刀补缓冲区CS
插补缓冲区AS
输出缓冲区OS
插补运算

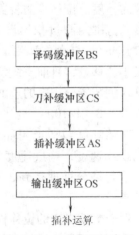

图 2-17　C 功能刀具半径补偿程序的流程

1）将程序指针指向 BS 中的第一个程序段，算出该程序段刀位点轨迹数据，并送到 CS 中暂存。

2）将程序指针指向 BS 中的第二个程序段，算出该程序段刀位点轨迹数据。

3）对这两个程序段刀位点轨迹的转接方式进行判别，根据判别结果对 CS 中的第一个程序段刀位点轨迹数据进行修正。

4）将修正后的第一个程序段刀位点轨迹数据由 CS 送入 AS，第二个程序段刀位点轨迹数据由 BS 送入 CS。

5）将 AS 中的内容送到 OS 中进行插补运算，得出第一个程序段刀位点运动轨迹的中间控制点作为位置指令，交由位置伺服系统去执行。

6）在对修正过的第一个程序段数据进行插补运算同时，将程序指针指向 BS 中的第三个程序段，并算出第三个程序段刀位点轨迹数据。

7）根据 BS、CS 中的第三个和第二个程序段刀位点轨迹的转接方式，对 CS 中的第二个程序段刀位点轨迹数据进行修正。

8）将 CS 的内容送入 AS 中，待 OS 中的第一个程序段数据插补运算完毕，再将 AS 中的内容送到 OS 中进行插补运算。上述过程反复执行，直到程序结束。

第四节　位移与速度检测

一、概述

位移检测装置是闭环和半闭环控制的 CNC 系统的重要组成部分，其作用是检测执行部件的位移，并将其反馈至 CNC 装置，构成位移闭环控制系统，从而实现对执行部件位置的准确控制，保证刀具相对工件的运动轨迹。

采用闭环（包括半闭环）伺服系统的数控机床，其加工精度主要取决于位移检测装置的精度。位移检测装置的精度指标主要有精度和分辨率两项。精度是指在一定长度或转角范围内测量积累误差的最大值，目前直线位移检测精度一般已达 $\pm(0.002 \sim 0.02)\,\text{mm/m}$，转角位移测量精度可达 $\pm 10''/360°$。系统分辨率是测量元件所能正确检测的最小位移量，目前直线位移的分辨率多数为 $0.001 \sim 0.01\,\text{mm}$，转角位移分辨率为 $2''$。位移检测装置分辨率的选取通常和脉冲当量的选取方法一样，数值也相同，取机床加工精度的 $1/3 \sim 1/10$。

在闭环（包括半闭环）伺服系统中，除位置检测外，还需要检测并反馈执行部件的运动速度，构成速度的闭环反馈控制。执行部件的运动速度可通过对位移检测信号进行微分处理得到，也可使用专门的速度检测装置得到。本节主要介绍位移检测装置。

用于数控机床的位移检测装置种类很多。按被测量的几何性质分，有直线型和回转型，分别用于角位移和直线位移的检测；按输出的检测信号类型分，有数字式和模拟式；按被测量是位置还是位移分，有绝对式和增量式。

数字式检测是将被测量以数字信号的形式（一般为脉冲信号）输出。数字信号可直接送到 CNC 装置进行分析、处理和显示。数字式检测装置比较简单、抗干扰能力较强。

模拟式检测是将被测量以连续变量形式（一般为连续变化的电压幅值、相位等）输出。模拟信号可直接反馈至伺服系统与指令电压信号进行比较（幅值或相位比较），也可在转换成数字信号后，送至 CNC 装置进行分析、处理和显示。

增量式检测是测出位移的增量。绝对位置可由位移增量的累积求得。对增量式检测，一旦在某处产生测量误差，则其后所得的位置均含有这一误差。另外，在加工中因事故断电停机检修，执行部件的位置发生变动后，由于检测装置不能指示出执行部件的绝对位置，因此无法给定位移指令使执行部件由检修后的位置直接移回停机时的原位，而必须返回机床原点并重新对刀后再进行加工。

绝对式检测是检测绝对位置，相应的检测元件结构比较复杂，而且位置检测的分辨率与量程都受到一定限制。

二、直线光栅

光栅分物理光栅和计量光栅。物理光栅刻线细而密，栅距（两刻线间的距离）在 $0.002 \sim 0.005\,\mathrm{mm}$ 之间，主要用于光谱分析和光波波长的测量。计量光栅刻线相对较粗，栅距在 $0.004 \sim 0.25\,\mathrm{mm}$ 之间，主要用于高精度位移的检测，是数控进给伺服系统使用较多的一种检测装置。计量光栅分直线光栅和圆光栅，分别用于直线位移和角位移的检测。

1. 直线光栅的结构和特点

按光路不同，直线光栅分透射光栅和反射光栅。两种光栅检测装置都是由标尺光栅和光栅读数头两部分组成。通常将光栅读数头固定在机床活动部件（如移动的工作台）上，标尺光栅装在机床的固定部件上（如机床底座），随机床活动部件的移动两者相对移动。

（1）标尺光栅 透射光栅的标尺光栅是在光学玻璃的表面上，或光学玻璃的表面涂层上，刻制成相互平行、间距相等的光栅线纹，形成透明与不透明均匀相间的条形区域。相邻两条光栅线纹之间的距离称做栅距 P（单位 mm），它是光栅的重要参数；也可用每毫米长度上的线纹数来描述，称为线纹密度，它是栅距 P 的倒数。常用的透射光栅线纹密度为 $100 \sim 250$ 条/mm。

反射光栅的标尺光栅是在钢尺或不锈钢带的镜面上，用照相腐蚀工艺或用钻石刀直接刻制出相互平行、间距相等的光栅线纹，形成反射和漫射的条形区域。常用的反射光栅的刻线密度为 $25 \sim 50$ 条/mm。

（2）光栅读数头 光栅读数头又叫光电转换器，可把光栅莫尔条纹变为电信号。用于透射光栅的光栅读数头有垂直入射读数头、分光读数头和镜像读数头；用于反射光栅的有反射读数头。无论哪种光栅读数头，都是由光源、透镜、指示光栅、光敏元件和驱动线路组成。标尺光栅不属于光栅读数头。标尺光栅和光栅读数头中的指示光栅统称为光栅尺。使用时要保证两光栅尺有准确的相互位置关系（主要是间距和平行度）。

图 2-18 所示为垂直入射光栅读数头的结构原理图。光源一般采用白炽灯泡，发出的辐射光线经过透镜后变为平行光束，透射过标尺光栅和指示光栅后，在光敏元件所在平面上形成莫尔条纹。光敏元件是一种将光强信号转变为电信号的光电转换元件，可将莫尔条纹的光强信号转换成与之成比例的电信号。读数头内常安装两个或四个光敏元件。光敏元件产生的电信号一般比较微弱，传输过程中易被干扰，造成信号失真。驱动电路就是对光敏元件的输出信号进行驱动放大的电路，可提高输出驱动能力并保证信号传输不失真。指示光栅与标尺光栅结构一样，只是长度短得多。同一个光栅检测装置中，指示光栅与标尺光栅的栅距必须相同。

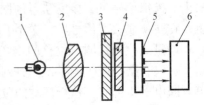

图 2-18 光栅读数头的结构原理
1—光源 2—透镜 3—标尺光栅
4—指示光栅 5—光敏元件
6—驱动电路

2. 直线光栅的工作原理

光栅检测装置的核心是莫尔条纹的形成。莫尔条纹是由挡光效应或光的衍射形成的。当栅距与光的波长接近时，莫尔条纹由光的衍射形成；当栅距比光的波长大得多时，莫尔条纹由挡光效应形成。计量光栅的莫尔条纹一般都基于挡光效应。下面以图 2-18 所示的透射光栅为例说明直线光栅的工作原理。

直线光栅的莫尔条纹见图 2-19。光栅尺在平行光束照射下，不透明的条形区域形成黑线，透明的条形区域形成亮线。当两光栅尺的线纹成一很小角度 θ 放置时，平行光束透过两光栅尺形成的黑线和亮线相互交叉。黑线交叉点近旁的小区域内，黑线重叠，亮线面积最大，即遮光面积最小，透明区域最大，挡光效应最弱，透光的累积使这个区域出现亮带。与黑线交叉点距离变远的区域内，黑线的重叠部分变小，遮光面积增大，挡光效应增强，与亮带相比变暗。在亮线交叉点近旁的小区域内，透明区域最小，挡光效应最强，挡光的累积使这个区域出现暗带。这些与光栅线纹几乎垂直的亮、暗相间的条纹就是莫尔条纹。

莫尔条纹具有如下特性：

1）用平行光束照射光栅时，莫尔条纹由亮带到暗带，再由暗带到亮带的光强度分布近似于余弦函数。用 I 表示光强度参数，则有

$$I = I_0 + I_m \cos \frac{2\pi y}{W} \tag{2-17}$$

式中，I_0 是光强度参数的平均值；I_m 是光强度参数的变化幅值；y 是垂直莫尔条纹的坐标。

2）放大作用。由图 2-19 中的几何关系可得莫尔条纹宽度 W、栅距 P、两光栅尺线纹夹角 θ 三者之间存在如下关系

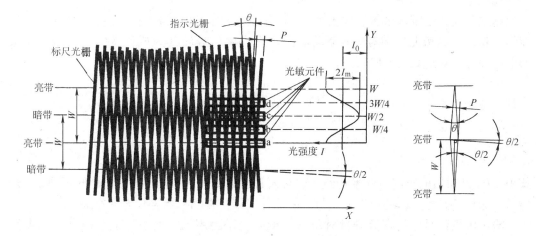

图 2-19 直线光栅的莫尔条纹

$$W = \frac{P}{2\sin\dfrac{\theta}{2}}$$

应用中，θ 一般很小，$\sin\dfrac{\theta}{2} \approx \dfrac{\theta}{2}$，则

$$W \approx \frac{P}{\theta}$$

若 $P = 0.01\text{mm}$，$\theta = 0.01\text{rad}$，则由上式可得 $W = 1\text{mm}$。因此，无须复杂的光学系统和电子系统，利用莫尔条纹这一光学现象，就能把光栅线纹转换成宽度放大 100 倍的莫尔条纹，从而大大提高了光栅检测的分辨率，并使检测装置容易实现。

3）误差均化作用。莫尔条纹是由大量光栅线纹共同形成的，如指示光栅宽 10mm，光栅线纹密度为 100 条/mm，则莫尔条纹由 1000 条光栅线纹形成。这样，个别光栅线纹栅距误差对莫尔条纹影响很小，即这种误差影响被均化了。但光栅线纹的累积误差将造成莫尔条纹宽度误差，因此光栅线纹的累积误差常被作为衡量光栅精度的重要指标。

4）莫尔条纹的移动与两光栅尺之间的相对移动相对应，当两光栅尺相对移动一个栅距 P 时，莫尔条纹便相应地移动一个莫尔条纹宽度 W；若两光栅尺相对位移的方向改变，莫尔条纹移动的方向也随之改变。

如图 2-19 所示，当指示光栅沿 X 轴正向运动时，莫尔条纹沿 Y 轴向上运动。设指示光栅位移增量为 x，莫尔条纹位移增量为 y，则有

$$\frac{x}{P} = \frac{y}{W}\left(\text{或 } y = \frac{W}{P}x \text{ 或 } x = \frac{P}{W}y\right)$$

因此，可通过检测莫尔条纹的位移来间接获得两光栅尺的相对位移。

莫尔条纹移动带来的光强变化可用光敏元件（如光电二极管、光电三极管、光电池等）检测。光敏元件和对应的驱动电路将光强度信号转换为成比例的电信号，一般为电压信号。对应式（2-17），有

$$U = U_0 + U_m \cos\left(\frac{2\pi y}{W} + \varphi\right)$$

或

$$U = U_0 + U_m \cos\left(\frac{2\pi x}{P} + \varphi\right)$$

式中，U_0 是输出电压信号的平均值，也称直流分量；U_m 是输出电压信号的幅值；x 是指示光栅位移坐标；φ 是初相角，与光敏元件安装位置和初始坐标选取有关。

输出电压信号中的直流分量对位移检测来说是无用的，可通过电容耦合放大电路（动态测量时）或差分放大器（静态测量时）将其消除。

在形成莫尔条纹的平面，设置 4 个观察窗口，每个观察窗口后安放一个光敏元件，如图 2-19 所示。对应 4 个光敏元件 a、b、c、d 的输出电压信号为 U_a、U_b、U_c、U_d。设指示光栅运动速度为 v，时间变量 t，位移坐标 $x = vt$，则

$$U_a = U_0 + U_m \cos\frac{2\pi v}{P}t$$

$$U_b = U_0 + U_m \cos\left(\frac{2\pi v}{P}t - \frac{\pi}{2}\right)$$

$$U_c = U_0 + U_m \cos\left(\frac{2\pi v}{P}t - \pi\right)$$

$$U_d = U_0 + U_m \cos\left(\frac{2\pi v}{P}t - \frac{3\pi}{2}\right)$$

3. 直线光栅检测电路

直线光栅检测电路的功用是将光敏元件和对应的驱动电路输出的 4 路模拟电压信号（U_a、U_b、U_c、U_d）转换为数字脉冲信号，并使每一个脉冲对应一个固定的位移量。数字脉冲信号的输出可采用两种方式。第一种方式是正向和反向位移所对应的脉冲分别由不同的输出端输出，并分别称为正走脉冲和反走脉冲，适用于采用可逆计数器对脉冲计数的场合；第二种方式是正向和反向位移所对应的脉冲都由同一个输出端输出，位移的方向由一个控制端给出，适用于采用带加减计数控制端的计数器对脉冲计数的场合。下面结合广泛使用的第一种脉冲输出方式介绍光栅检测电路的原理。

图 2-20 示出了一种 4 倍频细分辨向电路的工作原理。所谓 4 倍频细分，是指当两个光栅相对移动一个栅距 P 时，输出端输出 4 个脉冲。

当指示光栅以速度 v 运动时，光敏元件和对应的驱动电路输出四路模拟电压信号

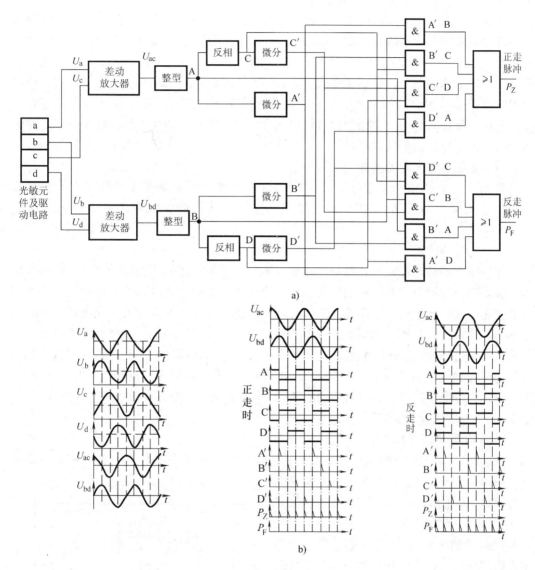

图 2-20　光栅位移—数字变换电路
a）电路原理图　b）各点波形图

U_a、U_b、U_c、U_d。U_a 和 U_c 在相位上相差 180°，作为一组差动信号；U_b 和 U_d 在相位上也相差 180°，作为另一组差动信号。将两组差动信号分别送入两个差动放大器，则共模的直流部分被抑制，差模的交流部分被放大。两个差动放大器输出的 U_{ac} 和 U_{bd} 分别与 U_a 和 U_b 同相。将 U_{ac} 和 U_{bd} 送整形电路整形，得两路相位差为 90° 的方波信号 A 和 B。用过零电压比较器可实现这一整形功能。A 和 B 两路方波一方面直接送入微分器进行微分，得到的两路窄脉冲信号 A′ 和 B′；另一方面经反向器反向，分别得到与 A 和 B

相差 180°的两路方波 C 和 D，再送入微分器进行微分，得到两路窄脉冲 C′和 D′。使用微分器对方波的下降沿微分。A′、B′、C′、D′四路窄脉冲信号经过后续的八个与门组成的逻辑电路后，分成 A′B、B′C、C′D、D′A 和 A′D、B′A、C′B、D′C 两组。前一组通过上边的或门电路相加后，输出正走脉冲 P_Z；后一组通过下边的或门电路相加后，输出反走脉冲 P_F。于是，当指示光栅相对于标尺光栅正向运动时，正走脉冲输出端有脉冲信号输出，每相对移动一个栅距，可输出 4 个窄脉冲信号，而反走脉冲输出端无脉冲信号输出；同样，当指示光栅相对于标尺光栅反向运动时，反走脉冲输出端有脉冲信号输出，而正走脉冲输出端无脉冲信号输出。

对上述正走脉冲和反走脉冲在单位时间内计数，可以得到数字形式的运动速度信号。也可采用频率/电压变换器将数字脉冲信号转换成模拟电压形式的运动速度信号。

三、脉冲编码器

脉冲编码器是一种旋转式脉冲发生器，能把机械角位移变成电脉冲信号，是数控机床伺服系统中使用很广的位移检测装置，也可作为速度检测装置用于速度检测。脉冲编码器分光电式、接触式和电磁感应式三种。从精度和可靠性方面来看，光电式脉冲编码器优于其他两种。数控机床伺服系统中主要使用光电式脉冲编码器。脉冲编码器的主要技术参数是机械轴每转过一转输出的脉冲个数，简称每转脉冲数。数控机床伺服系统中常用的脉冲编码器有 2000p/r、2500p/r 和 3000p/r 等。在高速、高精度数字伺服系统中，应用高分辨率的脉冲编码器，如 20000p/r、25000p/r 和 30000p/r 等，目前已有每转 10 万个脉冲的脉冲编码器。

1. 光电脉冲编码器的结构

光电脉冲编码器的结构如图 2-21 所示。圆光栅 5 固定在轴 9 上，可以和轴一起旋转；指示光栅 6 固定在底座 8 上，与圆光栅平行并有一定的间隙；光源 3、透镜 4、光敏元件 7 和电路板 2 都固定在底座上；光源经透镜形成的平行光束照射在圆光栅和指示光栅的线纹上；底座和法兰 10 固定联接。光电脉冲编码器用法兰定心，螺钉固定安装。光电脉冲编码器的轴与被测轴通过十字联轴器或键联接，除法兰外的全部元器件用外壳罩住。

圆光栅和指示光栅的制作材料和工艺方法与直线光栅的标尺光栅一样。它们的每一条光栅线纹都过一个圆心呈辐射状，圆心称刻线中心，任何两条相邻光栅线纹的夹角 θ（单位 rad）相等。全部光栅线纹

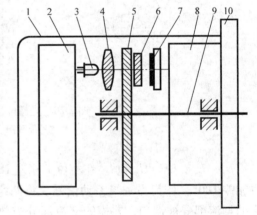

图 2-21　光电脉冲编码器的结构示意
1—外壳　2—电路板　3—光源　4—透镜　5—圆光栅　6—指示光栅　7—光敏元件　8—底座　9—轴　10—法兰

整体呈以刻线中心为圆心的环形，环形的中径称为刻线半径 R，在刻线半径 R 的圆周上两条相邻光栅线纹之间的距离称做节距 P（单位 mm），$P = \theta R$，如图 2-22 所示。也常用整个圆周（360°）的线纹数作为圆光栅和指示光栅的参数。圆光栅与指示光栅的两条相邻光栅线纹的夹角、刻线半径和节距都相同。

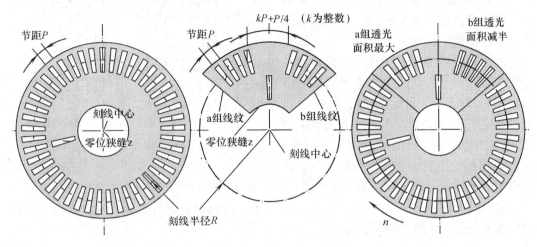

图 2-22　光电脉冲编码器圆光栅和指示光栅结构和工作原理

圆光栅在刻线半径的整个圆周上都有光栅线纹，所有光栅线纹为同一组。指示光栅的光栅线纹在刻线半径的圆周上只有一小部分，呈小扇形，并且刻有两组光栅线纹，分别称为 a 组和 b 组，两组光栅线纹之间错开 1/4 个节距（也可以说错开 $\theta/4$）。此外，在半径较小的圆周上，圆光栅和指示光栅分别刻有一条径向透光的狭缝 z，称为零位狭缝。

要求圆光栅和指示光栅的刻线中心重合并在圆光栅回转轴线上。三个光敏元件分别安置在指示光栅的两组光栅线纹和零位狭缝后面。三个光敏元件的输出接入电路板，由电路板上的检测电路处理。

2. 光电脉冲编码器的工作原理

平行光束透过圆光栅和指示光栅的线纹部分，照射到光敏元件上，形成明暗相间的光照条纹。当光栅线纹透明的条形区域完全重合时，光照条纹明亮部分最宽，总通光量最大；当光栅线纹透明与不透明的条形区域完全重合时，光照条纹黑暗部分最宽，总通光量最小。当圆光栅旋转时，光照条纹总通光量呈现周期性变化，每转过一个节距，总通光量变化一个周期。光敏元件输出的电压信号与光照条纹的总通光量成比例，按转角的余弦规律变化。

圆光栅每旋转一周，其零位狭缝与指示光栅的零位狭缝重合一次，该处的光敏元件相应产生一个呈余弦形状的脉冲信号。

若以圆光栅和指示光栅的 a 组线纹的透明条形区域完全重合时刻为时间初始状态，则 a 组、b 组、z 狭缝处光敏元件输出的信号波形如图 2-23 所示。

光电编码器的传感部分和检测电路一般都集成为一体。光源一般采用发光二极管，与检测电路一起制成电路板。光电编码器检测电路用于对 a 组、b 组、z 狭缝处光敏元件的输出信号进行驱动放大、整形等处理，其原理与前述的直线光栅检测电路基本相同。经驱动放大、整形后信号波形如图 2-23 所示。当圆光栅正转时，a 组光敏元件产生的方波 A 在相位上比 b 组光敏元件产生的方波 B 超前 90°；反转时，方波 B 在相位上比方波 A 超前 90°；z 狭

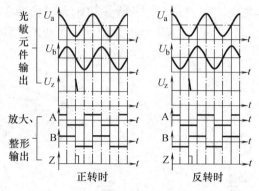

图 2-23 光电编码器输出信号波形

缝产生的零位脉冲 Z 可以作为坐标原点信号，在车削螺纹时作为进刀点的同步信号。

输出的方波信号 A、B 可进一步经位移—数字变换电路进行处理，输出代表角位移和旋转方向的正转脉冲和反转脉冲。

第五节 伺服驱动与控制

一、概述

数控机床伺服系统属位置随动系统，是以移动部件的直线或角位移为控制目标的自动控制系统，它以 CNC 装置插补输出为指令，对工作台、主轴箱、刀架等执行部件的坐标轴位移进行控制，最终获得要求的刀具运动轨迹。因此，数控机床的伺服系统也被称为进给伺服系统。

进给伺服系统结构复杂，综合性强，涉及到电工电子技术、电动机拖动技术、自动控制理论、精密机械传动技术、计算机控制技术等多种新技术的应用。进给伺服系统是数控机床的关键部件，其静、动态性能决定了数控机床的精度、稳定性、可靠性和加工效率。因此，研究与开发高性能的伺服系统是数控技术发展的关键。

进给伺服系统有多种分类方法。按使用的执行元件可分为电液伺服系统和电气伺服系统；按伺服调节理论可分为开环伺服系统、闭环伺服系统和半闭环伺服系统；电气伺服系统还可进一步分为步进电动机伺服系统、直流伺服系统和交流伺服系统；闭环和半闭环伺服系统还可按位置反馈控制方式分为相位伺服系统、幅值伺服系统、数字脉冲比较伺服系统和全数字伺服系统。

电液伺服系统的驱动元件通常为电液脉冲马达和电液伺服马达，在数控机床发展的初期采用较多，目前已经基本上被电气伺服系统取代，仅在大型和重型数控机床上还有采用。电气伺服系统的执行元件为步进电动机、直流伺服电动机和交流伺服电动机，其

设计、制造和安装简单，使用、调试和维护方便，可靠性高。现代数控机床几乎都采用电气伺服系统。

开环伺服系统的构成如图 2-24 所示，系统中信号流向是单向的，只有指令信号的前向控制通道，没有检测反馈控制通道，其执行元件主要是步进电动机。在开环伺服系统中，CNC 装置的插补结果以各坐标轴进给指令脉冲的形式输出。驱动器的功能是将进给指令脉冲按一定规律分配给步进电动机各相绕组并进行功率放大，而后驱动步进电动机转动。机械传动机构将步进电动机的转动转换为执行部件的坐标运动。执行部件运动的位移和速度，取决于步进电动机的转角和转速，并分别与进给指令脉冲的个数和频率成正比。由于各种原因，工作时驱动电路、步进电动机和机械传动机构都会引起执行部件的位移误差。由于没有位移检测反馈环节，这些误差无法得到补偿和消除。开环伺服系统的优点是结构简单、运行稳定、成本低、使用和维护方便；缺点是精度低、低速不平稳、高速转矩小。主要用于轻载、负载变化不大或经济型数控机床上。

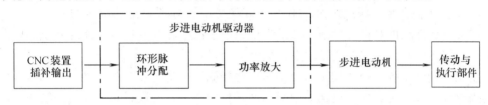

图 2-24　开环伺服系统的构成框图

闭环和半闭环伺服系统的构成如图 2-25 所示。闭环伺服系统是按误差控制的随动系统。图中有三个控制环，外环是位置环，中环是速度环，内环为电流环。位置环由位置比较器、位置调节器、位置检测和反馈装置构成；速度环由速度比较器、速度调节

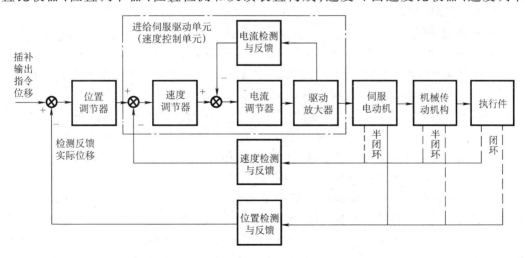

图 2-25　闭环和半闭环伺服系统的构成框图

器、速度检测和速度反馈装置构成；电流环由电流比较器、电流调节器、电流检测和反馈装置组成。

闭环伺服系统的控制量是 CNC 装置插补输出的指令位移和执行部件实际位移的差值（误差）。闭环伺服系统的工作原理是：由位移检测装置测出各坐标轴的实际位移量，并将测量值反馈给位置比较器，与指令位移进行比较，求得误差，经过位置调节器引入调节特性后，输出指令速度与检测反馈的实际速度相比较，得到速度误差送入速度环，由速度环（其内部有电流环）对速度误差进一步变换和功率放大后，驱动伺服电动机转动，再通过机械传动机构使执行部件向着消除误差的方向运动，直到误差为零，即指令位移和执行件实际位移相等。速度环及其内部电流环的作用是对电动机运行状态进行实时控制，达到运行速度平稳、加减速度快的目的，从而改善位置环的控制品质。理论上讲，闭环伺服系统反馈控制环内的各种机电误差都可以得到校正和补偿，系统的定位精度取决于检测装置的精度。但这并不意味着可降低对机床结构和机械传动机构的要求，其各种非线性（摩擦特性、刚性、间隙等）都会影响自动调节的品质。只有机械系统具有较高精度和良好性能，才能保证系统的高精度和高速度。闭环系统的缺点是调试、维修较困难，故主要用于精密、大型数控设备上。

半闭环伺服系统与闭环伺服系统工作原理相同，只是位置检测元件从末端执行件移到伺服电动机轴或机械传动机构的中间传动丝杠轴端，系统通过角位移的测量间接计算出末端执行部件的实际位移量。由于部分机构不在控制环内，因此容易获得稳定的控制特性。只要检测元件分辨率高、精度高，并使机械传动机构具有相应的传动精度和刚度，就会获得较高精度和速度。半闭环控制系统的性能和复杂程度介于开环和闭环系统之间。

二、开环伺服系统

（一）步进电动机

1. 步进电动机的工作原理

图 2-26 示出了三相径向分相反应式步进电动机的工作原理。

步进电动机由转子和定子两部分组成。转子和定子均由带齿的硅钢片叠成。定子上均布有六个磁极及其绕组，在同一直径上的为一相，共有三相，分别记为 A、B、C，每相磁极上有齿。转子上均匀分布着 40 个齿，齿与齿槽宽度相等，齿间角（两相邻齿间的夹角）为 9°。定子磁极的齿间角与转子的齿间角相等。如果 A 相齿与转子齿中心线对齐，则 B 相齿相对转子齿中心线逆时针方向相差 1/3 齿间角，C 相齿相对转子齿中心线逆时针方向相差 2/3 齿间角。

反应式步进电动机是按电磁吸引原理工作的。当某相定子绕组通以直流电压励磁后，便吸引转子，使转子上的齿与该相定子的齿对齐，如图 2-26b 所示。如果 A 相通电，则转子齿与 A 相齿对齐；当 A 相断电而 B 相通电时，在电磁吸引力产生的转矩作用下，转子顺时针方向转过 3°，使转子齿与 B 相齿对齐，电磁转矩为零，转子处于新的受力平衡位置；当 B 相断电而 C 相通电时，在电磁转矩作用下，转子又顺时针方向转过 3°，使转子齿与 C 相齿对齐。定子绕组通电状态每改变一次，转子就向确定的方向转过一个固定的角度。循环不断地按 A→B→C→A→……的顺序改变定子绕组通电状态，转子就顺时针连续旋转起来。若按 A→C→B→A→……的顺序改变定子绕组通电状态，转子就逆时针旋转。上述两种通电方式称三相三拍或单三拍。

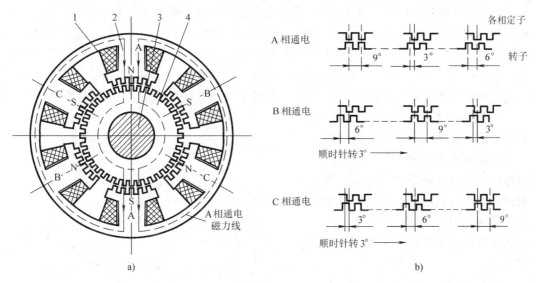

图 2-26 三相径向分相反应式步进电动机工作原理
a）横截面图 b）转子和定子齿周向展开图
1—绕组 2—定子铁心 3—轴 4—转子铁心

按 A→AB→B→BC→C→CA→A→……或 A→AC→C→CB→B→BA→A→……的顺序改变定子绕组通电状态，通电状态每改变一次，转子顺时针或逆时针转过 1.5°。因为在两相绕组同时通电时，转子的平衡位置是转子齿中心线处于定子两相齿中心线的角平分线上。这种通电方式称三相六拍。

按 AB→BC→CA→AB→……或 AC→CB→BA→AC→……的顺序改变定子绕组通电状态，通电状态每改变一次，转子顺时针或逆时针转过 3°。这种通电方式称双三拍。

2. 步进电动机的主要特性

（1）步距角和静态步距误差 步距角是指步进电动机绕组通电状态改变一次（每给一个指令脉冲），转子理论上应转过的角度。它取决于电动机结构和控制方式。步距角 α 可按下式计算

$$\alpha = \frac{360°}{mzk}$$

式中，m 是定子相数；z 是转子齿数；k 是通电系数，由通电方式确定，m 相 m 拍，$k = 1$，m 相 $2m$ 拍，$k = 2$。

数控机床使用的步进电动机步距角一般都很小，常见的有 3°/1.5°、1.5°/0.75°等。

静态步距误差是指其实际步距角与理论步距角之差。步进电动机静态步距角误差通常在 ±10′ 以内。

（2）静态矩角特性和最大静转矩 当步进电动机绕组处于某种通电状态时，转子处在不动状态。如果在电动机轴上外加一个转矩，转子会在转矩作用下转过一个角度 θ，此时转子所受的电磁转矩 T 为静态转矩，它与外加转矩平衡。角度 θ 称失调角。静态电磁转矩 T 与失调角 θ 之间的关系称矩角特性，如图 2-27 所示。图中 θ 采用电角度，当绕组单相通电时，$\theta = \pm\pi$ 对应机械转角为 ±（齿间角/2）。在静态稳定区内，当外加转矩撤消后，转子在电磁转矩作用下，仍能回到稳定平衡点位置（$\theta = 0$ 处）。矩角特性曲线上的电磁转矩的最大值称为最大静转矩 $T_{\max}$。最大静转矩与通电状态和绕组通电电流有关。

（3）最高起动频率 最高起动频率是指空载时，步进电动机由静止突然起动并不丢步地进入正常运行状态所允许的最高指令脉冲频率。步进电动机在带负载情况下，尤其是带惯性负载情况下的最高起动频率要比空载情况下低，负载越大，最高起动频率越低。

（4）最高工作频率 是指步进电动机起动以后，在连续运行时所能接受的最高指令脉冲频率。最高工作频率远大于最高起动频率。它和步距角一起决定执行部件的最大运动速度。

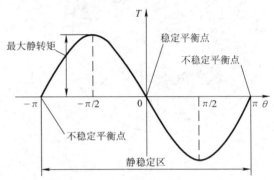

图 2-27 步进电动机的矩角特性

（5）运行矩频特性 运行矩频特性是描述步进电动机在连续运行时，输出转矩与连续运行频率之间的关系。它是衡量步进电动机连续运行时承载能力的动态指标。

上述步进电动机的后四项主要特性均与驱动电源有很大关系，如驱动电源性能好，步进电动机的特性可得到明显改善。

3. 步进电动机的类型

步进电动机有多种类型，主要是按相数、结构和工作原理来分类。

（1）按相数分 数控机床采用的步进电动机主要有三、四、五、六相等几种。相数越多，步距角越小。采用多相通电，可以提高步进电动机的矩频特性。

（2）按结构分 有径向分相式和轴向分相式两种。径向分相步进电动机的各相分布在定子圆周的不同区间；轴向分相步进电动机的转子和定子沿轴线分为多段，一段为一相，每段只有一个绕组。

（3）按工作原理分 有反应式、永磁式和永磁感应子式三种，数控机床上常用的是反应式和永磁感应子式。反应式步进电动机已经在前面介绍过。永磁式步进电动机的转子采用永久磁钢，转子的永久磁场和定子的励磁磁场相互作用产生吸引力，从而产生转矩。由于转子有永久磁场，因此转子和定子的吸引力大，转矩也大。永磁式步进电动机定子绕组一般为两相，定子和转子没有小齿，因此步距角比较大。永磁感应子式步进电动机，也称混合式步进电动机，其定子铁心与转子制有小齿，转子由永久磁钢和铁心组合而成，它既可以像反应式步进电动机那样做成小步距角，又有永磁式步进电动机那样大的转矩。

（二）步进电动机驱动器

步进电动机驱动器由环形脉冲分配器和功率放大器组成。图 2-28 所示为三相步进电动机驱动器构成原理框图。

1. 环形脉冲分配器

由步进电动机工作原理知，必须按一定的顺序给绕组通电，才能保证步进电动机正常工作。环形脉冲分配器的功能就是将 CNC 装置插补输出的进给指令脉冲，按所选用的步进电动机和要求的绕组通电方式，按规定的

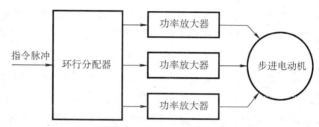

图 2-28　三相步进电动机驱动器构成原理

顺序分配给各绕组，作为绕组通电的控制脉冲。环形脉冲分配器的功能可由硬件电路实现，也可由软件实现。

采用软件实现时，CNC 装置输出接口的一位对应步进电动机绕组的一相，通过对输出接口置"1"和清"0"来实现脉冲的输出。脉冲分配规律则通过软件逻辑实现。

采用硬件电路实现时，可以有两种实现方法。一是以 D 触发器或 JK 触发器为主加分立元件构成逻辑电路；二是用专用的集成环形脉冲分配器，外配分立元件构成。目前广泛采用集成环形脉冲分配器。

集成环形脉冲分配器集成度高、功能强、可靠性好、可编程。目前市场出售的集成环形脉冲分配器种类很多，功能也十分齐全。图 2-29 所示为用于三相步进电动机控制的 CH250 型集成环形脉冲分配器管脚及典型应用接线图。

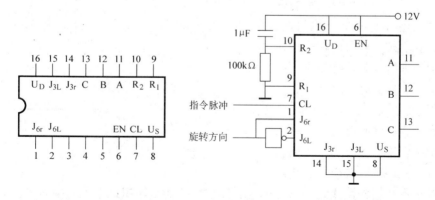

图 2-29　CH250 型集成环形脉冲分配器管脚及典型应用接线图

为使步进电动机更好地运行，一般还要在起动和停止阶段进行加减速控制，使控制步进电动机的脉冲频率平滑上升或下降，以适应步进电动机的起、制动特性。加减速控制可作为环形脉冲分配器的一部分，一般在环形脉冲分配前进行。同样加减速控制的功能可由 CNC 装置用软件实现，也可以由硬件电路实现。

2. 功率放大器

从环形脉冲分配器输出的控制脉冲信号功率很小，电流一般只有几个毫安，不能直接驱动步进电动机，必须采用功率放大器对脉冲电流进行放大，使其增大到几安至十几安培，从而驱动步进电动机运转。步进电动机所使用的功率放大器有电压型和电流型。电压型又有单电压型、双电压型（高低压型）；电流型有恒流型、斩波恒流型等。图 2-30 所示为一种采用脉冲变压器 TI 组成的高低压功率放大器电路。当输入端为低电平时，晶体管 VT_1、VT_2、VT_3、VT_4 均截止，电动机绕组 W 无电流通过。输入脉冲到来时，输入端变为高电平，晶体管 VT_1、VT_2、VT_3、VT_4 饱和导通。在 VT_2 由截止到饱和导通期间，其集电极电流，即脉冲变压器 TI 的一次电流急剧增加，在变压器二次侧感生一个电压，使 VT_3 饱和导通，80V 的高压经高压管 VT_3 加到绕组 W 上，使流过绕组 W 的电流迅速上升。当 VT_2 进入稳定状态后，TI 一次侧电流恒定，无磁通量变化，二次侧的感应电压为零，VT_3 截止，12V 低压电源经 VD_1 加到绕组 W 上，并维持绕组 W 中的电流。输入脉冲结束后，晶体管 VT_1、VT_2、VT_3、VT_4 又都截止，储存在 W 中的能量通过 18Ω 的电阻和 VD_2 放电，18Ω 电阻的作用是减小放电回路的时间常数，改善电流波形的后沿。该电路由于采用高压驱动，电流增长加快，脉冲电流的前沿变陡，电动机的动态转矩和运行频率都得到了提高。

三、闭环和半闭环伺服系统

（一）直流伺服电动机及其速度控制

1. 永磁式直流伺服电动机

直流伺服电动机的类型很多。按励磁方式可分为电磁式和永磁式。电磁式还有他励式、并励式、串励式和复励式，多为他励式。在数控机床的进给伺服系统中，主要使用永磁式；主运动调速系统中，主要使用电磁式。

永磁式直流伺服电动机又称大惯量宽调速直流伺服电动机，或直流力矩电动机，具有转矩大、转矩

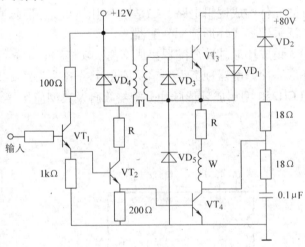

图 2-30 高低压功率放大器电路

和电流成正比、伺服性能好、反应迅速、体积小、功率体积比大、功率质量比大、稳定性好等优点，能在较大过载转矩下长时间工作，可直接与丝杠相连而不需中间传动装

置。永磁式直流电动机的最大缺点是需要电刷，工作时电刷和换向器接触会产生火花，引起电磁干扰，电刷易磨损，需要经常维护和保养，限制了转速的提高，一般转速为1000~1500r/min。在20世纪70~80年代，采用永磁直流伺服电动机的进给伺服系统是数控机床应用最广泛的一种电气伺服系统。

永磁式直流伺服电动机由定子、转子、电刷和换向器等部分构成，如图2-31所示。转子又称电枢，由铁心和绕组组成；定子采用高性能永磁材料以产生强磁场，并能在峰值转矩达到额定值的10~15倍时不出现退磁现象。转子上的槽数较多，槽的截面积较大，磁极对数较多。通过增加磁极对数，可以减小电枢电感，从而减小电动机的机械时间常数和电气时间常数，改善快速响应性能。电刷与换向器用于将电枢绕组与外电路接通。

目前直流伺服电动机都可以内装速度和位移检测元件，供用户选购。速度检测元件一般采用低纹波（纹波系数一般在2%以下）的测速发电机，其输出电压可作为速度环的反馈信号。位移检测元件一般采用旋转变压器或脉冲编码器。此外，用户还可选装一体化的机械制动器。

2. 直流电动机的机械特性、调速原理和方法

直流伺服电动机工作原理与普通直流电动机完全相同。图2-32所示为他励直流电动机的电路原理图，其机械特性方程可写成

$$n = \frac{U_a}{C_e \Phi} - \frac{Ra}{C_e C_T \Phi^2} T \qquad (2\text{-}18)$$

式中，n 为电动机转速；U_a 为电枢回路外加电压；Ra 为电枢回路电阻；C_e 为电动机反电动势系数；C_T 为转矩常数；Φ 为定子和转子每极气隙磁通量；T 为电动机的电磁转矩。

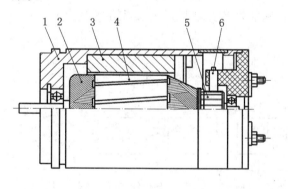

图2-31　永磁式直流伺服电动机的基本结构

1—外壳　2—转子绕组　3—永久磁钢的定子磁极

4—转子铁心　5—换向器　6—电刷

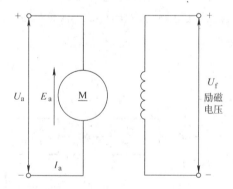

图2-32　他励直流电动机的电路原理

式（2-18）描述了直流伺服电动机转速、电磁转矩与电枢电压、励磁磁通之间的关

系。从中可见，改变电枢电压 U_a 和改变励磁磁通量 Φ 是调节直流电动机转速的两种主要方法。

通过改变电枢电压进行调速的方法称调压调速。调压调速时，电枢回路的外加电压不高于电动机电枢额定电压，从额定电压往下降低电枢电压，即从额定转速向下调速。调压调速属恒转矩调速，调速范围较宽，需要大容量可调电压电源装置。

通过改变励磁磁通量进行调速的方法称调磁调速。励磁磁通量只能从额定值往下减弱，即从额定转速向上调速。调磁调速属恒功率调速，速调范围较窄，一般小于4。

数控机床的直流伺服进给系统中采用永磁式直流伺服电动机，不能采用调磁调速方法，只能采用调压调速方法。数控机床的无级调速主传动系统中，一般采用他励直流电动机，因此在额定转速之上采用恒功率的调磁调速方法，在额定转速之下采用恒转矩的调压调速方法。

3. 晶体管脉宽调制调速系统

晶体管脉宽调制调速系统（简称 PWM 系统）以大功率晶体管为电枢绕组主回路控制器件，其大功率晶体管工作于开关状态，开关频率恒定，用改变开关导通时间的方法来调整晶体管输出的电压脉冲宽度，从而使加在电枢绕组上的电压平均值也可调整。

由于近十几年大功率晶体管工艺上的成熟，出现第二代电力半导体器件，其功率、开关频率、耐压都有大幅度提高，尤其是模块型功率晶体管的商品化，使 PWM 系统在数控机床直流进给伺服系统中得到广泛应用。

（1）PWM 系统的组成原理　晶体管脉宽调制调速系统的组成原理如图 2-33 所示。该系统由控制回路和主回路两大部分组成。控制回路部分包括速度调节器、电流调节器、脉宽调制器和基极驱动电路等；主回路部分包括晶体管开关功率放大器和整流器等。控制回路部分的速度调节器和电流调节器构成双环控制。对电枢绕组的电压控制与调节由脉宽调制器和开关功率放大器实现，它们是脉宽调制调速系统的核心。

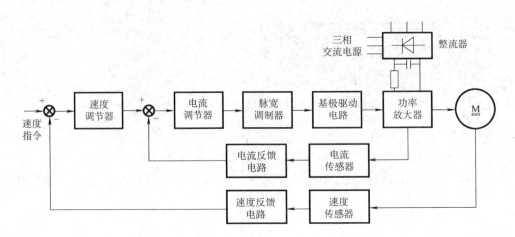

图 2-33　晶体管脉宽调制调速系统的组成原理

（2）脉宽调制调速系统主回路　脉宽调制调速系统主回路主要是开关功率放大器，而整流器仅是为开关功率放大器提供要求的大功率直流电源。开关功率放大器结构形式主要有两种，一种是 H 型（也称桥式），另一种是 T 型。每种电路又有单极性工作方式和双极性工作方式之分，而各种不同的工作方式又可组成可逆开关放大器和不可逆开关放大器。

下面主要介绍广泛使用的 H 型开关功率放大器，具体应用电路如图 2-34a 所示。它是由 4 个二极管和 4 个功率晶体管组成的桥式回路。直流供电电源 $+E_s$ 由三相全波整流器提供。电枢绕组接到桥路中的 AB 两点。设电枢绕组电流为 i_a，电动机正转，如图所示。4 个功率晶体管基极控制电压信号 u_{b1}、u_{b2}、u_{b3} 和 u_{b4} 由脉宽调制器产生，并经基极驱动电路驱动后，加到基极。

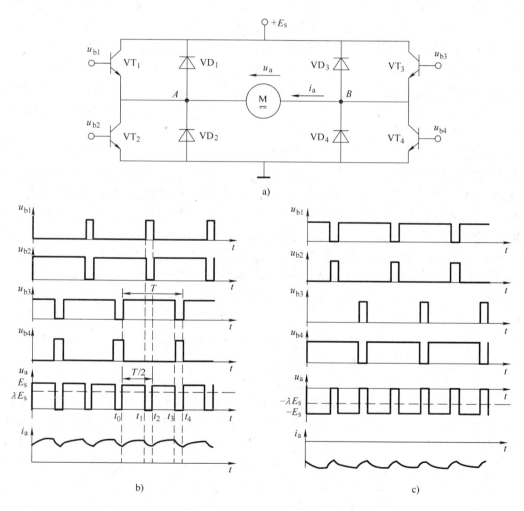

图 2-34　H 型开关功率放大器

在电动机正常工作（工作在电动机状态，非制动状态）情况下，图 2-34b 所示为电动机正转时要求的 $u_{b1} \sim u_{b4}$ 电压波形。可见，$u_{b1} \sim u_{b4}$ 是同频率的周期脉冲信号；接到电枢绕组同一端的晶体管的基极控制电压信号互反，即 $u_{b1} = -u_{b2}$，$u_{b3} = -u_{b4}$；接到电枢绕组不同端的晶体管的基极控制电压信号 u_{b1} 与 u_{b4}、u_{b2} 与 u_{b3} 在相位上相差 $180°$（半个周期）；u_{b2} 和 u_{b3} 的高电平时间大于低电平时间，u_{b1} 与 u_{b4} 的高电平时间小于低电平时间。在一个完整周期 T 内，当 $t_0 < t < t_1$ 时，u_{b2}、u_{b3} 为高电平，功率晶体管 VT_2、VT_3 饱和导通，此时电源 $+E_s$ 加到电枢绕组的两端，向电动机供给能量，电流方向是从电源 $+E_s \rightarrow VT_3 \rightarrow$ 电枢绕组 $\rightarrow VT_2 \rightarrow$ 电源地，电动机正转；当 $t_1 < t < t_2$ 时，u_{b2}、u_{b4} 同时为低电平，功率晶体管 VT_2、VT_4 截止，将对地回路切断，但此时 u_{b3} 为高电平，由于电枢绕组电感的作用，电流经 VT_3 和续流二极管 VD_1 继续流动；当 $t_2 < t < t_3$ 时，u_{b2}、u_{b3} 又为高电平，电源 $+E_s$ 又加到电枢绕组的两端；当 $t_3 < t < t_4$ 时，u_{b1}、u_{b3} 同时为低电平，功率晶体管 VT_1、VT_3 截止，电源 $+E_s$ 被切断，但此时 u_{b2} 和 u_{b4} 为高电平，由于电枢绕组电感的作用，电流经 VT_2 和续流二极管 VD_4 续流。从图 2-34b 还可见，加到电枢绕组两端的电压 u_a 是取值为 $+E_s$ 和 0 的脉冲电压；由于电源切断时二极管的续流和电枢绕组电感的滤波作用，流过电枢绕组的电流 i_a 是连续波动的。电动机正常工作情况下，电动机反转时，基极控制电压 $u_{b1} \sim u_{b4}$、电枢绕组电压 u_a、电枢绕组电流 i_a 的波形如图 2-34c 所示，工作过程与正转相似。

通过上述分析可知，该电路工作在单极可逆工作方式，电枢绕组脉冲电压频率是晶体管基极控制电压频率（晶体管导通频率）的 2 倍，弥补了大功率晶体管开关频率不能做得很高的缺陷，改善了电枢电流的连续性，这也是该电路被广泛应用的原因之一。

（3）脉宽调制器　脉宽调制器的作用是将电流控制器输出的速度控制电压信号转换成周期固定的脉冲电压信号，脉冲宽度取决于控制电压值（受控制电压值调节），以提供开关功率放大器所需的基极控制信号。脉冲宽度调制器的种类很多，但结构上均由两部分组成，一部分是载波信号发生器，另一部分是比较放大器。载波信号发生器采用三角波发生器或锯齿波发生器。下面主要介绍用三角波作为载波信号的脉宽调制器原理。

图 2-35a 所示为是图 2-34 所示的开关功率放大器提供基极控制信号的脉宽调制器电路原理图，相应各点信号波形见图 2-35b。

三角波发生器由 Q_1 和 Q_2 两个运算放大器组成的二级运算放大器构成。第一级运算放大器 Q_1 是频率固定的自激方波发生器，产生的方波接入由运算放大器 Q_2 构成的积分器，形成三角波。设在电源接通瞬间放大器 Q_1 的输出电压为 $-u_d$（u_d 为运算放大器供电电源电压，这里 $Q_1 \sim Q_6$ 运算放大器为对称正、负电压供电，即 $\pm u_d$），被送到 Q_2 的反向输入端；Q_2 组成的电路是积分器，输出电压 u_A 按线性比例逐渐升高；同时 u_A 又被反馈到 Q_1 正向输入端，形成正反馈，与通过 R_2 反馈到 Q_1 正向输入端的 u_B（Q_1 的输出方波）进行比较；当比较结果大于零时，Q_1 翻转，由于正反馈的作用，其输出 u_B 瞬间达到最大值 $+u_d$；此时 $t = t_1$，$u_A = (R_5/R_2)u_d$；在 $t_1 < t < T$ 的区间，由于 Q_2 输入端

为 $+u_d$，积分器 Q_2 的输出电压 u_A 线性下降；当 $t = T$ 时，u_A 与 u_B 比较结果略小于零，Q_1 再次翻转，回到原来状态 $-u_d$，即 $u_A = -(R_5/R_2)u_d$；如此周而复始，形成自激振荡，在 Q_2 的输出端得到一列三角波电压信号。

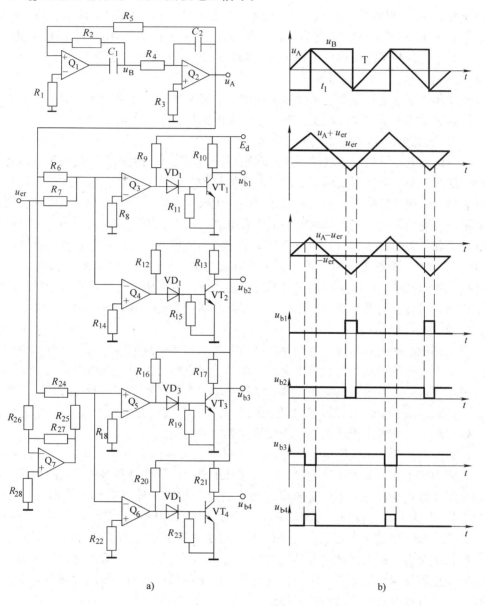

a)　　　　　　　　　　　　b)

图 2-35　脉宽调制器电路原理和信号波形

Q_3、Q_4、Q_5 和 Q_6 构成四个比较放大器电路，分别形成上述开关功率放大器的基极控制信号 u_{b1}、u_{b2}、u_{b3} 和 u_{b4}，其中晶体管 VT_1、VT_2、VT_3 和 VT_4 构成的电路起驱动放大和保证正脉冲输出作用。四个比较放大器均为过零比较器；三角波信号 u_A 和速度控制电压信号 u_{er} 相加后，其和 $u_A + u_{er}$ 同时接到 Q_3 的同向输入端和 Q_4 的反向输入端，当 $u_A + u_{er} > 0$ 时，Q_3 输出为 $+u_d$，Q_4 输出为 $-u_d$；此外，速度控制电压 u_{er} 经 Q_7 反向后与三角波信号 u_A 相加，其差 $u_A - u_{er}$ 分别同时接入 Q_5 的正向输入端和 Q_6 的反向输入端，当 $u_A - u_{er} > 0$ 时，Q_5 输出为 $+u_d$，Q_6 输出为 $-u_d$；Q_3、Q_4、Q_5 和 Q_6 的输出经 VT_1、VT_2、VT_3 和 VT_4 反向放大后输出，输出的脉冲电压幅值近似为 E_d，即 u_{b1}、u_{b2}、u_{b3} 和 u_{b4} 的脉冲电压幅值近似为 E_d。

上述晶体管直流脉宽调速系统是采用硬件电路实现的。在全数字伺服系统中，可通过软件算法来实现脉冲宽度调制，但功率放大电路是必不可少的。

（二）交流伺服电动机及其速度控制

直流伺服电动机具有优良的调速和转矩特性，使直流伺服系统在数控进给驱动中曾得到广泛的应用。但是直流伺服电动机的结构复杂、制造成本高、体积大，尤其是电刷容易磨损，需要经常维护，换向器工作时会产生火花，使最高转速和容量受到限制，也使应用环境受到限制。交流伺服电动机没有电刷和换向器等结构上的缺陷，可以达到更高的转速和更大的容量，并且结构相对简单，同样体积下，功率可比直流伺服电动机提高 10% ~ 70%。随着功率开关器件、专用集成电路、计算机技术和控制算法、电动机制造技术等的发展，使得交流伺服系统的性能优于直流伺服系统。现代数控机床进给驱动中普遍采用交流伺服系统，直流伺服系统已基本被交流伺服系统所取代。

1. 交流伺服电动机

交流伺服电动机分为同步型和异步型两大类。同步交流伺服电动机又有永磁式、励磁式、磁阻式和磁滞式几类。异步交流伺服电动机也称交流感应伺服电动机，主要用于数控机床主运动的无级调速驱动，具有结构简单、制造成本低、容量大等优点。数控机床进给伺服系统多采用永磁同步交流伺服电动机，其优点是电动机结构简单、运行可靠、效率较高，尽管体积比其他同步交流伺服电动机稍大。

（1）永磁同步交流伺服电动机结构　永磁同步交流伺服电动机的结构如图 2-36 所示，主要由定子、转子和速度检测元件三部分组成。定子由冲片叠成，具有齿槽，内有三相绕组，形状与普通三相交流异步电动机的定子相同，外形多呈多边形（一般为正八边形），且无外壳，有利于散热。转子与定子极对数相同，由多块永久磁铁和冲片组成，其优点是气隙磁通密度高。转子的永久磁铁一般采用性能优良的第三代稀土合金——钕铁硼合金。检测元件与电动机为一体化设计、制造，一般采用脉冲编码器，也可用旋转变压器加测速发电机，用来检测电动机转子的角位移和角速度。通常电动机生产厂允许用户订货时自行选择检测元件。

（2）永磁同步交流伺服电动机工作原理　永磁同步交流伺服电动机工作原理为：当定子三相绕组通以三相交流电后，产生一个旋转磁场，该旋转磁场以同步转速 n_s 旋转，该旋转磁场和转子永久磁场相互作用，即定子和转子异性磁极相互吸引，使定子旋转磁场带动转子一起以同步转速 n_s 旋转，如图 2-37 所示。当转子轴上加有负载转矩之

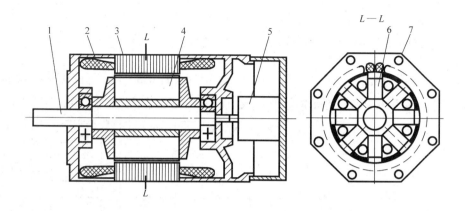

图 2-36　永磁同步交流伺服电动机结构示意图

1—轴　2—定子绕组　3—定子　4—转子　5—脉冲编码器
6—转子永久磁铁　7—轴向通风孔

后，将使定子磁场轴线与转子磁场轴线相差一个 θ 角；负载转矩增加，θ 角也增大，但只要不超过一定界限，转子仍然随着定子旋转磁场一起旋转。设转子转速为 n（r/min），则

$$n = n_s = 60f/p$$

式中，f 是交流电频率（Hz）；p 是定子和转子极对数。从上式可见，若永磁同步交流伺服电动机的极对数 p 是固定的，则只能通过改变交流电频率 f 来达到调速目的，这种调速方法称为变频调速。

变频调速的主要环节是变频电源，又称变频器。变频器可分为交—直—交变频器和交—交变频器两大类。交—直—交变频器是先将电网电源输入到整流器，经整流后变为直流，再经电容或电感或由两者组合的电路滤波后供给逆变器（直流变交流）部分，输出电压和频率可变的交流电。交—交变频器不经过中间环节，直接将一种频率的交流电变换为另一种频率的交流电。目前数控机床进给驱动上常用交—直—交变频器。逆变器又可分为电压型和电流型两种。

变频器在控制方式上有相位控制、变压变频控制、滑差频率控制、PWM 控制、矢量变换控制、磁场控制等。数控机床进给驱动中，几乎全部采用 PWM 控制。

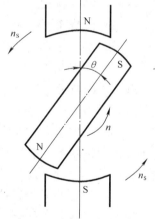

图 2-37　永磁同步交流伺服
电动机工作原理示意图

永磁同步交流伺服电动机应用中存在的一个较大问题是起动困难。由于转子本身的惯量以及起动时定、转子磁场之间转速相差太大，使转子受到的平均转矩为零，因此不能起动。这一问题通常采用降低转子惯量，或在速度控制单元中采取低速起动后逐渐加

速的控制方法。

2. 交流伺服电动机的速度控制

典型的永磁同步交流伺服电动机的速度控制系统组成原理见图 2-38，该系统包括了速度环、电流环、PWM 变频器等。速度环、电流环工作原理与直流伺服系统相同，不同之处在于 PWM 变频器，这是由调速方式不同所决定的。

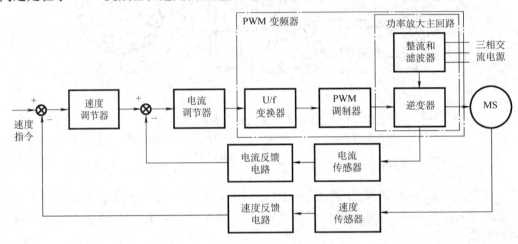

图 2-38　永磁同步交流伺服电动机的速度控制系统组成原理

（1）PWM 变频器　PWM 变频器是采用脉冲宽度调制方法来控制交流电频率的。PWM 变频器发展很快，有十余种脉宽调制方法，其中最基本、应用最广泛的是 SPWM 调制，即正弦波脉冲宽度调制，相应的变频器称 SPWM 变频器。

SPWM 变频器由 U/f 变换器、SPWM 调制器和功率放大器主回路三部分组成。U/f 变换器，即电压/频率变换器，用于将电压形式的速度指令信号转换成正弦信号输出，正弦信号的频率即代表速度指令值。SPWM 调制器是 SPWM 变频器的核心。功率放大器主回路由整流、滤波和逆变电路几部分组成，其中逆变电路（逆变器）是 SPWM 变频器的关键部件。

（2）SPWM 调制原理及调制器　SPWM 调制器的功用是调制出与正弦波等效的一系列等幅、不等宽的矩形脉冲波形，如图 2-39 所示。等效的原则是各矩形脉冲

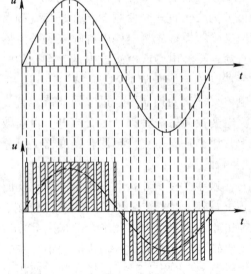

图 2-39　与正弦波等效的矩形脉冲波形

的面积与正弦波下的面积相等或成比例。如果把半个周期正弦波分作 n 等分，然后把每一等分的正弦曲线下所包围的面积都用一个与此面积相等的矩形脉冲代替，矩形脉冲的幅值不变，各脉冲的中点与正弦波每一等分的中点相重合。这样由 n 个等距、等幅、不等宽（中间脉冲宽、两边脉冲窄，脉宽按正弦规律变化）的矩形脉冲所组成的波形就与正弦波等效，称作 SPWM 调制波（单极性）。同样，正弦波的负半周也可按相同的方法与一系列脉宽按正弦规律变化的负脉冲波等效，从而实现负半周信号的调制。

图 2-40 所示为一种单相双极性 SPWM 调制器的电路原理图。该电路用三角波 u_t 为载波，用正弦波 u_s 为调制波，进行脉冲宽度调制，得到 u_t、u_s、u_m 的波形，如图 2-41 所示。

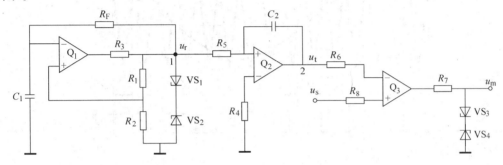

图 2-40　单相双极性 SPWM 调制器的电路原理

Q_1 和 Q_2 组成的二级运算放大器构成三角波发生器，第一级运算放大器是频率固定的自激方波发生器，产生的方波 u_r 接入由运算放大器 Q_2 构成的积分器，产生三角波 u_t。

Q_3 为电压比较电路，形成调制波 u_m，为后面功率放大主电路的大功率晶体管提供基极控制信号。U/f 变换器产生正弦调制波 u_s 接 Q_3 的同相输入端，其频率代表速度指令。三角波载波 u_t 接 Q_3 的反相输入端。三角波载波频率远大于正弦调制波频率。当 $u_s > u_t$ 时，Q_3 的输出 u_m 为高电平；当 $u_s < u_t$ 时，Q_3 的输出 u_m 为低电平。Q_1、Q_2 和 Q_3 为对称正、负电压供电，即 $\pm u_d$，因此它们的输出电压信号为双极性的，高电平略小于 $+u_d$，低电平略大于 $-u_d$。

三相双极性 SPWM 调制时，对应每相都有一个电压比较器，三个电压比较器的反相输入端接同一个共用的三角波载波；三个电压比较器的同相输入端分别输入三个正弦调制波（由三个 U/f 变换器产生），它们频率相等，两两之间相位相差120°，构成一组三相电压。三个电压比较器产生的三个调制波 u_{ma}、u_{mb} 和 u_{mc}，就是后面三相功率放大主电路大功率晶体管的基极控制信号。

（3）SPWM 变频器功率放大主回路　SPWM 调制器输出的 SPWM 调制波经功率放大才能驱动交流伺服电动机，图 2-42 所示为与上述 SPWM 调制器配套的双极性 SPWM 功率放大主回路，图中左侧为桥式整流器，由 6 个整流二极管 $VD_1 \sim VD_6$ 组成，将工频交流电变成直流恒值电压 U_s，给图中右侧逆变器供电。逆变器由 $VT_1 \sim VT_6$ 六个大功率晶体管和六个续流二极管 $VD_7 \sim VD_{12}$ 组成。三相双极性SPWM调制器产生的三个调制波 u_{ma}、u_{mb} 和 u_{mc}，经驱动放大，送入 VT_1、VT_3 和 VT_5 的基极，u_{ma}、u_{mb} 和 u_{mc} 反向后，经驱动放大，送入 VT_2、VT_4 和 VT_6 的基极，控制 $VT_1 \sim VT_6$ 六个大功率晶体管导通，获得三相输出电压 U_a、U_b 和 U_c，用于驱动交流伺服电动机定子绕组。三相输出电压 U_a、U_b 和 U_c 的波形对应与 u_{ma}、u_{mb} 和 u_{mc} 的波形一致，仅电压幅值不同，如图 2-41 所示。

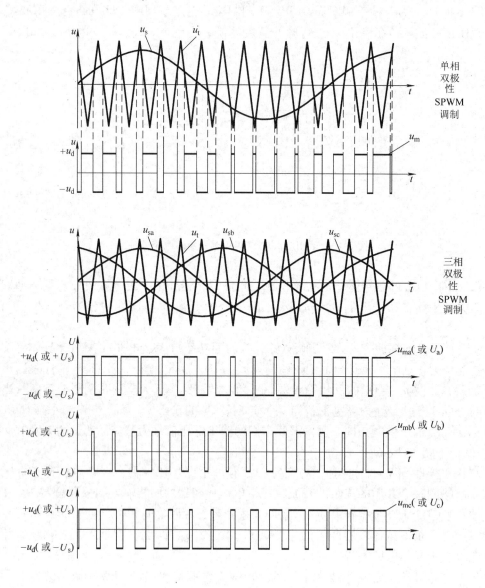

图 2-41　SPWM 变频器工作波形图

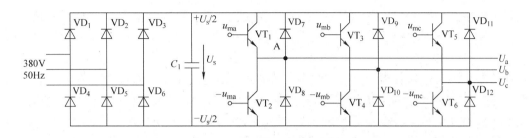

图 2-42 双极性 SPWM 功率放大主回路

上述为 SPWM 控制的硬件电路实现方法，其缺点是所需硬件比较多，而且不够灵活，改变参数和调试比较麻烦。也可以采用微处理器通过软件算法实现 SPWM 控制，这就是全数字伺服系统。在全数字伺服系统中，速度调节器、电流调节器等弱电控制功能都是由软件算法实现的，其优点是所需硬件少，灵活性好，智能性强。随着高速、高精度多功能微处理器、微控制器和 SPWM 专用芯片的出现，采用微机控制的数字化 SP-WM 技术已占当今 PWM 逆变器的主导地位。

（三）位置控制

位置控制是伺服系统位置环的任务，从功能上讲是伺服系统重要组成部分，是保证执行件位置精度的关键环节。闭环和半闭环伺服系统的位置控制可以由 CNC 装置的软件实现，也可以由 CNC 装置以外的专用装置实现。实现位置控制的专用装置有全硬件伺服系统，也有全数字伺服系统。目前，全硬件伺服系统多采用数字脉冲比较方式。在全数字伺服系统中，使用一个或多个微处理器为控制核心，通过软件实现伺服系统的所有控制功能。采用全数字伺服系统配合 CNC 装置实现位置控制，是数控机床伺服系统的发展方向，实践中已被广泛采用。

1. 数字脉冲比较伺服系统

目前，数控系统使用的全硬件伺服系统多为数字脉冲比较伺服系统。在数字脉冲比较伺服系统中，指令位移和实际位移均采用数字脉冲或数码表示，采用数字脉冲比较的方法构成位置闭环控制。这种系统的优点是结构比较简单，易于实现数字化控制，其控制性能优于相位和幅值伺服系统。在半闭环控制的数字脉冲比较伺服系统中，多使用脉冲编码器或绝对值编码器作为检测元件；在闭环控制的数字脉冲比较伺服系统中，多使用光栅或绝对值磁尺、绝对值光电编码尺作为检测元件。

下面以采用脉冲编码器作为检测元件的半闭环数字脉冲比较伺服系统为例，说明位置控制工作原理。系统框图如图 2-43 所示。

脉冲编码器与伺服电动机的转轴（或滚动丝杠、齿轮轴等）联接，随着伺服电动机的转动产生反馈脉冲序列 P_F，其脉冲个数与转角位移成正比，脉冲频率与转速成正比。CNC 装置插补运算输出的进给指令脉冲序列为 P_C。指令脉冲与反馈脉冲分别由各自的数字脉冲与数码转换器转换为数值（如采用可逆计数器对输入脉冲进行计数，并以数值输出），指令脉冲序列对应数值 S_C，反馈脉冲序列对应数值 S_F。比较器为减法器（全加器），实现偏差运算，得到位移偏差 $e = S_C - S_F$。当执行部件处于静止状态时，如果指令脉冲 S_C 为零，这时反馈脉冲 S_F 也为零，位移偏差 e 为零，速度指令为零，工作台保持静止不动。随着指令脉冲的输出，$S_C \neq 0$；在执行部件尚未移动之前，反馈脉冲 S_F 仍为零；这时比较器输出的位移偏差 $e \neq 0$；若指令脉冲为正向进给脉冲，$e > 0$，经数模转换器（D/A）转换后，再经位置调节器、速度控制单元驱动伺服电动机正向转动，带动执行部件正向运动。随着伺服电动机转动，脉冲编码器产生反馈脉冲，S_F 增大，只要 $S_F \neq S_C$，就有 $e > 0$，伺服电动机继续运转，直到 $S_F = S_C$，即反馈脉冲个数等于指令脉冲个数时，$e = 0$，工作台停在指令规定的位置上。如果插补器继续输出给正向运动指令脉冲，执行部件继续正向运动。当指令脉冲为反向运动脉冲时，控制过程与正向进给时基本相同，只是偏差 $e < 0$，工作台反向进给。

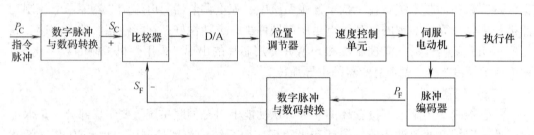

图 2-43　半闭环数字脉冲比较伺服系统框图

在数字脉冲比较伺服系统中，实现位置比较涉及两个主要器件，即比较器和数字脉冲与数码转换器。数字脉冲比较伺服系统使用的比较器有多种结构，常用的有数值比较器、数字脉冲比较器和数值与数字脉冲比较器。

CNC 装置插补运算输出的指令信号和测量装置的反馈信号，可以是脉冲序列的形式，也可以是数码形式。当其信号形式与使用的比较器要求的输入形式一致时，可直接输入；不一致时，应进行信号形式上的转换，使用的器件统称为数字脉冲与数码转换器。数字脉冲与数码转换器有两类，一是数字脉冲—数码转换器，可将数字脉冲转化为数值；二是数码—数字脉冲转换器，可将数值转化为数字脉冲。

2. 全数字伺服系统

全数字伺服系统用计算机软件来实现伺服系统全部信息处理和控制功能，主要包括位置环、速度环和电流环中控制任务的实现。全数字伺服系统可以包括位置环控制，也可以将位置环控制任务交给 CNC 装置由软件完成。

全数字伺服系统在硬件构成上，可以使用一个微处理器完成所有控制任务，也可以使用多个微处理器，将控制任务分解为位置控制、速度控制和电流控制、PWM 调制等几部分，各部分控制功能采用单独的微处理器构成相应的功能模块分别加以实现。

全数字伺服系统的微处理器主要采用 DSP 或通用的单片机，也可直接采用工业 PC

机作为全数字伺服系统控制器。

全数字伺服系统具有以下特点：

1）采用现代控制理论，通过计算机软件实现最优控制。

2）全数字伺服系统是一种离散系统，离散系统的校正环节，如比例、积分、微分控制，即 PID 控制，可由软件实现。由位置、速度和电流构成的三环反馈全部实现数字化，各控制参数可以用数字形式设定，非常灵活方便。尤其是可以利用计算机良好的人机界面进行图形化调试，并将伺服系统调试后的性能结果定量显示出来。

3）数字伺服系统在检测灵敏度、时间漂移、噪声、温度漂移及抗外部干扰等方面都优于模拟伺服系统和模拟数字混合伺服系统。

4）高速度、高性能的微处理器的运用，使运算速度大幅度提高，也使得数字伺服系统具有较高的动、静态精度。

5）控制技术的软件化和硬件的通用化使伺服控制装置的成本大大降低，互换性提高。

目前，全数字伺服系统已获得广泛应用，将成为伺服系统的主流。

第六节　CNC 装置

从商业（生产、供货）角度，CNC 系统仅包括 CNC 装置、PLC 和部分输入/输出设备（包括数控操作面板和机床操作面板等），其核心是 CNC 装置。CNC 装置由硬件和软件构成，软件在硬件的支持下完成所要求的数控功能。

一、数控装置硬件结构

数控装置硬件结构类型的划分如下：

按 CNC 装置中各印制电路板的插接方式，可以分为大板式结构和模块式结构。

按 CNC 装置中微处理器的个数，可以分为单微处理器和多微处理器结构。

按 CNC 装置硬件的制造方式，可以分为专用型结构和通用型结构。

按 CNC 装置的开放程度又可分为封闭式结构、PC 嵌入 NC 式结构、NC 嵌入 PC 式结构和软件型开放式结构。

（一）大板式结构和模块式结构

1. 大板式结构

采用大板式结构的 CNC 装置由主电路板、位置控制板、PLC 板、图形控制板和电源单元等组成，其特征是将主电路做成大块印制电路板，称为主板，其他电路制成小板，可插在大板的插槽内。主板上是控制核心电路，称微机基本系统，由 CPU、存储器（ROM 和 RAM）、定时和中断等控制电路组成。通常还将 CNC 装置一些特有的功能电路（如位置控制电路）和对外接口（包括外部存储器接口、手摇脉冲发生器接口、I/O 控制板接口、磁盘驱动器接口、位置反馈量输入接口，位置或速度控制量输出接口等）也制作在主板上。大板式结构紧凑，可靠性高，但其硬件功能不易变动，柔性低。

FANUC 6MB CNC 系统就采用大板式结构。

2. 模块式结构

模块式结构的 CNC 装置的特点是将整个 CNC 装置按功能划分为若干个功能模块，每个功能模块按模块化方法做成尺寸相同的印制电路板（称为功能模板），各板均可插接到符合相应工业标准总线的母板插槽内。对应功能模块的控制软件也是模块化的。用户只需选用所需功能模板和母板，就可组装成自己需要的 CNC 装置。模块化结构的 CNC 装置设计简单，调试与维修方便，具有良好的适应性和扩展性。常用的功能模板有 CPU 板、扩展存储器板、位置控制板、PLC 板、图形板和通信板等。连接各模板的总线可选用各种工业标准总线，如工业 PCI 总线、STD 总线等。FANUC 15 系列的 CNC 系统就采用了模块式结构。

（二）单微处理器结构和多微处理器结构

1. 单微处理器结构

单微处理器结构的 CNC 装置中只有一个 CPU，集中控制和管理整个系统资源，通过分时处理的方式来实现各种数控功能。其优点在于投资小，结构简单，易于实现。但系统功能受到 CPU 字长、数据宽度、寻址能力和运算速度等因素的限制。这种结构在 CNC 系统发展的初期使用较多，现在已经被多微处理器的主从结构取代。

2. 多微处理器结构

多微处理器结构的 CNC 装置中有两个或两个以上 CPU。按各 CPU 之间的关系又分成主从、多主和分布三种不同的结构。

（1）主从式结构　图 2-44 所示为主从式多微处理器 CNC 装置硬件结构示意图，其中有一个主 CPU，多个从 CPU。每个从 CPU 也都有完整并独立的子系统（也可称功能部件或功能单元），有自己的内部总线。只有主 CPU 能控制系统总线，并访问系统总线上的资源。主 CPU 通过系统总线对各从 CPU 的子系统进行控制、监视，并协调其运行。从 CPU 只能被动地执行主 CPU 发来的命令，或完成一些特定的功能，一般不能访问系统总线上的资源。

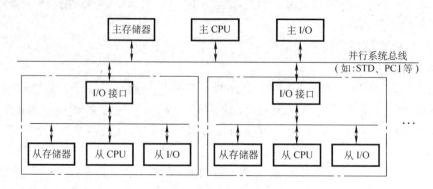

图 2-44　主从式多微处理器 CNC 装置硬件结构示意

（2）分布式结构 图2-45所示为分布式多微处理器CNC装置硬件结构示意图，其中每个CPU都有自己完整和独立的系统，即功能模块。在每个功能模块内，CPU有自己的运行环境（总线、存储器、操作系统等），各功能模块之间采用松耦合，即在空间上可以较分散，通过一条外部通信链路连接在一起，采用通信的方式交换信息和共享资源。各模块有不同的操作系统，可有效地实现并行处理，通信线的使用权较容易处理，但串行方式传递信息速度较慢。

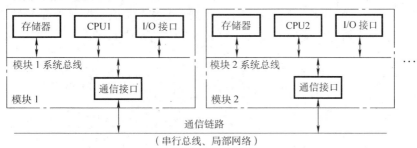

图2-45 分布式多微处理器CNC装置硬件结构示意图

（3）多主结构 多主结构的多微处理器CNC装置中有两个或两个以上主CPU及其功能模块对系统资源有控制或使用权，这些功能模块之间采用紧耦合，即采用总线互连方式，有集中的操作系统，可共享资源。多个主CPU之间通过总线仲裁器来解决并行总线的争用问题，通过公共存储器来交换信息。典型的有共享总线结构、共享存储器结构。

1）功能模块。紧耦合多主结构的CNC装置常用的功能模块有：①CNC管理模块，主要完成初始化、中断管理、总线裁决、系统出错识别和处理、系统硬件与软件诊断等功能，负责管理和组织整个CNC装置有条不紊地工作；②CNC插补模块，主要完成插补前预处理（如零件程序的译码、刀具补偿、坐标位移量计算、进给速度处理等）和实时插补计算；③位置控制模块，负责对插补输出的指令位置（或位移）和检测反馈的实际位置（或位移）进行比较并获得位置偏差，进行速度和位置控制；④PLC（或PMC）模块，负责对零件程序中的开关量顺序控制指令（S、M、T）、来自机床操作面板的控制信号和机床上各行程开关的信号进行逻辑处理，实现机床的起停、换刀、转台分度、工件计数等功能，以及各功能和操作方式之间的联锁等；⑤输入输出和显示模块，用于零件程序、参数和数据以及各种操作命令的输入输出和各种信息的显示；⑥存储器模块，提供程序和数据存储的存储器以及各功能模块间数据传送用的共享存储器。

2）共享总线结构。共享总线多主结构的CNC装置硬件结构如图2-46所示，其中带CPU的功能模块称为主模块，不带CPU的功能模块（如RAM/ROM或I/O模块等）称为从模块。所有这些模块用同一外部总线连接，通过总线交换各种数据和控制信息。支持这种结构的总线有STD bus，Multibus，S-100 bus，VERSA bus以及VME bus等。

主模块有权控制系统总线，且在某一时刻只能有一个主模块占有总线。如有多个主模块同时请求使用总线，必须通过仲裁电路来判别各模块的优先级以决定由谁优先使用总线。各模块之间的数据交换主要依靠公共存储器来实现。公共存储器直接连在系统总线上供各主模块访问及交换数据。这种结构的优点是结构简单、配置灵活、容易实现、无源总线造价低，因而常被采用。FANUC 15 系列的 CNC 系统是共享总线多主结构的典型代表，如图 2-47 所示，其系统总线是 FANUC 公司自行设计的高速 32 位总线（FANUC BUS），操作面板和图形显示模块、通信模块、自动编程模块、插补控制模块、PLC 模块和位置控制模块等均为主模块，主轴控制模块和主存储器模块为从模块。

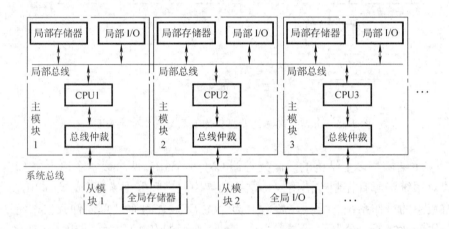

图 2-46 共享总线多主结构的 CNC 装置硬件结构示意

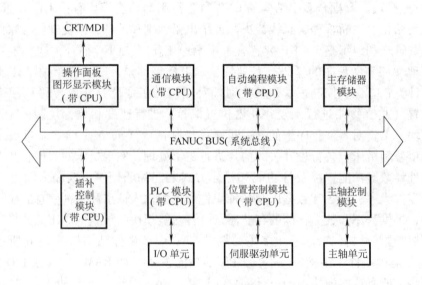

图 2-47 FANUC15 系统硬件结构

3）共享存储器结构。这种结构的 CNC 装置中，带 CPU 的功能部件采用多端口存储器来实现各微处理器之间的互连和信息交换。多端口存储器是公共存储器，通过数据、地址和控制总线供带 CPU 的功能部件访问和交换数据，通过多端口控制逻辑电路解决访问冲突。当功能复杂而要求端口数量增多时，会出现共享争用而造成信息传输的阻塞，降低系统效率，故其功能扩展较为困难。美国 GE 公司的 MTC1 系统是采用共享存储器多主结构的典型代表，其硬件结构如图 2-48 所示。MTC1 CNC 有 3 个 CPU，中央 CPU 负责数控程序的编辑、译码以及刀具和机床参数的输入；显示 CPU 负责将中央 CPU 的指令和显示数据送到视频电路进行显示，定时扫描键盘和倍率开关状态并送中央 CPU 进行处理；插补 CPU 完成插补运算、位置控制、I/O 控制和 RS-232C 通信等任务，并向中央 CPU 提供机床操作面板开关状态及所需显示的位置信息等。中央 CPU 与显示 CPU 和插补 CPU 之间各有 512 个字节的公共存储器用于信息交换。

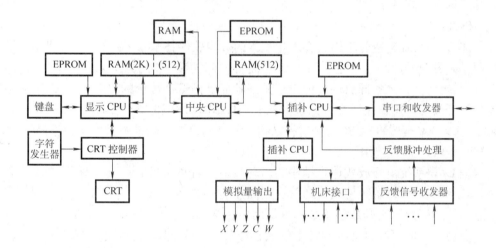

图 2-48 MTC1 系统硬件结构

（三）专用型结构和通用型结构

1. 专用型结构

这种类型的 CNC 装置由各制造厂专门设计和制造，具有布局合理、结构紧凑、专用性强等优点。但这种类型的 CNC 装置是封闭式的体系结构，CNC 系统间具有不同的软硬件模块、不同的编程语言、多种实时操作系统、非标准接口、五花八门的人机界面等，不仅带来了使用上的复杂性，也给车间控制的集成带来了很多困难。世界著名厂商生产的 CNC 系统，如 FANUC 系统、SIEMENS 系统、美国 A-B 系统等，以及我国一些厂家生产的 CNC 系统都属于专用型。目前在生产中使用的数控设备大多数都是采用这类 CNC 装置。

2. 通用型结构

这种类型 CNC 装置是以工业 PC 机作为硬件支撑平台，再根据数控功能的需要插入专用控制卡，与数控软件一起构成相应 CNC 装置。由于工业 PC 机的生产批量大，生产成本低，因此相应的 CNC 装置的成本低。由于这类 CNC 装置基于工业 PC 机，因此开放性和可维修性好。目前，世界各国都在致力于这类 CNC 系统的研发。美国 ANILAM 公司和 AI 公司生产的 CNC 装置均属这种类型。

（四）封闭式结构、PC 嵌入 NC 式结构、NC 嵌入 PC 式结构和软件型开放式结构

1. 封闭式结构

封闭式结构 CNC 装置的功能扩展、改变和维修，都必须求助于系统供应商，对用户来说这些方面是不开放的。目前，这类系统仍然占领着绝大部分市场。目前的主流 CNC 系统，如 FANUC 0、MITSUBISHI M 50、SIEMENS 810 等系统都属于封闭体系结构的 CNC 系统。由于开放体系结构 CNC 系统的发展，封闭式结构 CNC 系统正受到挑战，其市场在逐渐减小。

2. PC 嵌入 NC 式结构

一些 CNC 系统制造商不愿放弃多年积累的数控软件技术，又想利用 PC 机丰富的软件资源来开发新的产品，于是采用在 CNC 装置内部加装 PC 的方法来进一步扩展功能，使 CNC 系统具有一定的开放性。但由于其基础部分仍然是传统的 CNC 系统，其体系结构还是不开放的，用户无法介入系统的核心。FANUC 18i 和 16i、SIEMENS 840D、Num 1060、AB 9/360 等 CNC 系统均是这种结构，其结构复杂、功能强大，但价格昂贵。

3. NC 嵌入 PC 式结构

这类 CNC 系统由开放式体系结构的运动控制卡加 PC 机构成。运动控制卡本身就是一个 CNC 系统，可以单独使用，通常选用高速 DSP 作为 CPU，具有很强的运动控制和顺序逻辑控制能力。其开放的函数库可供用户在 Windows 平台下自行开发所需的控制系统，因而被广泛应用于自动控制各个领域，如美国 Delta Tau 公司用 PMAC 多轴运动控制卡构造的 PMAC CNC 系统、日本 MAZAK 公司用三菱电机的 MELDAS MAGIC 64 构造的 MAZATROL 640 CNC 数控系统等。

4. 软件型开放式结构

这是一种最新的开放式体系结构的 CNC 系统，能给用户提供最大的选择性和灵活性，其数控软件全部装在计算机中，用户只需选配计算机及其与伺服系统和外设之间的标准化接口。用户可以在 Windows NT 平台上，利用开放的 CNC 内核，开发所需的各种功能，构成各种类型的高性能 CNC 系统。与前几种 CNC 系统相比，软件型开放式 CNC 系统具有最高的性能价格比，因而最有生命力，其典型产品有美国 MDSI 公司的 Open CNC、德国 Power Automation 公司的 PA8000 NT 等。

5. 开放式体系结构的定义

关于开放式体系结构的定义，目前尚有较大争议。参照 IEEE 对开放式系统的规定，一个真正意义上的开放式 CNC 系统必须具备使不同应用程序协调地运行于系统平台上的能力，提供面向功能的动态重构工具以及标准化的用户界面，并应具有以下特

征：

1）按分布式控制原则，采用系统、子系统和模块等分级式控制结构，其构造应是可移植的和透明的。

2）根据需要可实现重构和编辑，以便实现一个系统多种用途。

3）各模块相互独立，系统厂、机床厂和最终用户都可很容易地把一些专用功能和有个性的模块加入平台中。通过系统的初始化设置实现功能分配，允许机床厂、用户对系统实施补充、扩展、裁减或修改。

4）具有一种较好的通信和接口协议，以使各相对独立的功能模块互相交换信息，并满足实时控制的要求。

二、CNC 装置的软件结构

（一）CNC 装置的任务特点

1. 多任务

CNC 装置在工作过程中要完成多项任务，这些任务可归纳为两大类，即控制任务和管理任务。译码、刀具补偿、速度处理、插补、位置控制等为 CNC 装置必须完成的控制任务，而输入、I/O 处理、显示、诊断、通信等是 CNC 装置要完成的管理任务，其任务分解如图 2-49 所示。

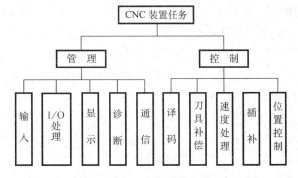

图 2-49　CNC 装置的任务分解

2. 并行处理

在许多情况下，CNC 装置必须同时执行某些管理和控制任务，即所谓的并行处理。这是由 CNC 装置的工作特点所决定的。例如，当 CNC 装置工作在加工控制状态时，为了使操作人员及时了解 CNC 装置的工作状态，显示任务必须与控制任务同时执行。在控制加工过程中，I/O 处理是必不可少的，因此控制任务需要与 I/O 处理任务同时执行。无论是输入、显示、I/O 处理，还是加工控制都应该伴随有故障诊断，即输入、显示、I/O 处理、加工控制等任务应与诊断任务同时执行。在控制任务执行中，其本身的各项处理任务也需要同时执行。如为了保证加工的连续性，即各程序段间不出现停刀现象，译码、刀具补偿和速度处理任务需与插补任务同时执行，插补任务又需与位置控制任务同时执行。各任务之间的并行处理关系如图 2-50 所示，图中双箭头表示两任务之间有并行处理关系。

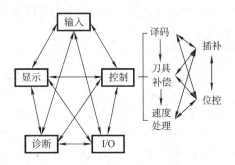

图 2-50　CNC 装置各任务之间的并行处理关系

3. 实时性

CNC 装置所完成的许多任务具有实时性要求。实时性是指对某任务的执行有严格的时间要求，即必须在规定时间内完成，否则将导致执行结果错误和 CNC 系统故障。根据对实时性要求的强弱程度，CNC 装置的任务可分为强实时性任务和弱实时性任务，强实时性任务又可分为实时突发性任务和实时周期性任务。

（1）实时突发性任务　这类任务的特点是任务的发生具有随机性和突发性，是一种异步中断事件，往往有很强的实时性要求。这类任务主要包括故障处理（急停、机械限位、硬件故障等）和机床 PLC 处理等。

（2）实时周期性任务　这类任务是精确地按一定时间间隔发生的，主要包括加工过程中的插补运算、位置控制等任务。为保证加工精度和加工过程的连续性，这类任务处理的实时性是关键。在任务的执行过程中，除系统故障处理外，不允许被其他任务打断。

（3）弱实时性任务　这类任务的实时性要求相对较弱，只需要保证在某一段时间内得以运行即可。这类任务主要包括 CRT 显示、零件程序的编辑、加工状态的动态显示、加工轨迹的静态模拟仿真及动态显示等。

（二）CNC 装置的软件特点

为满足多任务并行处理和实时性要求，各种 CNC 装置在硬件和软件上采取了相应的技术措施。在硬件上，可以采用资源重复的并行处理技术，如采用多微处理器结构，各个微处理器并行地执行各自的实时任务。在软件上，可采用资源分时共享并行处理技术、时间重叠流水处理技术和多重中断的并行处理技术。

1. 资源分时共享并行处理

在单 CPU 的 CNC 系统中，或在多 CPU 的 CNC 系统的某个需要处理多任务的 CPU 中，一般采用分时共享的原则来解决多任务并行处理问题。具体方法是在一定的时间长度（通常称为时间片）内，根据系统各任务的实时性要求程度，规定它们占用 CPU 的时间，使它们按规定顺序分时共享系统的资源，进行各任务的处理。从微观上看，在任何一个时刻只有一个任务占用 CPU，各个任务还是顺序执行的。从宏观上看，在一个时间片内，CPU 并行地完成了各任务。因此，资源分时共享的并行处理只具有宏观上的意义。

在资源分时共享并行处理的一个时间片内，每个任务允许占用 CPU 的时间要受到一定限制，对于那些占用 CPU 时间较长的任务，如插补准备（包括译码、刀具半径补偿和速度处理），通常可在其程序中的某些地方设置断点，当程序运行到断点时，自动让出 CPU，待到下一个运行时间片里自动跳到断点处继续执行。

2. 时间重叠流水处理

当 CNC 装置处在自动连续工作方式时，零件加工程序是按程序段逐段执行的，每个程序段的数据转换和执行过程由零件程序读入、插补准备、插补和位置控制四个子过程组成。设每个子过程的处理时间分别为 Δt_1、Δt_2、Δt_3、Δt_4，那么一个程序段的执行

时间将是 $t = \Delta t_1 + \Delta t_2 + \Delta t_3 + \Delta t_4$，如果以顺序方式处理每个程序段，即第一个程序段处理完后再处理第二个程序段，依次类推。这种顺序处理的时间关系如图 2-51a 所示。可见，在两个程序段的输出之间将有一个时间长度为 t 的间隔。由于这种时间间隔较大，会导致进给伺服电动机时转时停，使执行部件（工作台或刀具）时走时停，这在加工工艺上是不允许的。

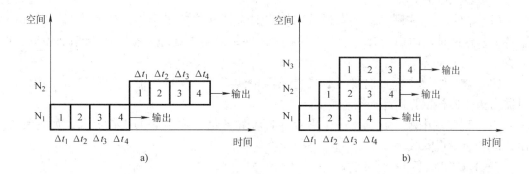

图 2-51　时间重叠流水处理
a）顺序处理　b）流水处理

采用时间重叠流水处理技术可消除这种时间间隔，其处理过程的时间关系如图 2-51b 所示。其中的关键是时间重叠，即在每一段较小的时间间隔内，不再仅处理一个子过程，而是处理两个或更多的子过程。这样一来，每个程序段的输出之间的时间间隔大为减小，从而保证了电动机运转和刀具移动的连续性。

以此推广到一般情况，如果各任务之间的关联程度较高，即一个任务的输出是另一个任务的输入，则可采取流水处理的方法来实现并行处理。时间重叠流水处理要求每个子过程的执行时间相等。而实际上每个子过程的执行时间很难相等，一般都是不相等的，解决的办法是取最长的子过程处理时间为流水处理时间间隔，在处理时间较短的子过程结束后进入等待状态。

在单 CPU 的 CNC 装置中，时间重叠流水处理只有宏观意义，即在一段时间内，CPU 处理多个子过程，但从微观上看，各子过程是分时占用 CPU 的。只有在多 CPU 结构的 CNC 装置中，各子过程处理使用不同的 CPU（资源），才能实现真正意义上的时间重叠流水处理。因此，时间重叠流水处理也称资源重叠流水处理。

3. 实时中断处理

CNC 装置软件的另一个重要特征是实时中断处理，CNC 装置的多任务性和实时性决定了中断处理成为其软件必不可少的重要组成部分。对于有实时性要求，且各种任务互相交错并发的多任务控制系统，可采用多重中断的并行处理技术，将实时性任务安排成不同优先级别的中断服务程序，或在同一个中断程序中按其优先级高低而顺序执行。

CNC 系统的中断管理主要由硬件完成，而系统的中断结构决定于系统软件的结构，常见中断类型有下列几种。

（1）外部中断　主要有外部监控终端（如急停、越位检测等）和操作面板输入中断。前一种中断的实时性要求很高，通常把这种中断安排在较高的优先级上，而操作面板输入中断则放在较低的中断优先级上，在有些系统中，甚至用查询方式来处理键盘和操作面板输入中断。

（2）内部定时中断　主要有插补周期定时中断和位置采样周期定时中断。在有些系统中，这两种定时中断合二为一，但在处理时，总是先处理位置控制，然后处理插补运算。

（3）硬件故障中断　这是各种硬件故障检测装置产生的中断，如存储器出错，定时器出错，插补运算器超时等。

（4）程序性中断　它是程序中出现的各种异常情况而引起的报警中断，如各种溢出，运算中出现除数为零等。

（三）CNC 装置的软件结构

所谓 CNC 装置的软件结构是指系统软件的任务（程序）组织管理方式。不同的软件结构，对各项任务的安排方式不同，管理方式也不同。

确定 CNC 装置的软件结构首先必须考虑 CNC 装置的实时、多任务、并行处理等特点，同时软件结构要受到硬件结构的限制，但软件结构又有其独立性，对于同样的硬件结构，可以配置不同的软件结构。

在单 CPU 的 CNC 装置中，常采用前后台型或多重中断型软件结构。在多 CPU 的 CNC 装置中，各 CPU 分别承担一定的任务，具有很高的并行处理能力，其中某个 CPU 承担多任务时，仍然采用前后台型或多重中断型软件结构。如果某个 CPU 承担的任务比较单一，该 CPU 的软件可以是循环往复式的结构，即顺序执行程序结构。

1. 前后台型软件结构

前后台型软件结构见图 2-52。整个 CNC 装置的软件分为前台程序和后台程序。前台程序为实时中断程序，承担几乎全部实时任务。这些实时任务一般都与机床运动控制和动作控制有直接关系，如插补运算、位置控制、辅助功能处理、监控、面板扫描等实时功能。后台程序又称背景程序，是一个循环运行的程序，顺序安排非实时性或实时性要求不高的子程序，如数控加工程序的输入、译码和数据处理等，以及各项管理任务。后台程序运行的过程中，实时中断程序不断插入，与后台程序相配合共同完成零件加工任务。后台程序按一定的协议向前台程序发送数据，同时前台程序向后台程序提供显示数据及系统运行状态。

采用前后台型软件结构的典型是美国 A-B 公司的 7360 数控系统软件，其简化的结构框图如图 2-53 所示。系统启动后，首先进入初始化模块，然后进入后台程序循环，在后台程序的循环中，实时中断程序不断插入。

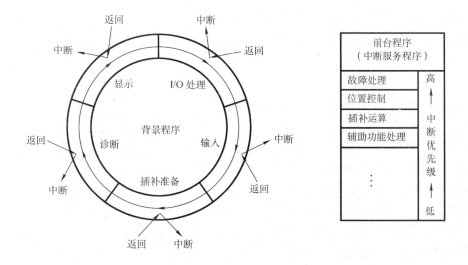

图 2-52 前后台型软件结构示意

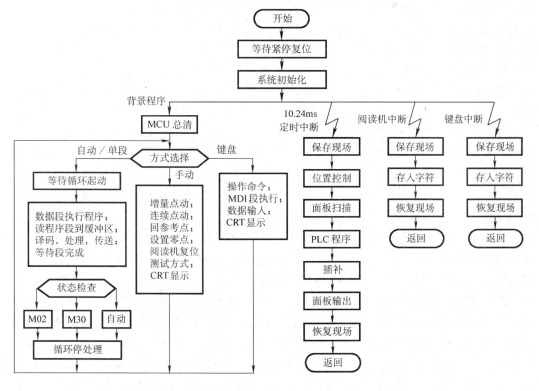

图 2-53 7360CNC 系统软件结构框图

2. 多重中断型软件结构

多重中断型软件结构如图 2-54 所示。这种类型的软件结构特征是除了开机初始化外，数控加工程序的输入、预处理、插补、辅助功能控制、位置伺服控制以及通过数控面板和机床面板等交互设备进行的数据输入和显示等各功能子程序均被安排在不同级别的中断服务程序中，整个软件就是一个大的中断系统，系统程序管理依靠各中断服务程序间的通信实现。

FANUC-7 CNC 系统是采用多重中断型软件结构的典型。控制程序被分为八个不同优先级的中断，其中 0 级为最低级中断，7 级为最高级中断。开机时首先执行一段初始化程序，主要完成对 RAM 工作寄存器的单元置入初始状态，对 ROM 进行奇偶校验，设置或处理一些初态参数，为整个系统的正常工作作好准备。执行完初始化程序后系统返回 0 级中断。由于轨迹运动控制的实时性要求最高，所以位置控制被安排在最高的中断级别上。CRT显示的级别最低，被安排在 0 级中断服务程序中。0 级中断请求始终存在，只要没有其他中断请求，0 级中断显示始终执行。

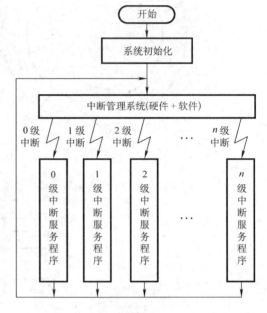

图 2-54　多重中断型软件结构示意

三、典型 CNC 系统简介

1. FANUC CNC 系统简介

日本的 FANUC 公司是目前世界上最大的、最著名的 CNC 系统生产厂商之一。从 20 世纪 70 年代开始至今，FANUC 公司不断推出具有技术创新、适应市场需求的多种系列 CNC 系统产品，其 CNC 系统非常注重实用性。

目前 FANUC 公司的主流 CNC 系统为 FANUC 0 系列。FANUC 0 系列是 FANUC 公司 1985 年推出的 CNC 系统，它的主要特点是体积小，价格低。FANUC 0 系列是多微处理器 CNC 系统。FANUC 0A、0B 和 0C 系列的主 CPU 分别为 80186、80286 和 80386。FANUC 0 系列在已有的 RS-232C 串行接口之外，又增加了具有高速串行接口的远程缓冲器，以便实现 DNC 运行。FANUC 0 系列采用了最新的高速和高集成度微处理器，共有专用大规模集成电路 6 种，其中 4 种为低功耗 CMOS 专用大规模集成电路，专用厚膜电路 9 种。三轴控制系统的主控制电路以及输入/输出接口、PMC（可编程机床控制器）和 CRT 电路等，都制作在一块大型印制电路板上，与操作面板、CRT 组成一体。FANUC 0 系列 CNC 系统还具有彩色图形显示、会话菜单式编程、专用宏、录返等功能。自 FANUC 公司推出 FANUC 0 系列 CNC 系统以来，得到了各国用户的高度评价，从而成为广泛采用的 CNC 系统之一。目前仍是应用领域的主流系统。

FANUC 0 系列 CNC 系统有多种规格，其中，FANUC 0-MA/MB/MEA/MC/IMF 用于

加工中心、铣床和镗床，FANUC 0-TA/TB/TEA/TC/TF 用于车床，FANUC 0-TTA/TTB/TTC/用于一个主轴双刀架或两个主轴双刀架的 4 轴控制车床，FANUC 0-GA/GB 用于磨床，FANUC 0-PB 用于回转头压力机。

北京发那科机电有限公司生产的 FANUC 0 系列有 BEIJING-FANUC 0C 和 0D 系列，其中 D 为普及型，C 为全功能型。另外 BEIJING-FANUC 0 Mate 为 FANUC 0 系列的派生产品，是功能简单、结构更为紧凑的经济型 CNC 系统。

在多轴控制和多系统控制方面，目前 FANUC 公司有 FANUC 15、FANUC 16 和 FANUC 18 系列 CNC 系统。

2. SIEMENS CNC 系统简介

德国的 SIEMENS 公司也是目前世界上最大的、最著名的数控系统生产厂商之一。在不断推出适应市场需求的多种系列产品的同时，SIEMENS 公司的数控系统在性能、可靠性和高技术含量上都处于世界领先地位，也一直占据着应用领域主流产品的地位。

目前在低端 CNC 系统中，SIEMENS 公司的主流产品有 20 世纪 90 年代中后期推出的 SINUMERIK 802 系列。

SINUMERIK 802S/802C 是经济型数控系统，可驱动三个进给轴。SINUMERIK 802S 是用于步进电动机驱动的 CNC 系统，带有脉冲及方向信号的步进驱动接口，可配接 SIEMENS 公司的 STEPDRIVE C/C⁺ 步进驱动器和五相步进电动机，也可配接 SIEMENS 公司的 FMSTEPDRIVE 步进驱动器和三～五相步进电动机。SINUMERIK 802C 则是用于伺服电动机驱动的 CNC 系统。SINUMERIK 802S/802C 均提供一个 – 10V ~ + 10V 的输出接口，用于驱动主轴电动机。SINUMERIK 802S/802C 由数控操作面板、机床操作面板、NC 单元、PLC 模块等几部分组成。

SINUMERIK 802D 是用于数字式伺服系统的 CNC 系统，可控制最多 4 个进给轴和一个主轴。CNC 通过 PROFIBUS 总线与 I/O 模块和数字驱动模块（SIMODRIVE 611 Universal E）连接，通过模拟输出接口与主轴电动机连接。

目前在高端 CNC 系统中，SIEMENS 公司的主流产品有 SINUMERIK 810D/DE、SINUMERIK 840C 等系列的 CNC 系统。

第七节　CNC 系统中的可编程控制器（PLC）

一、PLC 简介

1. PLC 的概念

可编程控制器（Programmable Logic Controller，PLC）是 20 世纪 60 年代末发展起来的一种新型自动控制装置，早期主要用于替代传统的继电器—接触器顺序逻辑控制装置。随着技术的进步，PLC 的控制功能已远远超出逻辑控制的范畴，发展成为一种功能强大的工业控制计算机，并被正式命名为 "Programmable Controller"，简称 PC。但为了与个人计算机（Personal Computer）相区别，所以仍沿用原先的简称，即 PLC。

对于微型和小型 PLC（I/O 点数小于 128 点），一般将基本的功能电路部分制成可单独安装的主机，而扩展功能电路制成单独安装的模块，通过线缆连接。中型以上 PLC（I/O 点数小于 129 点）的功能电路制成具有统一插槽和尺寸的标准模块，并提供具有不同数量插槽的安装底版，在插槽中可插接不同功能的模块。

2. PLC 的硬件

PLC 实质上是一种工业控制计算机应用系统。在硬件上，PLC 由 CPU、存储器、输入/输出单元、电源、编程器等组成，一般都采用总线结构。

（1）CPU　CPU 是系统的核心，完成全部运算和控制任务。PLC 常用的 CPU 为通用微处理器、单片机或位微处理器。

（2）存储器　存储器主要用于存放系统程序、用户程序和工作数据。系统程序由生产厂家固化到 ROM 中，用户程序存放在特定的 RAM 中，这些 RAM 用备用锂电池进行掉电保护。对于不经常变动的用户程序，可固化在 PLC 提供的 EPROM 模块（盒）中。PLC 还设有随机存储的 RAM，称工作数据存储区，用于 PLC 工作时临时的数据存储。在工作数据存储区，有输入输出（I/O）数据映像区，有定时器和计数器的设定值和当前值存放区等。

（3）I/O 单元　I/O 单元是 CPU 与被控对象或其他外部设备的连接部件，是 PLC 有别于其他计算机应用系统的特色部分。它能提供各种操作电平、驱动能力和多个 I/O 点，并采用光电耦合器件和小型继电器与外部隔离，具有消除抖动、多级滤波电路等抗干扰措施。每个 I/O 点上均装有指示状态的发光二极管和接线端子，便于监视运行状态和配线。I/O 单元一般采用模块或插板结构，可靠性高，价格低，便于维修和系统重组。

典型的 I/O 单元有：

1）直流开关量输入单元。输入器件的类型可为接近开关、按钮、选择开关、继电器等。输入单元的电源由 PLC 内部提供，典型值为 DC 24V。

2）直流开关量输出单元。由大功率晶体管作为输出驱动级，具有无触点、响应速度快（ns 级）、寿命长、输出可调等特点，特别适用于高频电路。

3）交流开关量输入单元。输入器件的类型同直流开关量输入单元，但需由外部提供供电电源，典型值为 AC 115V 或者 AC 230V。

4）交流开关量输出单元。采用双向晶闸管作为输出驱动级，负载的供电电源由外部供给，正常值为 AC 115 ~ 230V，具有耐压高、负载电流大、响应速度快（μs 级）等特点。

5）继电器输出单元。采用微型继电器作为输出驱动级，输出形式是继电器的触点，既可驱动直流负载，也可驱动交流负载，负载电压范围大，响应速度为 ms 级。

6）模拟量输入单元（A/D 单元）。用于将输入的模拟量信号转换成 PLC 所能处理的数字量信号。按输入模拟量的形式，可将输入单元分成电压型和电流型两类，输入信号范围有 ±50mV、±1V、±10V、0 ~ 5V、±20mA、4 ~ 20mA 等多种。

7）模拟量输出单元（D/A 单元）。用于将 PLC 的数字信号转换成模拟信号输出。按输出模拟量的形式也可分成电压型和电流型两类，输出信号范围有 ±10V、0～5V、±20mA、4～20mA 等多种。

另外，还有各种协议（RS-232、RS-485、RS-422 等）的通信单元可供选用。

（4）扩展接口 扩展接口用于 PLC 主机与扩展单元模块之间的连接。

（5）智能 I/O 单元 智能 I/O 单元自身有单独的 CPU，能够通过驻留在单元上的程序完成某种专用功能。它和主 CPU 并行运行，大大提高了 PLC 的运行速度和效率。智能 I/O 单元一般做成扩展模块，通过扩展接口与 PLC 主机连接。

（6）电源 电源单元负责提供 PLC 内部以及输入单元所需要的直流电源。

（7）编程器 编程器用于用户程序的编制、编辑、调试和运行监视，还可用于调用和显示 PLC 的一些内部状态和系统参数。编程器有手持式和高功能两种，通过专用接口与 PLC 相连。

3. PLC 的软件

PLC 的软件包括系统程序和用户程序。

（1）系统程序 系统程序决定 PLC 的功能。系统程序主要包括监控程序、编译程序及诊断程序等。监控程序又称管理程序，主要用于整个 PLC 系统管理；编译程序用来把程序语言翻译成机器语言；诊断程序用来诊断机器故障。系统程序由生产厂家提供，并固化到 ROM 中，对用户是不透明的，不能由用户存取，也不需要用户干预。

（2）用户程序 用户程序是用户针对要解决的控制问题，用 PLC 编程语言编制的的应用程序。

4. PLC 的指令系统和用户程序的编制

PLC 的指令系统是指其能够接受的全部指令的集合。从形式上类似于微处理器的指令系统。PLC 的指令分基本指令和功能指令两种。基本指令主要包括读/写指令、位逻辑运算指令等，它们都是简单的、基本的操作。随着 PLC 技术发展，PLC 控制功能在多方面扩展，其功能已经远远超出逻辑控制范畴，如数字运算的能力、模拟量的处理能力、通信能力、高速计数能力、电动机速度控制能力、步进电动机驱动控制能力等。对这些控制功能，仅用位操作的基本指令编程，实现起来将会十分困难或是不可能。因此，不断增加专门实现这些特殊控制功能的指令，即功能指令，也称扩展指令。功能指令实质上是一些子程序，应用功能指令就是调用相应的子程序。功能指令都是较复杂的、组合的操作。

不同厂家的 PLC，其指令系统不尽相同（指令的条目、功能和表达方式）。基本指令在条目和功能上差别不大，表达方式上差别较大。而功能指令上差别比较大。

PLC 用户程序的编制主要使用两种编程语言，即梯形图和语句表。

（1）梯形图 梯形图编程方法是在电器控制系统原理图的基础上演变而来的，为广大电气技术人员所熟知，是 PLC 的主要编程方法。梯形图编程时，可使用高功能编程器或有梯形图编程功能的手持式编程器，也常利用 PC 机的 PLC 编程应用软件。

（2）语句表 语句表编程类似于微处理器的汇编语言编程，直接采用指令助记符书写语句。要注意不同厂家的 PLC 指令的表达方法（即指令助记符）不尽相同。一般仅在不具备梯形图编程手段时，才使用语句表编程。语句表程序和梯形图程序之间是可以相互转换的，它们之间的区别在于程序表达形式的不同，程序编制的手段不同。

除以上两种方法外，还有控制系统流程图编程方法和计算机高级语言编程方法。

5. PLC 的用户程序执行过程

PLC 的用户程序执行过程实际上是一种按用户程序的顺序进行扫描处理、周期循环执行的过程，该过程可分为三个阶段，即输入采样、程序执行和输出刷新，如图 2-55 所示。

（1）输入采样 在输入采样阶段，PLC 以扫描方式将所有输入端的输入信号状态（ON 或 OFF）读入到输入映像寄存器中寄存起来，称为对输入信号的采样。不在输入采样阶段，即使输入状态变化，输入映像寄存器的内容也不会改变。

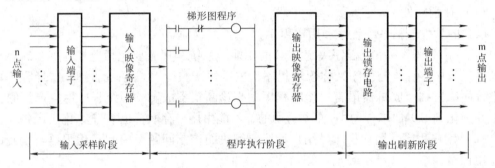

图 2-55 PLC 程序执行过程

（2）程序执行 在程序执行阶段，PLC 对用户程序按顺序进行扫描。每扫描到一条指令时，对指令中涉及到的输入点状态或其他元件的状态，分别从输入映像寄存器或其他元件对应的内部寄存器中读出；然后进行相应的逻辑或算术运算，运算结果存入专用寄存器；对指令中涉及的非输出点的输出，将数据存入元件对应的内部寄存器中（即改写对应寄存器）；对指令中涉及到的输出点输出，则是将数据存入输出点对应的输出映像寄存器。

（3）输出刷新阶段 在输出刷新阶段，将输出映像寄存器中的状态转存到输出锁存电路，再经输出端子输出信号去驱动被控对象，这就是 PLC 的实际输出。

PLC 重复地执行上述三个阶段，每重复一次就是一个工作周期，工作周期的长短与程序的长短、执行每条指令所需时间和执行其他任务（包括输入采样、输出刷新、硬件自检等）所用时间有关。

二、PLC 在 CNC 系统中的应用

1. PLC 在 CNC 系统中的作用

在数控零件加工过程中，辅助功能控制的任务是控制以主轴转速 S、刀具选择 T 和辅助机能 M 等指令给出的辅助机械动作。CNC 装置将这些指令转交给 PLC 进行处理和执行。PLC 的具体控制任务随数控机床的类型、功能、结构和辅助装置等的不同而有很大差别。一般有下列任务：

1）机床主轴的起停和正反转控制以及主轴转速的控制、倍率的选择等。

2）机床冷却、润滑系统的接通和断开。

3）机床刀库的起停和刀具的选择和更换。

4）机床卡盘的夹紧和松开。

5）机床自动门的打开和闭合。

6）机床尾座和套筒的前进和后退。

7）机床排屑器等辅助装置的控制。

2. CNC 系统用 PLC 的分类

数控机床用 PLC 可以分为内装型和独立型两类。

（1）内装型 PLC　内装型 PLC 从属于 CNC 装置，PLC 与 NC 间的信号传送在 CNC 装置内部即可实现。PLC 的输入/输出信号通过 CNC 的输入/输出接口电路传送。具有内装型 PLC 的 CNC 系统的结构如图 2-56 所示。

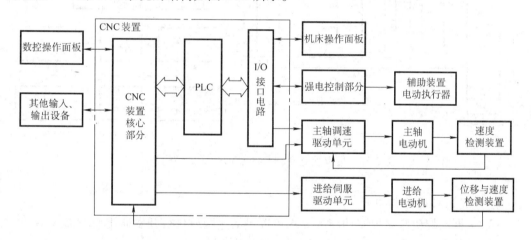

图 2-56　具有内装型 PLC 的 CNC 系统的结构框图

内装型 PLC 与独立型 PLC 相比具有如下特点：

1）内装型 PLC 实质上是 CNC 装置带有 PLC 的功能，其性能指标由 CNC 装置的性能、规格来确定，其硬件和软件部分被作为 CNC 系统的基本功能统一设计，因此具有结构紧凑，功能针对性强，技术指标合理等优点。

2）内装型 PLC 有与 CNC 装置共用微处理器和具有专用微处理器两种类型。前者利用 CNC 装置的微处理器的余力来实现 PLC 的功能，输入/输出点数较少；后者由于有独立的 CPU，多用于程序复杂、动作速度要求快的场合。

3）内装型 PLC 与 CNC 装置的其他电路通常装在一个机箱内，不需另备电源，可与 CNC 装置的其他电路制做在同一块印制电路板上，或单独制成附加印制电路板。

4）采用内装型 PLC 后，CNC 装置扩展了某些控制功能，如梯形图编辑和传送功能、在 CNC 装置内部直接处理 PLC 窗口的信息等，提高了 CNC 的性能价格比。

采用内装型 PLC 的 CNC 系统有 FANUC 公司的 FANUC-0/0Mate/3/6/10/11/15/16/18，SIEMENS 公司的 SINUMERIK 810/820/3/8/850/880，A-B 公司的 8200/8400/8500等。

（2）独立型 PLC　独立型 PLC 在软件和硬件上均独立于 CNC 装置，并能独立完成顺序逻辑控制任务。具有独立型 PLC 的 CNC 系统的结构如图 2-57 所示。

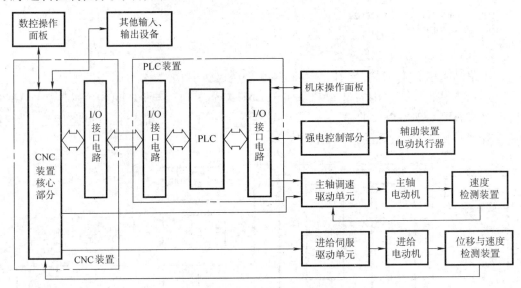

图 2-57　具有独立型 PLC 的 CNC 系统的结构框图

独立型 PLC 的特点如下：

1）根据数控机床对控制功能的要求可以灵活选购或自行开发通用型 PLC。

2）具有安装方便、功能构成和扩展容易的优点。

3）在性能/价格比上不如内装型 PLC。

4）专门为柔性制造单元（FMC）、柔性制造系统（FMS）、工厂自动化开发的独立型 PLC 具有强大的数据处理、通信和诊断功能。

3. 在 CNC 系统中 PLC 的应用特点

（1）较多地使用功能指令　CNC 系统用的 PLC 必须满足数控机床信息处理和动作控制的特殊要求，例如对 CNC 装置输出的 M、S、T 二进制代码信号的译码；机械运动状态或液压系统动作状态的延时确认；加工零件的计数；刀库、分度工作台沿最短路径旋转以及现在位置至目标位置步数的计算等。因此 CNC 系统的 PLC 编程较多地使用功能指令。

（2）高级程序和低级程序　数控机床的 PLC 用户程序处理时间一般为几十毫秒至上百毫秒。对数控机床的绝大多数信息，这个处理速度已足够了。但对某些要求快速响应的信号，尤其是脉冲信号，这个处理速度尚不能满足要求。为了适应不同控制信号对不同响应速度的要求，CNC 系统的 PLC 用户程序常分为高级程序和低级程序。PLC 处理高级程序和低级程序是按"定时分割周期"分段进行的。在每个定时分割周期高级程序都被执行一次，在定时分割周期的剩余时间执行低级程序，因此每个定时分割周期只能执行低级程序的一部分，也就是说低级程序被分割成几等分执行。低级程序执行一次的时间是几倍的定时分割周期，如图 2-58 所示。由上述可知，高级程序越长，每个定时周期能处理的低级程序量就越少，因此增加了低级程序的分割数，PLC 处理程序的时间就拖得越长。因此，应尽量压缩高级程序的长度。通常只把窄脉冲信号以及要求传输到数控系统进行快速处理的信号编入高级程序。在用户梯形图程序中，按顺序先是高级程序，后面是低级程序，高级程序以高级程序结束指令为标识，低级程序以低级程序结束指令为标识。高级程序和低级程序的划分如图 2-59 所示。

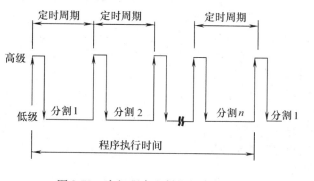

图 2-58　高级程序和低级程序的执行

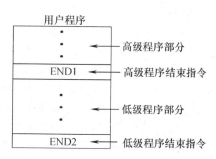

图 2-59　高级程序和低级程序的划分

（3）用户程序的编制　同样的 CNC 系统可以用于不同的数控机床，而不同的数控机床由于机床侧配置不同，对辅助功能控制的要求是不同的。由于这个原因，CNC 系统生产厂家都将 CNC 系统中的 PLC 部分对用户开放，即提供 PLC 部分的详细资源情况，包括指令系统、编程方法等，使用户能够根据具体需要自行开发用户程序。购置数控机床整机时，其中的 PLC 用户程序编制已由机床生产厂家完成，使用数控机床的用户一般不必进行用户程序的开发。但这并不意味 CNC 系统的 PLC 部分不向数控机床用户开放。用户完全可以根据自己需要对购置的数控机床进行机床侧的重新配置，并自行开发 PLC 用户程序。

对于独立型 PLC，其编程工具和方法前面已经详细介绍过。对于内装型 PLC，可使用 CNC 系统的操作面板进行用户程序开发。CNC 系统相当于一个高功能编程器。

4. 顺序控制功能的实现

零件加工程序的一个程序段经译码后，其指令被转换成后续处理程序所要求的数据格式存放在译码缓冲区。在执行这段程序时，CNC 装置将译码缓冲区中有关主轴转速

S、刀具选择 T 和辅助机能 M 的指令数据传送到 PLC 的相应寄存器中，供 PLC 的用户程序使用。不同的指令，译码后的数据不同，传送到 PLC 的不同寄存器中，PLC 的用户程序对其进行不同的逻辑处理，从而产生不同的结果，实现各种不同的辅助功能控制。

习题与思考题

2-1　CNC 系统由哪几部分组成？各部分功用是什么？

2-2　简述 CNC 装置的工作过程。

2-3　详细叙述零件加工程序的执行过程。

2-4　何谓插补？有哪两大类插补算法？它们各是如何实现的？各有什么特点？

2-5　逐点比较法插补的基本原理是什么？

2-6　试画出逐点比较法直线插补和圆弧插补的程序框图。

2-7　如何实现数控系统所不具备的非直线、非圆弧曲线的插补？

2-8　试用逐点比较法对下列直线和圆弧进行插补计算，并根据插补计算结果画出实际运动轨迹，其中坐标值为脉冲当量数：

　1）在 XOY 平面内的直线 OA，坐标为 O $(0, 0)$、A $(5, 3)$；

　2）在 XOZ 平面内的圆弧 AE，坐标为 A $(4, 0)$、E $(0, 4)$，圆心在 O $(0, 0)$。

2-9　简述数据采样插补中插补周期、运动精度和运动速度的关系。

2-10　试画出一种数据采样插补法直线插补算法的流程图。

2-11　试画出一种数据采样插补法圆弧插补算法的流程图。

2-12　可否用数学函数式直接作为插补算法计算公式？为什么？

2-13　何谓刀位点？何谓刀补？何谓刀补号？何谓刀补值？

2-14　刀具位置补偿的作用和原理是什么？

2-15　刀具长度补偿的作用和原理是什么？

2-16　刀具半径补偿的作用是什么？

2-17　实际应用中，为什么通常仅对直线和圆弧线形进行刀具半径补偿？

2-18　直线和圆弧线形刀具半径补偿的原理是什么？

2-19　C 功能刀具半径补偿刀位点轨迹有哪些转接方式？

2-20　试述 C 功能刀具半径补偿的执行过程。

2-21　试说明 B 功能刀具半径补偿与 C 功能刀具半径补偿的区别与优劣。

2-22　CNC 系统中位置与速度检测装置起什么作用？是如何分类的？

2-23　简述直线光栅的组成和光栅读数头的结构。

2-24　简述莫尔条纹的性质。

2-25　试总结直线光栅的工作原理。

2-26　说明直线光栅 4 倍频辨向电路的工作原理。

2-27　简述光电脉冲编码器的结构、工作原理及应用。

2-28　进给伺服系统是如何分类的？

2-29　从功能上看，闭环和半闭环进给伺服系统各是怎样构成的？

2-30　开环、半闭环、闭环伺服系统的根本区别在哪里？说明它们的特点。

2-31　简述反应式步进电动机的工作原理。

2-32　指出你知道的实现环形脉冲分配的方法。

2-33　了解驱动步进电动机的高低电压功率放大电路的工作原理。

2-34　简述永磁式直流伺服电动机的特点。

2-35　简述脉宽调制的基本原理。

2-36　简述永磁直流伺服电动机的晶体管脉宽调制调速系统的组成和工作原理。

2-37　简述永磁同步交流伺服电动机的结构和工作原理。

2-38　SPWM 调制原理是什么？

2-39　了解双极性 SPWM 调制器的组成和工作原理。

2-40　简述数字脉冲比较伺服系统的结构和工作原理。

2-41　了解全数字伺服系统的原理、特点和发展。

2-42　CNC 装置的硬件结构类型是如何划分的？

2-43　单微处理器结构 CNC 装置的构成特点是什么？

2-44　简要介绍多微处理器 CNC 装置的几种结构。

2-45　何谓开放式结构的 CNC 系统？

2-46　CNC 装置的任务特点主要有哪些？

2-47　了解前后台型软件结构的原理。

2-48　了解多重中断型软件结构的原理。

2-49　PLC 中用户程序的执行过程怎样？

2-50　CNC 装置中 PLC 的作用是什么？

2-51　简述内装型 PLC 与独立型 PLC 的构成和特点。

2-52　在 CNC 装置中 PLC 的应用特点有哪些？

2-53　了解 CNC 系统的顺序控制功能是如何由 PLC 实现的。

第三章 数控机床的机械结构

第一节 数控机床的结构和性能要求

现代数控机床已经不是简单地将传统机床配备上数控系统即可，也不是在传统机床的基础上，仅对机床的布局加以改进而成。普通机床往往存在诸如刚性不足、抗振性差、热变形大、滑动面摩擦阻力大及传动元件之间的间隙大等，这些缺点无法满足数控机床对加工精度、表面质量、生产率以及寿命等技术指标的要求。此外，为了缩短装夹与运送工件的时间，减少工件在多次装夹中所引起的定位误差，要求工件在一台数控机床上的一次装夹中能先后进行粗加工和精加工，要求机床既能承受粗加工时的最大切削功率，又能保证精加工时的高精度，所以机床的结构必须具有很高的强度、刚度和抗振性。为了排除操作者的技术熟练程度对产品质量的影响，避免人为造成的废品和返修品，数控装置不但要对刀具的位置或轨迹进行控制，而且还要具备自动换刀和补偿等功能，而机床的结构必须有很高的可靠性，以保证这些功能的正确执行。现代数控机床，特别是加工中心，无论是其支承部件、主传动系统、进给传动系统、刀具系统、辅助功能等部件结构，还是其整体布局、外部造型等均已发生了很大变化，形成了数控机床独特的机械结构。数控机床对结构与性能的要求可以归纳为如下一些特点。

1. 高的静、动刚度及良好的抗振性能

数控机床生产成本比传统机床要高，需要采取下述措施大幅度降低单件加工时间，以获得较好的经济效益。一是通过采用新型刀具材料，提高切削速度，即缩短切削时间；二是采用各种自动辅助装置，减少辅助时间。这些措施可大幅度提高生产率，但同时也明显增加了机床的负荷及运转时间。此外，由于机床床身、导轨、工作台、刀架和主轴箱等部件的几何精度及其变化产生的误差取决于它们的结构刚度，所有这些都要求数控机床要有比传统机床更高的静刚度。

切削过程中的振动不仅影响工件的加工精度和表面质量，而且还会降低刀具寿命，影响生产率。在传统机床上，可以通过改变切削用量和刀具几何角度来消除振动或减少振动。数控机床具有高效率的特点，应充分发挥其加工能力，在加工过程中不允许进行如改变刀具几何角度等类似的人工调整。因此，对数控机床的动态特性提出更高要求，即提高其动刚度。

2. 良好的热稳定性

工艺过程的自动化和精密加工的发展对机床的加工精度和精度稳定性提出了越来越高的要求。机床在切削热、摩擦热等内外热源的影响下，各部件将发生不同程度的热变形，使工件与刀具之间的相对运动关系遭到破坏，从而影响工件的加工精度，如图 3-1 所示为其夸张表示。为减少热变形的影响，让机床热变形达到稳定状态，常常要花费很长的时间来预热机床，这又影响了生产率。对于数控机床，热变形的影响更加突出。同时由于数控机床的主轴转速、进给速度以及切削量等也大于传统机床的切削用量，而且常常是长时间连续加工，产生的热量也多于传统机床。因此，要特别重视采取措施减少热变形对数控机床加工精度的影响。

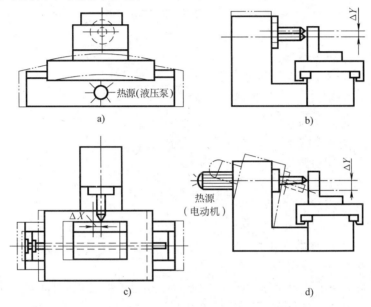

图 3-1　机床热变形对加工精度的影响

　　减少热变形主要从两个方面着手，一方面对热源采取液冷、风冷等方法来控制温升，如在加工过程中，采用多喷嘴大流量对切削部位进行强制冷却；另一方面是改善机床结构，在同样发热条件下，机床的结构不同，热变形的影响也不同。例如数控机床的主轴箱，应尽量使主轴的热变形发生在非误差敏感方向上，在结构上还应尽可能减少零件变形部分的长度，以减少热变形总量。目前，根据热对称原则设计的数控机床，取得了较好的效果。这种结构相对热源来说是对称的，在产生热变形时，工件或刀具的回转中心对称线的位置基本不变。例如，卧式加工中心的立柱采用框式双立柱结构，热变形时主轴中心主要产生垂直方向的变化，很容易进行补偿。另外，还可采用热平衡措施和特殊的调节元件来消除或补偿热变形。

　　3. 高的运动精度和低速运动平稳性

　　数控机床的运动精度和定位精度不仅受到机床零部件的加工精度、装配精度、刚度及热变形的影响，而且与运动件的摩擦特性有关。与传统机床不同，数控机床工作台的位移量是以脉冲当量作为它的最小单位，常常以极低的速度运动（如在对刀、工件找正时），这就要求工作台对数控装置发出的指令要做出准确响应，这与运动件之间的摩擦特性有直接关系，如图 3-2 所示为各种导轨的摩擦力和运动速度的关系。一般滑动导轨（见图 3-2a）的静摩擦力和动摩擦力相差较大，如果启动时的驱动力克服不了数值较大的静摩擦力，这时工作台并不能立即运动。这个驱动力只能使有关的传动元件，如电动机轴、齿轮、丝杠及螺母等产生弹性变形，而将能量储存起来。当继续加大驱动力，使之超过静摩擦时，工作台由静止状态变为运动状态，摩擦阻力也变为较小的动摩擦力。弹性变形恢复能量释放，使工作台突然向前窜动，产生"爬行"现象，冲过了给定位置而产生误差。因此，作为数控机床的导轨，必须采取相应措施使静摩擦力尽可能接近动摩擦力。由于滚动导轨和静压导轨的静摩擦力较小（见图 3-2b、c），而且还由于润滑油的作用，使它们的摩擦力随着滚动速度的提高而加大，这就有效地避免了低速

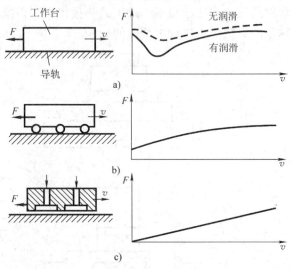

图 3-2 各种导轨的摩擦力和运动速度的关系

爬行现象，从而提高了数控机床的运动平稳性和定位精度，因此目前的数控机床普遍采用滚动导轨和静压导轨。此外，近年来又出现了新型材料导轨——塑料导轨，它具有良好的摩擦特性及良好的耐磨性，有取代滚动导轨的趋势。

进给系统中用滚珠丝杠代替滑动丝杠也是基于同样的道理，目前数控机床几乎无例外地采用了滚珠丝杠传动。

数控机床（尤其是开环控制的数控机床）的加工精度在很大程度上取决于进给传动链的精度。除了减少传动齿轮和滚珠丝杠的加工误差之外，另一个重要措施是采用无间隙传动副，用同步带传动代替齿轮已成为一种趋势。对于滚珠丝杠螺距的累积误差，通常可采用脉冲补偿装置进行螺距误差补偿。

4. 高的机床寿命和精度保持性

为了缩短数控机床投资的回收时间，务必使机床保持很高的开动率（比一般通用机床高 2～3 倍），因此必须提高机床的寿命和精度保持性。在尽可能减少电气和机械故障的同时，要求数控机床在长期使用过程中不丧失精度，必须在设计时就充分考虑数控机床零部件的耐磨性，尤其是机床的导轨、进给丝杠及主轴部件等影响精度的主要零部件的耐磨性。

此外，保证数控机床各部件的良好润滑也是提高寿命的重要条件。

5. 高的效率和好的操作性

在数控机床的单件加工时间中，辅助时间（非切削时间）占有较大的比例，要进一步提高机床生产率就必须最大限度地缩短辅助时间。目前，已有很多数控机床采用多主轴、多刀架、多工作台以及带刀库的自动换刀装置等，以减少换刀时间。对于多工序的自动换刀加工中心机床，除减少换刀时间之外，还大幅度地缩短多次装拆工件的时间。几乎所有的数控机床都具有快速运动的机能，使空行程时间缩短。

数控机床是一种自动化程度很高的加工设备，在改善机床的操作性能方面已经增加了新的含意：在设计时应充分注意提高机床各部分的互锁能力，以防止意外事故的发生；尽可能改善操作者的观察、监控和维护条件，并设有紧急停车装置，避免发生意外事故；此外，在数控机床上必须留出最有利的工件装夹位置，以改善装拆工件的操作条件。

近20多年来，由于微处理器的发展，使数控装置日趋小型化。数控机床发展的趋势是把数控装置安装到机床上，甚至把强电和弱电部分安排在一起。由于切削加工不需要人工操作，故可封闭和半封闭加工。要有明快、干净、协调的人机界面，要尽可能改善操作者的观察，要注意提高机床各部分的互锁能力，并安装紧急停车按钮，要留有最有利于工件装夹的位置。将所有操作都集中在一个操作面板上，并要一目了然，不要有太多的按钮和指示灯。

第二节　常见数控机床的布局

一、数控机床的布局特点

所谓机床的布局是指根据工件的工艺分类所需运动及主要技术参数而确定各部件的相对位置，并保证工件和刀具的相对运动，保证加工精度，方便操作、调整和维修。机床的布局对数控机床十分重要，它直接影响机床的结构和使用性能。根据上述要求，数控机床的布局大都采用机、电、液、气一体化布局，全封闭和半封闭保护；随着电子技术和控制技术发展，现代数控机床机械结构大大简化，制造维修都很方便，易于实现计算机辅助设计、制造和生产管理全面自动化。

二、数控车床的布局结构特点

数控车床的床身结构和导轨有多种形式，主要有水平床身、倾斜床身以及水平床身斜滑板、立式床身等，如图3-3所示。一般中小型数控车床多采用倾斜床身或水平床身斜滑板结构。因为这种布局结构具有机床外形美观，占地面积小，易于排屑和冷却液的排流，便于操作者操作和观察，易于安装上下料机械手，实现全面自动化等特点。倾斜床身的另一个优点是可采用封闭截面整体结构，以提高床身的刚度。床身导轨倾斜角度多为45°、60°和70°，倾斜角度太大会影响导轨的导向性及受力情况。水平床身加工工艺性好，其刀架水平放置，有利于提高刀架的运动精度，但这种结构床身下部空间小，排屑困难。

床身导轨常采用宽支承 V-平导轨，丝杠位于两导轨之间。

数控车床多采用自动回转刀架来夹持各种不同用途的刀具，受空间大小的限制，刀架的工位数量不可能太多，一般都采用4位、6位、8位、10位或12位。

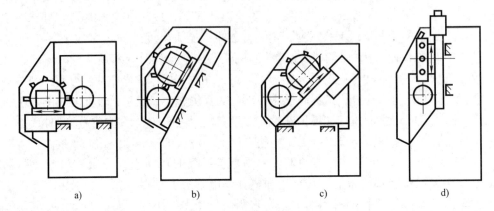

图 3-3　数控车床布局

a）水平床身　b）倾斜床身　c）水平床身斜滑板　d）立式床身

数控车削中心是在数控车床的基础之上发展起来的，具有 C 轴控制（C 轴是绕主轴的回转轴，并与主轴互锁），在数控系统的控制下，实现 C 轴与 Z 轴的插补或与 X 轴的插补。它的回转刀架还可安置动力刀具，使工件在一次装夹下，除完成一般车削外，还可以在工件轴向或径向等部位进行钻、铣等加工。

三、加工中心的布局结构特点

目前已出现了各种类型的加工中心，其布局形式随卧式和立式工作台做进给运动和主轴箱进给运动的不同而不同，但从总体来看，不外乎由基础部件、主轴部件、数控系统、自动换刀系统、自动交换托盘系统和辅助系统构成。

1. 卧式加工中心

卧式加工中心通常采用移动式立柱，工作台不升降，T 形床身。T 形床身可以做成一体，这样刚度和精度保持性能比较好，当然其铸造和加工工艺性差些。分离式 T 形床身的铸造和加工工艺性都大大改善，但联接部位要用定位键和专用的定位销定位，并用大螺栓紧固，以保证刚度和精度。

卧式加工中心的立柱普遍采用双立柱框架结构形式，主轴箱在两立柱之间，沿导轨上下移动。这种结构刚性大，热对称性好，稳定性高。小型卧式加工中心多数采用固定立柱式结构，其床身不大，且都是整体结构。

卧式加工中心各个坐标的运动可由工作台移动或由主轴移动来完成，即某一方向的运动可以由刀具固定，工件移动来完成，或者由工件固定，刀具移动来完成。图 3-4 所示为各坐标运动形式不同组合的几种卧式加工中心布局形式。卧式加工中心一般具有 3 轴联动，3、4 个运动坐标。常见的是 3 个直线坐标 X、Y、Z 联动和一个回转坐标 B 分度，它能够在一次装夹下完成 4 个面的加工，适合加工箱体类零件。

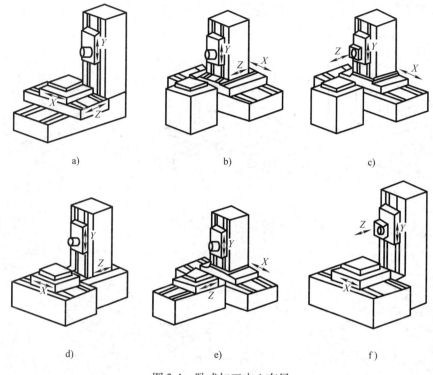

图 3-4　卧式加工中心布局

2. 立式加工中心

与卧式加工中心相比，立式加工中心结构简单，占地面积小，价格也相对便宜。中小型立式加工中心一般都采用固定立柱式，因为主轴箱吊在立柱一侧，通常采用方形截面框架结构、米字形或井字形肋板，以增强抗扭刚度，而且立柱是中空的，以放置主轴箱的平衡重。

立式加工中心通常也有三个直线运动坐标，由溜板和工作台分别实现平面上 X、Y 两个坐标轴的移动。图 3-5 所示为立式加工中心的几种布局结构，主轴箱沿立柱导轨上下移动实现 Z 坐标移动。立式加工中心还可以在工作台上安放一个第四轴 A 轴，可以加工螺旋线类和圆柱凸轮等零件。

3. 五面加工中心与多坐标加工中心

五面加工中心具有立式和卧式加工中心的功能。常见的有两种形式，一种是主轴可做 90°旋转，既可像卧式加工中心那样切削，也可像立式加工中心那样切削，另一种是工作台可带着工件一起做 90°的旋转，如图 3-6a 所示，这样可在工件一次装夹下完成除安装面外的所有 5 个面的加工，这是为适应加工复杂箱体类零件的需要，也是加工中心的一个发展方向。加工中心的另一个发展方向是五坐标、六坐标甚至更多坐标的加工中心，除 XYZ 三个直线外，还包括 ABC 三个旋转坐标。图 3-6b 所示为一卧式五坐标加工中心，其 5 个坐标可以联动，进行复杂零件的加工。

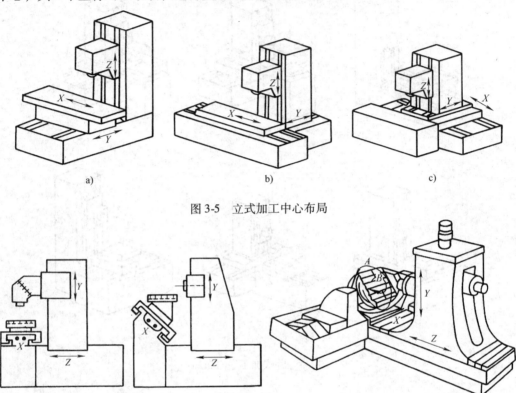

图 3-5　立式加工中心布局

图 3-6　五面加工中心和五坐标加工中心

a）五面加工中心　b）五坐标加工中心

第三节　数控机床的主传动系统及主轴组件

数控机床的工艺范围宽，因此其主传动要求较大的调速范围和较高的最高转速，以便在各种切削条件下获得最佳切削速度，从而满足加工精度和生产率的要求。现代数控机床的主运动广泛采用无级变速传动，用交流调速电动机或直流调速电动机驱动，能方便地实现无级变速，且传动链短，传动件少，提高了变速的可靠性，但其制造精度则要求很高。数控机床的主轴组件具有较大的刚度和较高的精度，多数数控机床具有自动换刀功能，因此主轴具有特殊的刀具安装和夹紧结构。另外，针对不同的机床类型和加工工艺特点，数控机床对其主传动功能还提出了一些特定要求，主要有：

（1）调速功能　为了适应不同工件材料及刀具等各种切削工艺要求，主轴必须具有一定的调速范围，以保证加工时选用合理的切削用量，从而获得最佳切削效率、加工精度和表面质量。调速范围的指标主要由各种加工工艺对主轴最低速度与最高速度的要求来确定。目前，一般标准型数控机床均在 1:100 以上。

（2）功率要求 要求主轴具有足够的驱动功率或输出转矩，能在整个速度范围内提供切削所需的功率和转矩，特别是满足机床强力切削时的要求。

（3）精度要求 主要指主轴的回转精度。要求具有足够的刚度和抗振性，具有较好的热稳定性，保证主轴的轴向和径向尺寸随温度变化小。

（4）动态响应性能 要求升降速时间短，调速时运转平稳。有的机床需要实现正反转切削，则要求换向时可进行自动加减速控制。

一、数控机床主传动形式

根据数控机床的类型与大小，其主传动主要有以下五种形式。

1. 带有二级齿轮变速的主传动

如图 3-7a 所示，主轴电动机经过二级齿轮变速，使主轴获得低速和高速两种转速系列，这是大中型数控机床采用较多的一种配置方式。这种分段无级变速，确保低速时的大转矩，满足机床对转矩特性的要求。齿轮变速自动换挡主要采用电—液控制拨叉和电磁离合器两种方式。电—液控制拨叉是用电信号控制电磁换向阀，操纵液压缸带动拨叉推动滑移齿轮来实现变速。在换挡时，主轴以低速旋转，将数控装置送来的电信号转换成电磁阀的机械运动，通过液压缸、活塞杆带动拨叉推动滑移齿轮移动使离合器啮合来实现变速。电—液控制拨叉是一种有效的变速方式，工作平稳、易实现自动化，目前的加工中心大都采用这种变速方式。

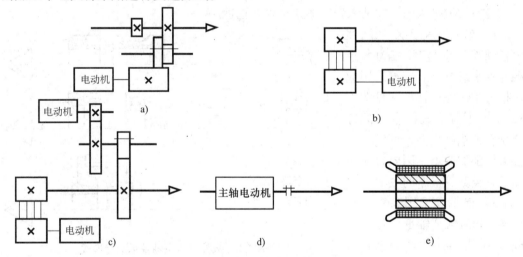

图 3-7 主传动的五种形式

2. 通过带传动的主传动

如图 3-7b 所示，主要应用在转速较高、变速范围不大的机床。电动机本身的调速就能够满足要求，不用齿轮变速，可以避免齿轮传动引起的振动与噪声，适用于高速、低转矩特性要求的主轴。在数控机床上必须使用同步带，以保证主轴的伺服功能。同步带兼有带传动、齿轮传动和链传动的优点，与一般的带传动相比，它不会打滑，且不需要很大的张紧力，减少或消除了轴的静态径向力；传动效率高达98% ~ 99.5%，平均传动比准确，传动精度较高，有良好的减振性能，无噪声，无需润滑，传动平稳；带的强度高、厚度小、质量小，可用于线速度60~80m/s的高速加工。但是在高速加工时，由于带轮必须设置轮缘，因此在设计时要考虑轮齿槽的排气，避免产生"啸叫"。

3. 用两个电动机分别驱动主轴

如图3-7c所示，这是上述两种方式的混合传动，具有上述两种性能。高速时电动机通过带轮直接驱动主轴旋转；低速时，另一个电动机通过两级齿轮传动驱动主轴旋转，齿轮起到降速和扩大变速范围的作用，这样就使恒功率区增大，扩大了变速范围，克服了低速时转矩不够且电动机功率不能充分利用的缺陷。

4. 由主轴电动机直接驱动的主传动

如图3-7d所示，电动机轴与主轴用联轴器同轴连接。用伺服电动机的无级调速直接驱动主轴旋转，这种方式大大简化了主轴箱体和主轴结构，有效地提高了主轴组件的刚性。但主轴输出转矩小，电动机的发热对主轴精度影响较大。

5. 电主轴传动

近年来出现一种内装主轴电动机，其转子和主轴合二为一，如图3-7e所示。其优点是主轴部件结构更紧凑，质量小，惯性小，可提高起动、停止的响应特性，缺点是主轴输出转矩小及热变形问题。

二、数控机床主轴轴承一般配置形式

目前数控机床的主轴轴承配置形式主要有三种。

1）前支承采用双列圆柱滚子轴承和60°双列推力角接触球轴承组合，后支承采用成对推力角接触球轴承（见图3-8a）。此配置形式使主轴的综合刚度大幅度提高，可以满足强力切削的要求，因此普遍应用于各类数控机床的主轴。

2）前轴承采用高精度双列推力角接触球轴承（见图3-8b）。推力角接触球轴承具有良好的高速性能，主轴最高转

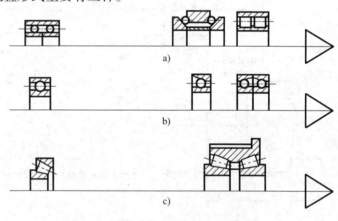

图3-8 数控机床主轴轴承配置形式

速可达10000r/min，但是它的承载能力小，因而适用于高速、轻载和精密的数控机床主轴。

3）双列和单列圆锥滚子轴承（见图3-8c）。这组轴承径向和轴向刚度高，能承受重载荷，尤其能承受较强的动载荷，安装与调整性能好。但是这组轴承配置方式限制了主轴的最高转速和可以达到的精度，因此适用于中等精度、低速与重载的数控机床主轴。

数控机床为了获得尽可能高的生产效率，主轴的高速化正在成为主要的发展趋势，

而滚动轴承的高速化又是这一发展的关键。近年来出现了以氮化硅（Si_3N_4）陶瓷材料作为滚动体的高速轴承，而且已被普遍采用。由于陶瓷材料的质量密度只有钢的 40%，因而使限制滚动轴承转速提高的关键因素——高速旋转时滚动体产生的离心力大幅度下降，它对于减小轴承的温升和磨损有明显效果。另外，陶瓷材料滚动体和钢质内外环滚道的分子亲和力极小，不容易产生微粘连现象；还由于陶瓷材料热胀系数较小，有助于减小在不同温度下预加载荷的变化。这些都将明显地提高轴承的精度和精度保持性。

在保持滚动轴承外形尺寸不变的条件下，减小滚动体的直径，同时增加滚动体的数量也是降低高速旋转时滚动体离心力的一个重要措施。它同样能达到降低温升、增加耐磨性和提高轴承 dn 值的目的。

在主轴结构上要处理好卡盘或刀具的装夹、主轴卸荷、主轴轴承的定位和间隙调整、主轴部件的润滑和密封及工艺上的一系列问题。为了尽可能减少主轴部件温升引起的热变形对机床工作精度的影响，通常利用润滑油的循环系统把主轴部件的热量带走，使主轴部件与箱体保持恒定的温度。在某些数控镗铣床上采用专用的制冷装置，较理想地实现了温度控制。近年来，一些数控机床的主轴轴承采用高级油脂，用封入方式进行润滑，每加一次油脂可以使用 7~10 年，为了使润滑油和油脂不致混合，通常采用迷宫式密封方式。

对于数控机床主轴，因为在它的两端安装着结构笨重的动力卡盘和夹紧液压缸，主轴刚度必须进一步提高，并应设计合理的联接端以改善动力卡盘与主轴端部的联接刚度。

数控机床主轴端部的结构对工件或刀具的定位、安装、拆卸以及夹紧的准确、牢固、方便和可靠有很大影响。常见的几种用于不同类型数控机床主轴的端部结构如图 3-9 所示，目前这些结构都已标准化，具体可参阅国家标准 GB/T 5900.1—2008。

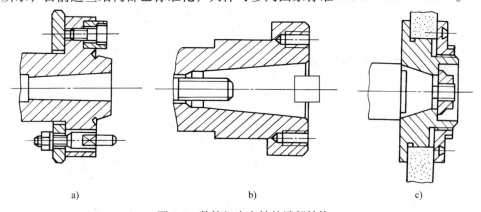

a)　　　　　　　　　　b)　　　　　　　　　　c)

图 3-9　数控机床主轴的端部结构

三、刀具自动装卸及切屑清除装置

在带有刀具库的数控机床中，除要求主轴部件具有较高的精度和刚度外，还带有刀具自动装卸装置和主轴孔内的切屑清除装置。如图 3-10 所示，主轴前端有 7:24 的锥孔，用于装夹锥柄刀具。端面键 13 用于刀具定位和传递转矩。为了实现刀具的自动装卸，主轴内设有刀具自动夹紧装置，从图中可以看出，该机床是由拉紧机构拉紧锥柄刀夹尾端的轴颈来实现刀夹的定位及夹紧的。夹紧刀夹时，液压缸上腔接通回油，弹簧11推活塞6上移，处于图示位置，拉杆4在碟形弹簧5的作用下向上移动。由于此时装在拉杆前端径向孔中的四个钢球12进入主轴孔中直径较小的d_2处（图3-10b），被迫径向收拢而卡进拉钉2的环形凹槽内，因而刀杆被拉杆拉紧，依靠摩擦力紧固在主轴上。换刀前需将刀夹松开时，压力油进入液压缸上腔，活塞6推动拉杆4向下移动，碟形弹簧被压缩；当钢球12随拉杆一起下移至进入主轴孔中直径较大的d_1处时，它就不再能约束拉钉的头部，紧接着拉杆前端内孔的台肩端面碰到拉钉，把刀夹顶松。此时行程开关10发出信号，换刀机械手随即将刀夹取下。与此同时，压缩空气由管接头9经活塞和拉杆的中心通孔吹入主轴装刀孔内，把切屑或脏物清除干净，以保证刀具的装夹精度。机械手把新刀装上主轴后，液压缸7接通回油，碟形弹簧又拉紧刀夹。刀夹拉紧后，行程开关8发出信号。

自动清除主轴孔中的切屑和灰尘是换刀操作中的一个不容忽视的问题，如果在主轴锥孔中掉进了切屑或其他污物，在拉紧刀杆时，主轴锥孔表面和刀杆的锥柄就会被划伤，甚至使刀杆发生偏斜，破坏刀具的正确定位，影响加工零件的精度。为了保证主轴锥孔的清洁，在刀柄被松开时，用压缩空气自动吹向主轴锥孔表面。图3-10a中活塞6的心部钻有压缩空气通道，当活塞向下移动时，压缩空气经拉杆4吹出，将锥孔清理干净。喷气小孔设计有合理的喷射角度，并均匀分布，以提高吹屑效果。

四、主轴准停装置

自动换刀时，刀柄上的键槽要对准主轴的端面键。为此，主轴每次停转必须准确地停在某一固定位置上。此外，在通过前壁小孔镗同轴大孔时，要求主轴实现准停，使刀尖停在一个固定的方位上（X轴或Y轴方向），这种使主轴准确地停止在某一位置上的装置称主轴准停装置。

1. 机械控制的主轴准停装置

采用机械控制的主轴准停装置定向比较可靠、精确，但结构复杂。如图3-11所示，准停装置设在主轴尾端，当主轴需要停车换刀时，发出降速信号，主轴箱自动改变传动路线，使主轴转速换到低速运转。在时间继电器延时数秒钟后，开始接通无触点开关4。当凸轮2上的感应片对准无触点开关时，发出准停信号，立即切断主电动机电源，脱开与主轴的传动联系，以排除传动系统中大部分旋转零件的惯性对主轴准停的影响，使主轴作低速空转。再经过时间继电器的短暂延时，接通压力油，使定位活塞6带动定位滚子5向上运动，并压紧在凸轮1的外表面上。当主轴带动凸轮1慢速转至其上的V形槽对准定位滚子5时，滚子进入槽内，使主轴准确停止。同时限位开关7发出信号，表示已完成准停。如果在规定的时间内限位开关7未发出完成准停信号，即表示定位滚子5没有进入V形槽，这时时间继电器发出重新定位信号，并重复上述动作，直到完成准确停止。然后，定位活塞6退回到释放位置，行程开关8发出相应的信号，使主轴沿该方向偏移一定尺寸后，刀尖才能通过前壁小孔进入箱体对大孔进行镗削。

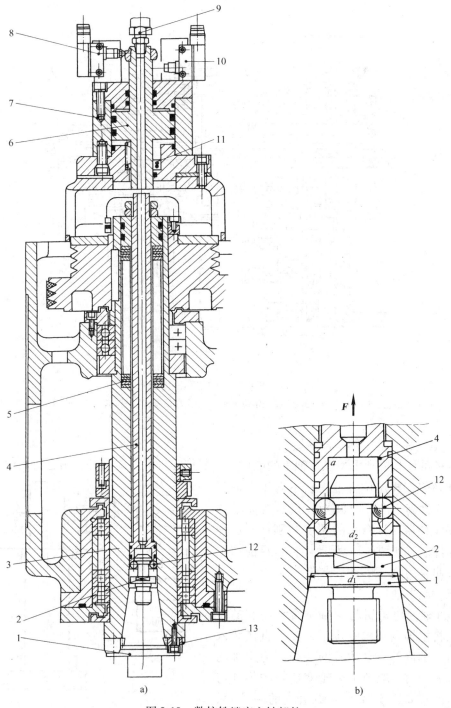

a) b)

图 3-10 数控铣镗床主轴部件

1—刀夹 2—拉钉 3—主轴 4—拉杆 5—碟形弹簧 6—活塞 7—液压缸
8、10—行程开关 9—压缩空气管接头 11—弹簧 12—钢球 13—端面键

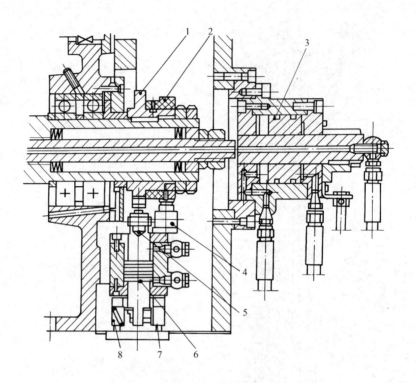

图 3-11　机械控制的主轴准停装置

1、2—凸轮　3—活塞　4—开关　5—定位滚子　6—定位活塞　7—限位开关　8—行程开关

2. 电气控制的主轴准停装置

这种准停装置利用装在主轴上的磁性传感器作为位置反馈部件，由它输出信号，使主轴准确停在规定位置上，它不需要机械部件，可靠性高，准停时间短，只需要简单的强电顺序控制，且有高的精度和刚性。这种主轴准停装置如图 3-12 所示。它是目前加工中心普遍采用的电控准停装置。

五、电主轴

电主轴是电动机与主轴融合在一起的产物，它将主轴电动机的定子、转子直接装入主轴组件的内部，电动机的转子即为主轴的旋转部分，由于取消了齿轮变速箱的传动与电动机的连接，实现了主轴系统的一体化、"零传动"。因此，其具有结构紧凑、机械效率高、可获得极高的回转速度，回转精度高、

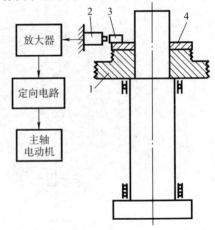

图 3-12　电气控制的主轴准停装置

1—塔轮　2—磁传感器　3—永磁块　4—垫片

噪声低、振动小等优点，在现代数控机床中获得了愈来愈广泛的应用，国际上高性能、高速、高精度数控机床普遍采用电主轴单元。在多工件复合加工机床、多轴联动多面体加工机床、并联机床和柔性加工单元中，电主轴更有机械主轴不可替代的优越性。在国外，电主轴已成为一种机电一体化的高科技产品，由一些技术水平很高的专业工厂生产，如瑞士的 FISCHER 公司、德国的 GMN 公司、美国的 PRECISE 公司、意大利的 GAMFIOR 公司、日本的 NSK 公司等。图 3-13 所示为电主轴外形图。

图 3-13　电主轴外形图

1. 电主轴的结构

如图 3-14 所示，电主轴由无外壳电动机、主轴、轴承、主轴单元壳体、驱动模块和冷却装置等组成。电动机的转子采用压配方法与主轴做成一体，主轴则由前后轴承支承。电动机的定子通过冷却套安装于主轴单元的壳体中。主轴的变速由主轴驱动模块控制，而主轴单元内的温升由冷却装置限制。在主轴的后端装有测速、测角位移传感器，前端的内锥孔和端面用于安装刀具。图 3-15 所示是某数控镗铣床电主轴的内部结构。

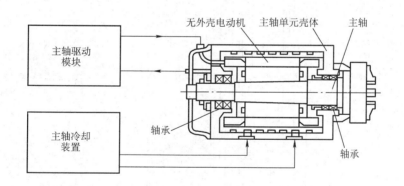

图 3-14　电主轴的组成

2. 电主轴的轴承

轴承是决定主轴寿命和承载能力的关键部件。目前电主轴采用的轴承主要有陶瓷球轴承、流体静压轴承和磁悬浮轴承。

陶瓷球轴承是应用广泛且经济的轴承，它的陶瓷滚珠质量轻、硬度高，可大幅度减小轴承离心力和内部载荷，减少磨损，从而提高轴承寿命。德国 GMN 公司和瑞士 STEP-TEC 公司用于加工中心和铣床的电主轴全部采用了陶瓷球轴承。

流体静压轴承为非直接接触式轴承，具有磨损小、寿命长、回转精度高、振动小等优点，用于电主轴上，可延长刀具寿命、提高加工质量和加工效率。美国 Ingersoll 公司在其生产的电主轴单元中主要采用其拥有专利技术的流体静压轴承。

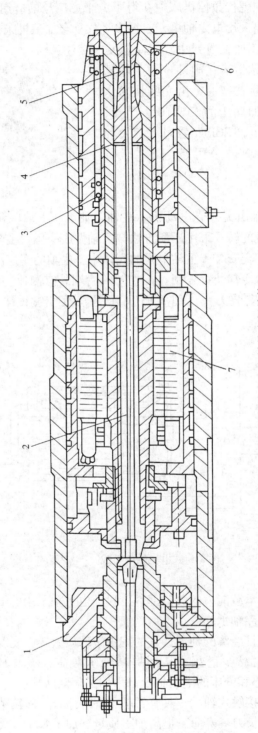

图 3-15　数控镗铣床电主轴的内部结构

1—液压缸　2—拉杆　3—主轴轴承　4—碟形弹簧　5—夹头　6—主轴　7—内置电动机

磁悬浮轴承依靠多对在圆周上互为180°的磁极产生径向吸力（或斥力）而将主轴悬浮在空气中，使轴颈与轴承不接触，径向间隙为1mm左右。当承受载荷后，主轴空间位置会产生微小变化，控制装置根据位置传感器检测到的主轴位置变化值改变相应磁极的吸力（或斥力）值，使主轴迅速恢复到原来位置，从而保证主轴始终绕其惯性轴作高速回转，因此它的高速性能好、精度高，但由于价格昂贵，至今没有得到广泛应用。

3. 电主轴的冷却

由于电主轴将电动机集成于主轴单元中，且其转速很高，运转时会产生大量热量，引起电主轴温升，使电主轴的热态特性和动态特性变差，从而影响电主轴的正常工作。因此必须采取一定措施控制电主轴的温度，使其恒定在一定值内。目前，一般采取强制循环油冷却的方式对电主轴的定子及主轴轴承进行冷却，即将经过油冷却装置的冷却油强制性地在主轴定子外和主轴轴承外循环，带走主轴高速旋转产生的热量。另外，为了减少主轴轴承的发热，还必须对主轴轴承进行合理的润滑。如对于陶瓷球轴承，可采用油雾润滑或油气润滑方式。

4. 电主轴的驱动

当前，电主轴的电动机均采用交流异步感应电动机，由于是用在高速加工机床上，起动时要从静止迅速升速至每分钟数万转乃至数十万转，起动转矩大，因而起动电流要超出普通电动机额定电流5～7倍，其驱动方式有变频器驱动和矢量控制驱动器驱动两种。变频器的驱动控制特性为恒转矩驱动，输出功率与转矩成正比。最新的变频器采用先进的晶体管技术（如ABB公司生产的SAMIGS系列变频器），可实现主轴的无级变速。矢量控制驱动器的驱动控制为：在低速端为恒转矩驱动，在中、高速端为恒功率驱动。

5. 电主轴的基本参数

电主轴的基本参数包括：套筒直径、最高转速、输出功率、转矩和刀具接口等，其中套筒直径为电主轴的主要参数。目前，国内外专业的电主轴制造厂已可供应几百种规格的电主轴。其套筒直径从32～320mm、转速从10000～150000r/min、功率从0.5～80kW、转矩从0.1～300N·m。国外高速主轴单元的发展较快，中等规格的加工中心的主轴转速已普遍达到10000r/min，甚至更高。美国福特汽车公司推出的HVM800卧式加工中心主轴单元采用液体动静压轴承，最高转速为150000r/mm；德国GMN公司的磁浮轴承主轴单元的转速最高达100000r/min以上，瑞士Mikron公司采用的电主轴具有先进的矢量式闭环控制、动平衡较好的主轴结构、油雾润滑的混合陶瓷轴承，可以随室温调整的温度控制系统，以确保主轴在全部工作时间内温度恒定。现在国内10000～150000r/min的立式加工中心和180000r/min的卧式加工中心已开发成功并投放市场，生产的高速数字化仿形铣床最高转速达到了40000r/min。

有关电主轴设计、制造和验收的基本要求可参阅机械行业标准JB/T 10801—2007的内容。

第四节　进给系统的机械传动机构

一、组成、特点和要求

数控机床的进给传动系统通常称为伺服进给系统，由伺服电路、伺服驱动元件、机械传动装置和执行件组成。伺服电路是将数控系统发出的指令脉冲经控制和功率放大后传给驱动元件。伺服进给系统的运动转换机构一般采用滚珠丝杠螺母副。闭环或半闭环系统中还要有位移检测装置（见图 3-16）。

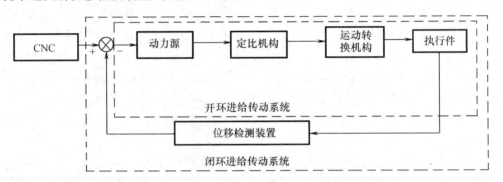

图 3-16　数控机床进给传动框图

数控机床是将高效率、高精度和高柔性集中于一体的机床。为此，对伺服进给系统也提出了很高的要求。

1. 传动精度高

伺服进给系统的传动精度高。因此，除要求各环节的自身精度较高外，还要求传动装置具有无间隙、低摩擦、小惯量、高刚度以及适宜的阻尼比等特点。

2. 响应速度快

伺服进给系统应具有良好的快速响应特性，执行件跟踪指令信号的响应速度要快，过程时间要短，一般在 200ms 以内，要求较高时则在几十 μs 以内。

3. 调速范围宽

为使数控机床能适应各种类型的刀具、不同材质的工件以及不同的工艺要求，并尽可能保证在复杂多变情况下能具有最佳切削条件，要求伺服系统具有足够宽的调速范围。例如，以 1μm 的脉冲当量输出时，要求系统在 0～24m/min 范围内连续可调，并能满足以下的分段要求：

1）在 1～24000mm/min 范围内，速度均匀、稳定，低速时无爬行。

2）在 1mm/min 以下的低速状态时仍具有一定的响应能力。

3）零速度时，电动机处于伺服锁定状态，工作台停止运动并保持定位精度。零速度起动时具有最大转矩输出。

如图 3-17 所示，驱动元件 1 根据数控系统的指令驱动进给系统运动。定比机构 2 由一对（或二对）啮合齿轮或同步带传动组成，若选用合适的驱动元件，则可以由驱动元件直接驱动运动转换机构实现进给。运动转换机构 4（滚珠丝杠螺母副）将旋转运动转变为直线运动输出。执行件 3（工作台）与滚珠丝杠螺母副中的移动件固定联接。

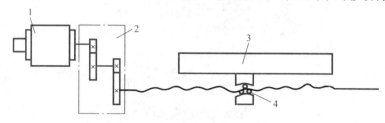

图 3-17 数控机床进给传动系统

1—驱动元件 2—定比机构 3—执行件 4—转换机构

进给运动是数字控制的直接对象，不论是点位控制还是轮廓控制，工件的最后坐标精度和轮廓精度都受进给运动的传动精度、灵敏度和稳定性的影响。为此，数控机床的进给系统一般具有以下特点。

（1）摩擦阻力小 为了提高数控机床进给系统的快速响应性能和运动精度，必须减小运动件间的摩擦阻力和动、静摩擦力之差。为满足上述要求，在数控机床进给系统中，普遍采用滚珠丝杠螺母副、静压丝杠螺母副、滚动导轨、静压导轨和塑料导轨。与此同时，各运动部件还应考虑有适当的阻尼，以保证系统的稳定性。

（2）传动精度和刚度高 进给传动系统的传动精度和刚度，从机械结构方面考虑主要取决于传动间隙和丝杠螺母副、蜗轮蜗杆副及其支承结构的精度和刚度。传动间隙主要来自传动齿轮副、蜗轮副、丝杠螺母副及其支承部件之间，因此进给传动系统广泛采取施加预紧力或其他消除间隙的措施。缩短传动链和在传动链中设置减速齿轮，也可提高传动精度。加大丝杠直径，以及对丝杠螺母副、支承部件、丝杠本身施加预紧力是提高传动刚度的有效措施。

（3）运动部件惯量小 运动部件的惯量对伺服机构的起动和制动特性都有影响，尤其是处于高速运转的零部件。因此，在满足部件强度和刚度的前提下，尽可能减小运动部件的质量、减小旋转零件的直径和质量，以降低其惯量。

二、滚珠丝杠螺母副

滚珠丝杠螺母副是使直线运动与旋转运动能相互转换的新型传动装置。

1. 工作原理与特点

滚珠丝杠螺母副的结构原理示意如图 3-18 所示，在丝杠和螺母上都有半圆弧的螺旋槽，当将它们套装在一起时，便构成了滚珠的螺旋滚道。螺母上有滚珠回路管道和滚珠循环进出口，将几圈螺旋滚道的两端连接起来构成封闭的循环滚道，并在滚道内装满滚珠。当丝杠旋转时，滚珠在滚道内既自转又沿滚道循环转动，因而迫使螺母（或丝杠）轴向移动。

图 3-18 滚珠丝杠螺母副的结构

由于滚珠丝杠螺母副中是滚动摩擦，它具有以下特点：

（1）传动效率高、摩擦损失小 滚珠丝杠螺母副的传动效率为 0.95 左右，而普通丝杠螺母副的传动效率一般仅为 0.2 ~ 0.4。故滚珠丝杠螺母副的传动效率比常规丝杠螺母副提高了 3 ~ 4 倍，功率消耗只相当于常规丝杠螺母副的 1/4 ~ 1/3。

（2）无轴向间隙传动 滚珠丝杠螺母副必须具有可靠的消除轴向间隙的机构，并易于调整、安装。轴向间隙是指静止时丝杠与螺母之间的最大轴向窜动量，这个窜动量包括结构本身的游隙以及轴向加载后弹性变形造成的窜动。预加载荷可有效地减少弹性变形所带来的轴向位移，但预紧力不可过大，过大会增加摩擦力，降低传动效率，且缩短寿命，所以预紧力需要反复调整。

（3）运动平稳、无爬行现象、传动精度高 滚珠丝杠螺母副是滚动摩擦，摩擦阻力小，且其大小几乎与运动速度无关，这样就可以保证运动的平稳性而不易出现爬行现象，传动精度高。

（4）有可逆性 由于滚珠丝杠螺母副摩擦损失小，可以从旋转运动转换为直线运动，也可以从直线运动转换为旋转运动，即丝杠和螺母都可作为主动件或从动件。

（5）磨损小、使用寿命长 因为滚动摩擦的摩擦系数小，磨损亦小，故寿命长。

（6）制造工艺复杂 滚珠丝杠和螺母等元件的加工精度要求高，表面粗糙度值要求小，丝杠和螺母上的螺旋槽滚道，一般都要求磨削成形，故制造成本高。

（7）不能自锁 特别是垂直安装的丝杠，由于自身质量的惯性力作用，下降时当传动切断后，不能立即停止运动，故常需要附加制动装置。

2. 滚珠丝杠螺母副的循环方式

常用的循环方式有两种：滚珠在循环过程中有时与丝杠脱离的称为外循环；始终与丝杠保持接触的称为内循环。

（1）外循环 外循环的回珠器有螺旋槽式和插管式两种。图 3-19 所示为常用的外循环方式，这种结构是在螺母体上轴向相隔数个螺距处钻两个孔与螺旋槽相切，作为滚珠的进口与出口。再在螺母外表面上铣出回珠槽并沟通两孔。另外在螺母内进出口处各装一挡珠器，并在螺母外表面装一套筒，这样便构成封闭的循环滚道。外循环结构制造工艺简单，使用较广泛。其缺点是滚道接缝处很难做得平滑，影响滚珠滚动的平稳性，甚至发生卡珠现象，噪声也较大。

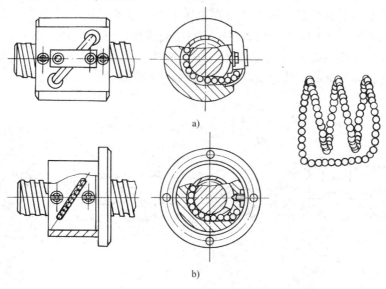

a)

b)

图 3-19　外循环滚珠丝杠

a）插管式　b）螺旋槽式

（2）内循环　如图 3-20 所示。内循环均采用反向器实现滚珠循环，在螺母上装有圆柱凸键式反向器，反向器上铣有 S 形回珠槽，将相邻两螺纹滚道联接起来，滚珠从螺纹滚道进入反向器，借助反向器迫使滚珠越过丝杠牙顶进入相邻滚道，实现循环。一般一个螺母上装有 2～4 个反向器，反向器沿螺母圆周等分分布。

与外循环反向器相比，内循环反向器结构紧凑，刚性好，且不易磨损，返回滚道短，不易发生滚珠堵塞，摩擦损失也小。但反向器结构复杂、制造困难，且不能用于多头螺纹传动。

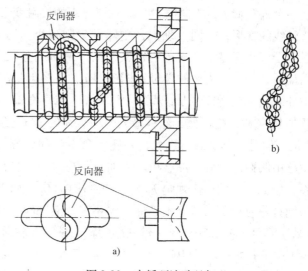

图 3-20　内循环滚珠丝杠

3. 滚珠丝杠螺母副的轴向间隙消除和预加载荷

由于滚珠丝杠螺母副具有很多优点，又能在预加载荷后提高刚度并消除轴向间隙，故在数控机床的伺服进给传动中得以优先选用。滚珠丝杠螺母副的轴向间隙是受负载时，滚珠与滚道型面接触的弹性变形所引起的螺母位移量和螺母原有的间隙的总和。

消除间隙和预加载荷有多种方法。在机床上常用双螺母法，如图 3-21 所示，图 3-21a 把左、右螺母往两头撑开，图 3-21b 是向中间挤紧。这时接触角为 45°，左右螺母接触方向相反，预加载荷力为 F_0。左、右螺母装在一个共同的螺母座内，使螺母作为一个整体与丝杠处于无间隙或过盈状态，以提高接触刚度。

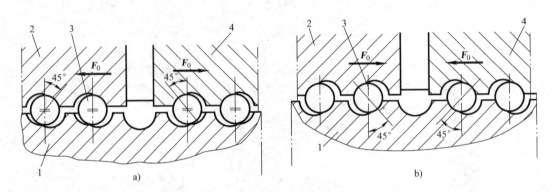

图 3-21　滚珠丝杠副的消除间隙和预加载荷
1—丝杠　2—左螺母　3—钢球　4—右螺母

滚珠丝杠的预紧力根据下述原则确定。设在图 3-21a 所示的预紧后的滚珠螺母体上受一个外载荷 F，方向向右，则右螺母 4 的接触变形（指螺母滚道—钢珠—丝杠滚道沿接触线的变形，下同）加大，左螺母 2 则减小。当 F 大到某种程度，可使左螺母的接触变形减小至零。如 F 值再加大，则左螺母与丝杠间将出现间隙，影响定位精度。可以证明，使不受力侧的螺母（图 3-21a 为左螺母，图 3-21b 为右螺母）接触变形降至零的外载荷 F 约等于预加载荷 F_0 的 3 倍（准确值 2.83 倍），$F \approx 3F_0$。因此，滚珠丝杠的预加载荷 F_0，应不低于丝杠最大轴向载荷的 1/3。预紧后的刚度，可提高到无预紧时的 2 倍。但是，预加载荷过大，将使寿命下降和摩擦力矩加大。通常，滚珠丝杠出厂时，就已由制造厂调好预加载荷。预加载荷往往与丝杠副的额定动载荷 C_0 有一定的比例关系。例如，有的工厂规定 $F_0 = (1/9 \sim 1/10)C_0$。如果这个 F_0 值大于最大轴向载荷的 1/3，则订货时对预加载荷不必提特殊要求。滚珠丝杠副的轴向静刚度及其计算可参阅标准 GB/T 17587.4—2008，滚珠丝杠副的轴向额定静载荷和动载荷及使用寿命计算可参阅标准 GB/T 17587.5—2008。

常见的消除间隙和预加载荷的方法有以下三种结构形式：

（1）垫片消隙式　图 3-22 所示采用垫片消隙和预加载荷的结构原理。通常用螺钉联接滚珠丝杠两个螺母的凸缘，在凸缘间加垫片。调整垫片的厚度使螺母产生轴向位移，以达到消除和产生预紧力的目的。这种结构的特点是结构简单，可靠性好，刚度高，拆装方便。但调整费时，并且在工作中不能随意调整，除非更换不同厚度的垫片。此方法适用于一般精度的结构中。

（2）螺纹消隙式　螺纹消隙和预加载荷的结构原理如图 3-23 所示。一个螺母的外端有凸缘，另一个螺母的外端没有凸缘而制有螺纹，且伸出在套筒外，并用两个圆螺母和平键与外套相连。旋转圆螺母时能使螺母相对丝杠作轴向移动，从而消除间隙，并产生预紧拉力，调整好后再用锁紧螺母把它锁紧。这种结构既紧凑，工作又可靠，调整也方便，故应用较多。但调整位移量不易精确控制。因此，预紧力也不能准确控制。

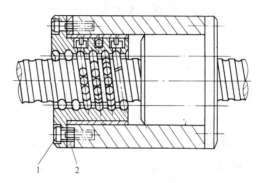

图 3-22　垫片消隙和预加载荷的滚珠丝杠螺母副
1—螺钉　2—调整垫片

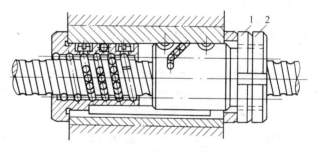

图 3-23　螺纹消隙和预加载荷的滚珠丝杠螺母副
1—圆螺母　2—锁紧螺母

（3）齿差消隙式　图 3-24 所示是齿差消隙和预加载荷结构原理。在两个螺母的凸缘上各制有齿数分别为 z_1、z_2 的圆柱齿轮，而齿数差为 1，即 $z_2 - z_1 = 1$，两个圆柱外齿轮分别与两端相应的内齿轮相啮合。内齿轮用螺钉和定位销固定在套筒上。预紧时脱开内齿轮，根据间隙的大小，使两个螺母沿相同方向转过一个齿或几个齿，这样就使这两个螺母彼此在轴向接近或远离一个相应的距离（因为两边的齿数差为 1，所以实际转过的角度不同）。然后再合上内齿轮。当两个螺母相对于套筒同方向转动时，一个螺母

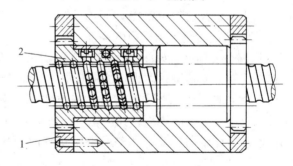

图 3-24　齿差消隙和预加载荷的滚珠丝杠螺母副
1—内齿轮　2—外齿轮

对另一个螺母产生相对角位移，使两螺母的轴向相对位置发生变化，从而实现间隙的消

除和施加预紧力。间隙消除量 Δ 可用下式计算。

$$\Delta = n\left(\frac{1}{z_1} - \frac{1}{z_2}\right)p_h$$

式中，n 是两个螺母在同一方向转过的齿数；p_h 是滚珠丝杠的导程；z_1、z_2 是齿轮的齿数。

4. 滚珠丝杠螺母副标识符号（GB/T 17587.1—1998）

滚珠丝杠副　GB/T ××××—×××××××××××—×　××　×

名称
国家标准号
公称直径,d_0（单位:mm）
公称导程,p_h（单位:mm）
螺纹长度,l_1（单位:mm）
类型(P 或 T)
标准公差等级
右旋或左旋螺纹(R 或 L)

公称直径有 6mm、8mm、10mm、12mm、16mm…，公称导程有 1mm、2mm、2.5mm、3mm…，具体可参阅标准 GB/T 17587.2—1998。

三、传动齿轮间隙消除机构

数控机床进给系统中的减速齿轮除了本身要求很高的运动精度和工作平稳性以外，还需尽可能消除传动齿轮副间的传动间隙。否则，齿侧间隙会造成进给系统每次反向运动滞后于指令信号，丢失指令脉冲并产生反向死区，对加工精度影响很大。因此必须采用各种方法减小或消除齿轮传动间隙。

1. 直齿圆柱齿轮传动间隙的调整

（1）偏心套调整　如图 3-25 所示，电动机 1 通过偏心套 2 装到壳体上，通过转动偏心套就能够方便地调整两齿轮的中心距，从而消除齿侧间隙。

（2）垫片调整　如图 3-26 所示，在加工相互啮合的两个齿轮 1、2 时，将分度圆柱面制成带有小锥度的圆锥面，使齿轮齿厚在轴向稍有变化，装配时只需改变垫片 3 的厚度，使齿轮 2 作轴向移动，调整两齿轮在轴向的相对位置即可达到消除齿侧间隙的目的。

上述两种方法的特点是结构比较简单，传动刚度好，能传递较大的动力，但齿轮磨损后齿侧间隙不能自动补偿，因此加工时对齿轮的齿厚及齿距公差要求较严，否则传动的灵活性将受到影响。

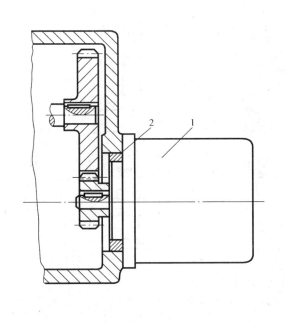

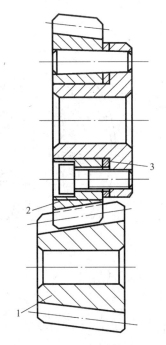

图 3-25　偏心套消除间隙
1—电动机　2—偏心套

图 3-26　垫片调整消除间隙
1、2—齿轮　3—垫片

（3）双齿轮错齿调整　如图 3-27 所示，两个齿数相同的薄片齿轮 1、2 与另外一个宽齿轮啮合。薄片齿轮 1、2 套装在一起，并可作相对回转运动。每个薄片齿轮上分别开有周向圆弧槽，并在薄片齿轮 1、2 的槽内装有凸耳 4，由于弹簧 3 的作用使薄片齿轮 1、2 错位，分别与宽齿轮的齿槽左右侧贴紧，消除齿侧间隙。无论正向或反向旋转，因都分别只有一个齿轮承受转矩，因此承载能力受到限制，设计时须计算弹簧 3 的拉力，使它能克服最大转矩。

这种调整法结构较复杂，传动刚度低，不宜传递大转矩，对齿轮的齿厚和齿距要求较低，可始终保持啮合无间隙，尤其适用于检测装置。

2. 斜齿圆柱齿轮传动间隙的消除

（1）垫片调整　如图 3-28 所示，宽齿轮 4 同时与两个相同齿数的薄片齿轮 1 和 2 啮合，薄片齿轮经平键与轴联接，相互间无相对回转。薄片齿轮 1 和 2 间加厚度为 t' 的垫片，用螺母拧紧，使两薄片齿轮 1 和 2 的螺旋线产生错位，前后两齿面分别与宽齿轮 4 的齿面贴紧消除间隙。

（2）轴向压簧调整　如图 3-29 所示，薄片齿轮 1 和 2 用键滑套在轴上，相互间无相对转动。薄片齿轮 1 和 2 同时与宽齿轮 5 啮合，螺母 3 调节弹簧 4 使薄片齿轮 1 和 2 的齿侧分别贴紧宽齿轮 5 的齿槽左右两侧，消除间隙。弹簧压力的调整大小应适当，压力过小则起不到消隙的作用，压力过大会使齿轮磨损加快，缩短使用寿命。齿轮内孔应有较长的导向长度，因而轴向尺寸较大，结构不紧凑，优点是可以自动补偿间隙。

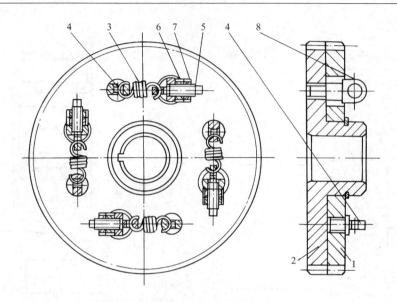

图 3-27　双齿轮错齿调整消除间隙

1、2—薄片齿轮　3—弹簧　4、8—凸耳　5—调节螺钉　6、7—螺母

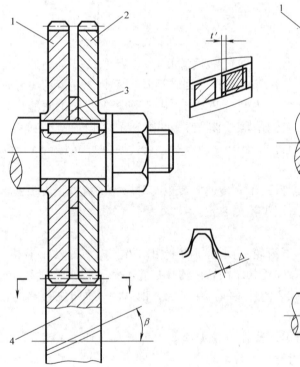

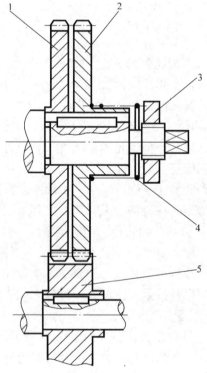

图 3-28　垫片调整消除斜齿轮间隙

1、2—薄片齿轮　3—垫片　4—宽齿轮

图 3-29　轴向压簧调整消除斜齿轮间隙

1、2—薄片齿轮　3—螺母　4—弹簧　5—宽齿轮

3. 锥齿轮传动间隙的消除

（1）周向压簧调整　如图 3-30 所示，将大锥齿轮加工成 1 和 2 两部分，锥齿轮 1 上开有三个圆弧槽 8，锥齿轮 2 的端面带有三个凸爪 4，套装在圆弧槽内。弹簧 6 的两端分别顶在凸爪 4 和镶块 7 上，使大锥齿轮 1、2 两部分的锥齿错位与小锥齿轮 3 啮合达到消除间隙的作用。螺钉 5 将内外齿圈相对固定是为了安装方便，安装完毕后即可拆去。

（2）轴向压簧调整　如图 3-31 所示，锥齿轮 1、2 相互啮合。在锥齿轮 1 的轴 5 上装有压簧 3，用螺母 4 调整压簧 3 的弹力。锥齿轮 1 在弹力作用下沿轴向移动，可消除锥齿轮 1 和 2 的间隙。

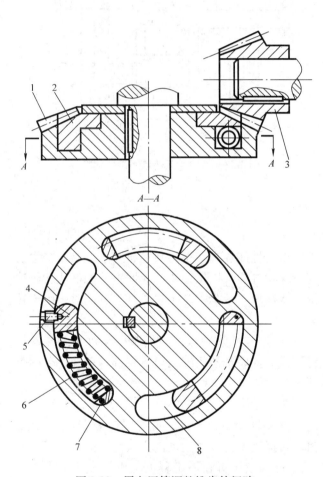

图 3-30　周向压簧调整锥齿轮间隙

1—大锥齿轮外环　2—大锥齿轮内环

3—小锥齿轮　4—凸爪　5—螺钉

6—弹簧　7—镶块　8—圆弧槽

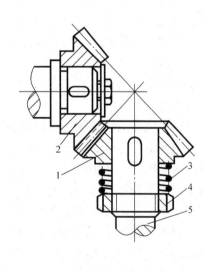

图 3-31　轴向压簧调

整锥齿轮间隙

1、2—锥齿轮　3—压簧

4—螺母　5—轴

4. 齿轮齿条传动间隙的消除

对于工作行程很大的大型数控机床，一般采用齿轮齿条传动来实现进给运动。齿轮齿条传动也同齿轮传动一样存在齿侧间隙，因此也存在消除间隙问题。

当载荷较小进给力不大时，齿轮齿条可采用双片薄齿轮错齿调整，分别与齿条的齿槽左、右两侧贴紧来消除间隙。

当载荷较大所需进给力较大时，通常采用双厚齿轮的传动结构，其原理如图 3-32 所示。进给运动由轴 2 输入，通过两对斜齿轮将运动传给轴 1 和轴 3，然后由两个直齿轮 4 和 5 去传动齿条，带动工作台移动。轴 2 上两个斜齿轮的螺旋线的方向相反。在轴 2 上作用一个轴向力 F，使斜齿轮产生微量的轴向移动。这时轴 1 和轴 3 以相反的方向转过一个角度，使齿轮 4 和 5 分别与齿条的两齿面贴紧，消除间隙。

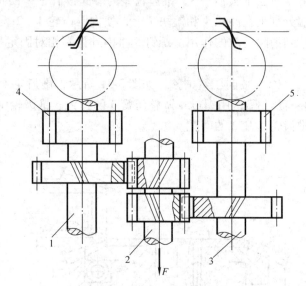

图 3-32　齿轮齿条传动间隙的消除
1、2、3—轴　4、5—齿轮

四、伺服电动机与进给丝杠的联接

由于滚珠丝杠、伺服电动机及其控制单元性能提高，很多数控机床的进给系统中已去掉减速机构，采用伺服电动机直接与滚珠丝杠连接以保证传动无间隙，准确执行脉冲指令，而不丢掉脉冲。因而使整个系统结构简单，减少了产生误差环节；同时，由于转动惯量减小，使伺服特性亦有所改善。

图 3-33 所示是普遍使用的直连式。它通过挠性联轴器，把伺服电动机和滚珠丝杠连接起来。锥环是无隙直连方式的关键元件。此联轴器已编入机床零部件标准，名称为膜片弹性联轴器（JB/T 9147—1999）。

五、直线电动机进给系统

为了在高速进给状态下得到良好的传动刚度和定位精度，应尽量缩短进给传动链。传统的旋转电动机经过机械转换装置将旋转运动变为直线运动的方式已不能满足对直线运动高性能的要求，虽然高速滚珠丝杠副传动系统可在一定程度上满足高速机床的要求，但存在制造困难；速度和加速度的增加限制较大；进给行程短（一般不能超过 4 ~ 6m）；存在由失动量等形成的非线性特性，全封闭时系统稳定性不容易保证等困难。研究表明：滚珠丝杠技术在 $1g$ 加速度下，在卧式机床上可以可靠地工作，若加速度再提高 0.5 倍就有问题了。采用直线电动机技术替代滚珠丝杠副应用于数控伺服系统中，可

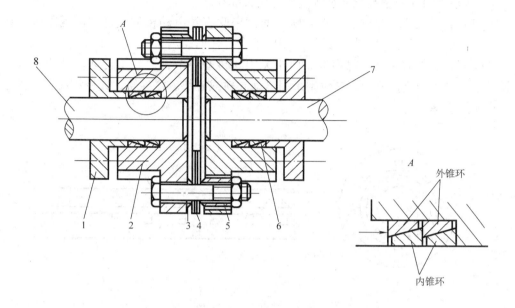

图 3-33 挠性联轴器

1—压圈 2—联轴器 3、5—球面垫圈 4—柔性片 6—锥环 7—电动机轴 8—滚珠丝杠

简化系统结构、提高定位精度、实现高速直线运动乃至平面运动。直线电动机直接产生直线形式的机械运动（一维或二维）。直线电动机按原理分为直流直线电动机、交流永磁同步直线电动机、交流感应异步直线电动机、步进式直线电动机、磁阻式直线电动机、压电式直线电动机和平面电动机等。其中，以直流直线电动机、交流永磁（同步）直线电动机、交流感应（异步）直线电动机组成的高速进给系统在高速机床中应用较多。目前，实用的平面电动机只限于平面步进电动机。

直线电动机进给驱动系统具有下列特点：

（1）速度快、加减速过程短 直线电动机直接驱动进给部件，取消了中间机械传动元件，无旋转运动和离心力的作用，可容易地实现高速直线运动，目前，其最大进给速度可达 80～180m/min。同时"零传动"的高速响应性使其加减速过程大大缩短，从而实现起动时瞬间达到高速，高速运行时又能瞬间准停，其加速度可达到 2～10g。

（2）精度高 由于取消了丝杠等机械传动机构，可减少插补时因传动系统滞后带来的跟踪误差。利用光栅作为工作台的位置测量元件，并采用闭环控制，通过反馈对工作台的位移进行精确控制，定位精度可达到 0.1～0.01μm。

（3）传动刚度高、推力平稳 "零传动"提高了其传动刚度。同时，直线电动机的布局可根据机床导轨的形面结构及其工作台运动时的受力情况来布置。

（4）高速响应性 在系统中取消了一些响应时间常数较大的机械传动件（如丝杠

等），使整个闭环控制系统动态响应性能大大提高。

（5）行程长度不受限制　在导轨上通过串联直线电动机的定件，可无限延长动件的行程长度。行程长度对整个系统的刚度不会有任何影响。

（6）运行时效率高、噪声低　由于无中间传动环节，消除了传动丝杠等部件的机械摩擦所导致的能量损耗，导轨副采用滚动导轨或磁垫悬浮导轨，无机械接触，使运动噪声大大下降。

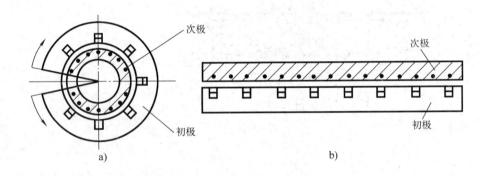

图 3-34　旋转电动机展开为直线电动机的过程

a）旋转电动机　b）直线电动机

直线电动机可以认为是旋转电动机结构上的一种演变，它实质上是把旋转电动机在径向剖开，然后将电动机沿着圆周展开成直线，这就形成了扁平型直线电动机。如图3-34 所示，它是一种使电能直接转变成直线机械运动的推力装置。对应于旋转电动机的定子部分，称为直线电动机的初级，对应于旋转电动机的转子部分，称为直线电动机的次级。当多相交变电流通入多相对称绕组时，就会在直线电动机的初级和次级之间的气隙中产生一个行波磁场，从而使初级和次级之间产生相对移动。

将直线电动机用于机床上，把电动机动件直接与机床工作台相连，如图 3-35 所示，从而消除了中间传动环

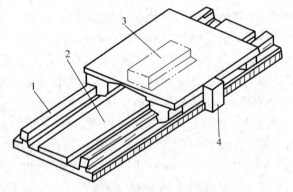

图 3-35　直线直接驱动系统

1—无间隙滚动导轨系统　2—定子部分（初级）

3—转子部分（次级）　4—检测系统

节，把机床进给传动链的长度缩短为零，实现了"零传动"，把以往用滚珠丝杠进行直线驱动最高只能达到 1g 的加速度提高到 1g 以上。加速度的提高可以把对不通孔加工、任意曲线曲面加工的生产率大大提高。

第五节 数控机床的床身与导轨

一、床身

数控机床的床身是整个机床的基础支承件，一般用来放置导轨、主轴箱等重要部件。为了满足数控机床加工精度，需要机床在受热、受力时变形小。所以在床身结构上要尽可能地提高它的刚度及抗振性。另外，为了减少热变形，在结构上能做到热的均匀或及时清除热源等，特别是减少运动部件的摩擦力和消除传动间隙等方面，从结构和技术上需要采取很多措施，只有解决了上述问题才能提高机床的运动精度与定位精度。

数控机床的床身采用米汉纳铸铁、人造花岗岩、钢板焊接等材料。为了减小运动部件的摩擦力，在导轨上也有很大的改进，除了采用改进的滚动导轨、静压导轨之外，在滑动导轨上也采取了不少措施，如采用滑动导轨表面三面贴塑工艺，使滑动导轨减小了摩擦力，而且也可以提高其耐磨性，避免机床的"爬行"。对于切屑数量较大的数控机床，其床身结构必须有利于排屑。

1. 铸造床身结构

根据数控机床的类型不同，床身的结构有各种各样的形式。数控铣床和加工中心等机床的床身结构有固定立柱式和移动立柱式两种，前者一般适用于中小型立式或卧式加工中心，后者又分为整体T形床身和前后床身分开组装的T形床身。T形床身是指床身是由横置的前床身（也称横床身）和与它垂直的后床身（也称纵床身）组成。整体式床身刚性和精度保持性都比较好，但是却给铸造和加工带来很大不便，尤其是大中型机床的整体床身，加工时需有大型设备。而分离式T形床身，铸造工艺性和加工工艺性都大大改善，但前后床身连接处要刮研，连接时用定位键和专用定位销定位，然后沿截面四周，用大螺栓固紧。这样连接的床身，在刚度和精度保持性方面，基本也能满足使用要求。

机床床身结构一般为箱体结构，为使床身在较小质量下又能获得较高的静刚度和适宜的固有频率，设计时需采用肋板结构，图3-36所示是床身中常用的几种肋板布置的断面图。

床身肋板一般根据床身结构和载荷分布进行设计，满足床身刚度和抗振性要求，V形肋有利于加强导轨支承部分的刚度、斜方肋和对角肋结构可明显增强床身的扭转刚度，并且便于设计成全封闭的箱体结构。此外，纵向肋板和横向肋板，分别对提高抗弯刚度和抗扭刚度有显著效果；还有米字形肋板和井字形肋板的抗弯刚度也较高，尤其是米字形肋板的抗弯刚度更高。

车削中心床身，为提高其刚性，一般采用斜床身。斜床身可以改善切削加工时的受力情况，截面可以形成封闭的腔形结构，如图3-36c所示。其内部可以充填泥芯和混凝土等阻尼材料，在振动时利用相对摩擦来耗散振动能量。

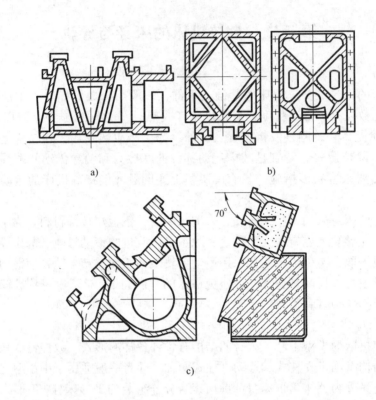

图 3-36　数控机床床身几种肋板布置的断面图

a）加工中心床身断面　b）加工中心立柱断面　c）数控车床床身断面

2. 钢板焊接结构

大多数床身是铸造而成的，但随着焊接技术的发展和焊接质量的提高，焊接结构的床身在数控机床中应用越来越多。轧钢技术的发展，提供了多种形式的型钢，焊接结构床身的突出优点是制造周期短，一般比铸铁结构的制造周期可以缩短 2～3 倍。省去了木模制作和铸造工序，不易出废品。焊接结构设计灵活，便于产品更新、改进结构。焊接件能达到与铸件相同，甚至更好的结构特性，可提高抗弯截面惯性矩，减小质量。

采用钢板焊接结构能够按刚度要求布置肋板的形式，充分发挥壁板和肋板的承载和抗变形作用。另外，焊接床身采用钢板，其弹性模量 $E = 2 \times 10^5 \mathrm{MPa}$，而铸铁的弹性模量 $E = 1.2 \times 10^5 \mathrm{MPa}$，两者几乎相差一倍。因此，采用钢板焊接结构床身有利于提高固有频率。

二、数控机床的导轨

数控机床导轨是机床基本结构要素之一。在导轨副中，运动的一方叫运动导轨，不动的一方叫做支承导轨。运动导轨相对于支承导轨的运动，通常是直线运动或回转运动。从机械结构的角度来说，机床的加工精度和使用寿命很大程度上决定于机床导轨的精度。数控机床要求在高速进给时不能有振动，低速进给时不爬行，有高的灵敏度，能在重载下长期连续工作，耐磨性高、精度保持性好等。现代数控机床使用的导轨，主要有滑动导轨和滚动导轨两种。

1. 对导轨的要求

（1）导向精度高 导向精度是指机床的运动部件沿导轨移动时的直线性和它与有关基面之间的相互位置的准确性。无论在空载或切削工件时导轨都应有足够的导向精度，这是对导轨的基本要求。影响导轨精度的主要原因除制造精度外，还有导轨的结构形式、装配质量、导轨及其支承件的刚度和热变形。

（2）耐磨性能好 导轨的耐磨性是指导轨在长期使用过程中能否保持一定的导向精度。因导轨在工作过程中难免有所磨损，所以应力求减少磨损量，并在磨损后能自动补偿或便于调整。为此，数控机床常采用摩擦系数小的滚动导轨和静压导轨，以降低导轨磨损。

（3）足够的刚度 导轨受力变形会影响部件之间的导向精度和相对位置，因此要求导轨应有足够的刚度。为减轻或平衡外力的影响，数控机床常采用加大导轨面的尺寸或添加辅助导轨的方法来提高刚度。

（4）低速运动平稳 应使导轨的摩擦阻力小，运动轻便，低速运动时无爬行现象。

（5）结构简单、工艺性好 导轨要制造和维修方便，在使用时便于调整和维护。

2. 滑动导轨

滑动导轨也称为硬轨，仍主要采用传统方式铸铁铸造，但对于数控机床上采用的硬轨，在结构和制造工艺上已经完全不同于传统的普通机床，而是采用铸铁—塑料或镶钢—塑料滑动导轨。

贴塑导轨常用在导轨副的运动导轨上，与之相配的金属导轨主要采用铸铁或镶钢导轨，铸铁牌号为 HT300，表面淬火硬度 45 ~ 50HRC，表面粗糙度研磨至 $Ra = 0.2 \sim 0.1\mu m$；镶钢导轨常用 55 钢或其他合金钢，淬火硬度 58 ~ 62HRC；导轨贴塑常用聚四氟乙烯导轨软带或环氧型耐磨导轨涂层。

3. 直线滚动导轨

直线滚动导轨副具有摩擦系数低（一般在 0.003 左右），动、静摩擦系数相差小，且几乎不受运动速度变化的影响，定位精度和灵敏度高，精度保持性好。目前已被广泛应用在精密机械、自动化、各种动力传输、半导体、医疗、航空和航天等产业。

直线滚动导轨副也称单元式直线滚动导轨，这种导轨结构以滚珠作为导轨与滑块之间的动力传输接口，进行无限循环滚动之运动副。它将滑块约束在导轨上，使得负载平台能沿导轨以高速度、高精度作线性运动。组成零件主要有导轨条 5、滑块 3、端盖、滚珠 1 与保持器 4 等，如图 3-37 所示。

使用时，导轨条 5 固定在不运动部件上，滑块 3 固定在运动部件上。当滑块沿导轨体移动时，滚珠在导轨体和滑块之间的圆弧直槽内滚动，并通过端盖内的滚道从工作负

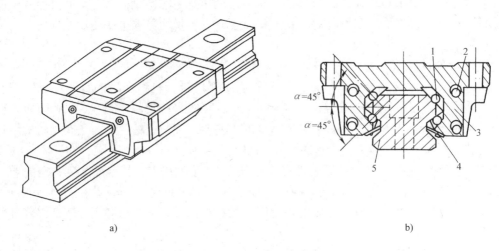

a)　　　　　　　　　　　　　　　b)

图 3-37　直线滚动导轨副结构

a）外形图　b）结构图

1—滚珠　2—回珠孔　3—滑块　4—保持器　5—导轨条

荷区到非工作负荷区，然后再滚动回工作负荷区，不断循环，从而把导轨体和滑块之间的移动变成了滚动。为防止灰尘和脏物进入导轨滚道，滑块两端及下部均装有塑料密封垫。滑块上设有润滑油注油杯。

滚动导轨副主要技术特性如下：

（1）定位精度高　使用滚动导轨作为机床直线导轨时，由于滚动副的摩擦方式为滚动摩擦，不仅摩擦系数降低至滑动摩擦导轨的 1/50，动摩擦力与静摩擦力的差亦变得很小。因此机床运行时，不会有爬行现象发生，可达到极高的定位精度。

（2）磨损小，能长时间维持精度　滑动导轨无可避免地会因油膜逆流作用影响平台精度，且因运动时润滑不充分导致滑动接触面磨损，严重影响精度，而滚动导轨的磨损非常小。

（3）适合高速运动　由于直线滚动导轨移动时摩擦力非常小，只需较小动力便能让机床运动，尤其是在滑座频繁往返运行时，更能明显降低其驱动功率。另外，因其摩擦小，所以产生的热量也小，可适合高速加工。

（4）可同时承受上下左右方向载荷　滚动导轨特殊的约束结构设计，采用 4 列承载的滚珠在断面上呈 45°角分布，因此可同时平均承受上、下、左、右 4 个方向的载荷。而滑动导轨在平行接触面方向可承受的侧向负荷较小，易造成机床运行精度不良。

（5）组装容易并具互换性　组装时只要铣削或磨削机床导轨之装配面，并按建议的步骤将导轨、滑块分别固定在机床上下滑座上即可。直线导轨副为整体部件，规格、型号已形成系列化、标准化（JB/T 7175.2—2006），由专业制造厂专业化生产，使用中具有互换性。

第六节　数控机床的刀库与换刀装置

数控机床为了能在工件一次装夹中完成多种甚至所有加工工序，缩短辅助时间，减少多次安装工件所引起的误差，必须带有自动换刀装置。自动换刀装置应当满足换刀时间短，刀具重复定位精度高，刀具储存量足够，刀库占地面积小以及安全可靠等基本要求。自动换刀装置的主要类型、特点及适用范围见表3-1。

表3-1　自动换刀装置的主要类型、特点及适用范围

类　　型		特　　点	适用范围
转塔刀架	回转刀架	多为顺序换刀，换刀时间短，结构简单紧凑，容纳刀具较少	各种数控机床，车削中心机床
	转塔头	顺序换刀，换刀时间短，刀具主轴都集中在转塔头上，结构紧凑，但刚性较差，刀具主轴数受限制	数控钻床、镗床、铣床
刀库式	刀库与主轴之间直接换刀	换刀运动集中，运动部件少。但刀库运动多。布局不灵活，适应性差	各种类型的自动换刀数控机床，尤其是对使用回转类刀具的数控镗铣、钻镗类立式、卧式加工中心机床，要根据工艺范围和机床特点，确定刀库容量和自动换刀装置类型，用于加工工艺范围广的立、卧式车削中心机床
	用机械手配合刀库进行换刀	刀库只有选刀运动，机械手进行换刀运动，比刀库作换刀运动惯性小，速度快	
	用机械手、运输装置配合刀库进行换刀	换刀运动分散，由多个部件实现，运动部件多，但布局灵活，适应性好	
有刀库的转塔头换刀装置		弥补转塔换刀数量不足的特点，换刀时间短	扩大工艺范围的各类转塔式数控机床

一、数控车床转塔刀架

数控车床上使用的转塔刀架是一种最简单的自动换刀装置。根据不同加工对象，有四方刀架、六角刀架和八工位圆盘式轴向装刀刀架等多种形式，转塔刀架上分别安装着四把、六把或更多的刀具，并按数控装置的指令换刀。转塔刀架又有立式和卧式两种，立式转塔刀架的转轴与机床主轴成垂直布置，结构比较简单，经济型数控车床多采用这种刀架。数控立式和卧式转塔刀架的形式、连接尺寸、试验方法等可参阅国家标准GB/T 20956—2007 及 GB/T 20960—2007。

转塔刀架在结构上必须具有良好的强度和刚度，以承受粗加工时切削抗力和在切削力作用下的位移变形，提高加工精度。回转刀架还要选择可靠的定位方案和合理的定位结构，以保证回转刀架在每次转位之后具有较高的重复定位精度（一般为 0.001 ～ 0.005mm）。图 3-38 所示为一螺旋升降式四方刀架，它的换刀过程如下：

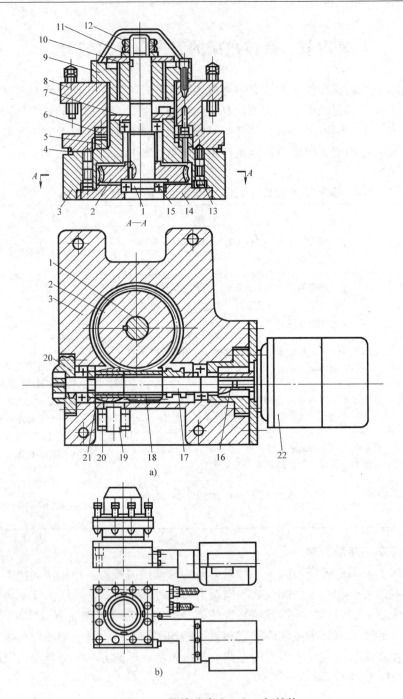

图 3-38　螺旋升降式四方刀架结构
a）刀架结构　b）四方刀架外形

1、17—轴　2—蜗轮　3—刀座　4—密封圈　5、6—齿盘　7—压盖　8—刀架
9、20—套筒　10—轴套　11—垫圈　12—螺母　13—销　14—底盘　15—轴承
16—联轴套　18—蜗杆　19—微动开关　21—压缩弹簧　22—电动机

（1）刀架抬起　当数控装置发出换刀指令后，电动机 22 正转，并经联轴套 16、轴 17，由滑键（或花键）带动蜗杆 18、蜗轮 2、轴 1、轴套 10 转动。轴套 10 的外圆上有两个凸起，可在套筒 9 内孔中的螺旋槽内滑动，从而举起与套筒 9 相连的刀架 8 及上端齿盘 6，使齿盘 6 与下端齿盘 5 分开，完成刀架抬起动作。

（2）刀架转位　刀架抬起后，轴套 10 仍在继续转动，同时带动刀架 8 转过 90°（如不到位，刀架还可继续转位 180°、270°、360°），并由微动开关 19 发出信号给数控装置。

（3）刀架压紧　刀架转位后，由微动开关发出的信号使电动机 22 反转，销 13 使刀架 8 定位而不随轴套 10 回转，于是刀架 8 向下移动。上下端齿盘合拢压紧。蜗杆 18 继续转动则产生轴向位移，压缩弹簧 21，套筒 20 的外圆曲面压下微动开关 19，使电动机 22 停止旋转，从而完成一次转位。

二、转塔头式换刀装置

带旋转刀具的数控机床常采用转塔头式换刀装置，如数控钻镗床的多轴转塔头等。其转塔头上装有几个主轴，每个主轴上均装一把刀具，加工过程中转塔头可自动转位实现自动换刀。主轴转塔头就相当于一个转塔刀库，其优点是结构简单，换刀时间短，仅为 2s 左右。由于受空间位置的限制，主轴数目不能太多，主轴部件结构不能设计得十分坚实，影响了主轴系统的刚度，通常只适用于工序较少，精度要求不太高的机床，如数控钻床、数控铣床等。近年来出现了一种用机械手和转塔头配合刀库进行换刀的自动换刀装置，如图 3-39 所示。它实际上是转塔头换刀装置和刀库换刀装置的结合。其工作原理如下：

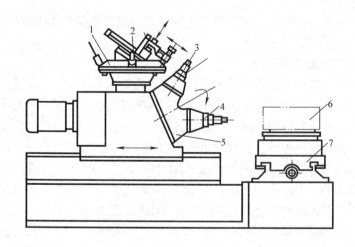

图 3-39　机械手和转塔头配合刀库换刀的自动换刀装置
1—刀库　2—机械手　3、4—刀具主轴　5—转塔头　6—工件　7—工作台

转塔头 5 上有两个刀具主轴 3 和 4，当用一个刀具主轴上的刀具进行加工时，可由机械手 2 将下一步需用的刀具换至不工作的主轴上，待本工序完成后，转塔头回转 180°，完

成换刀。因其换刀时间大部分和机加工时间重合，只需转塔头转位的时间，所以换刀时间很短，转塔头上的主轴数目较少，有利于提高主轴的结构刚性。但很难保证精镗加工所需要的主轴刚度。这种换刀方式主要用于钻床，也可用于铣镗床和数控组合机床。

三、盘形自动回转刀架

图 3-40 所示为数控车床采用的回转刀架结构图。回转刀架可配置 12 位（A 型或 B 型）、8 位（C 型）刀盘。

刀架转位为机械传动，鼠牙盘定位。转位开始时，电磁制动器断电，电动机 11 通电转动，通过齿轮 10、9、8 带动蜗杆 7 旋转，使蜗轮 5 转动。蜗轮内孔制有螺纹与轴 6 上的螺纹配合。这时轴 6 不能回转，当蜗轮转动时，使得轴 6 沿轴向向左移动。因刀架 1 与轴 6、活动鼠牙盘 2 固定在一起，故也一起向左移动，使鼠牙盘 2 与 3 脱开。轴 6 上有两个对称槽，内装滑块 4，在鼠牙盘脱开后，蜗轮转到一定角度时，与蜗轮固定在一起的圆盘 14 上的凸块便碰到滑块 4，蜗轮便通过圆盘 14 上的凸块带动滑块连同轴 6、刀盘一起进行转位。

到达要求位置后，电刷选择器发出信号，使电动机 11 反转，这时圆盘 14 上的凸块与滑块 4 脱离，不再带动轴 6 转动。蜗轮与轴 6 上的螺纹使轴 6 右移，鼠牙盘 2、3 结合定位。当齿盘压紧时，轴 6 右端的小轴 13 压下微动开关 12，发出定位结束信号，电动机断电，电磁制动器通电，维持电动机轴上的反转力矩，以保持鼠牙盘之间有一定的压紧力。

刀具在刀盘上由压板 15 及调节楔铁 16（见图 3-40b）夹紧，更换刀具和对刀十分方便。

刀架选位由刷形选择器进行，松开、夹紧位置检测由微动开关 12 控制，整个刀架的控制是一个纯电气系统，结构简单。

四、带刀库的自动换刀系统

由于回转刀架、转塔头式等换刀装置容纳的刀具数量不能太多，无法满足复杂零件的加工需要，因此，自动换刀数控机床多采用带刀库的自动换刀装置。带刀库的自动换刀装置由刀库和刀具变换机构组成，换刀过程较复杂。首先要把加工过程中使用的全部刀具分别安装在标准刀柄上，在机外进行尺寸预调整后，按一定的方式放入刀库。换刀时，先在刀库中选刀，再由刀具交换装置从刀库或主轴（或是刀架）取出刀具，进行交换，将新刀装入主轴（或刀架），旧刀放回刀库。刀库具有较大的容量，既可安装在主轴箱的侧面或上方，也可作为单独部件安装到机床以外，并由搬运装置运送刀具。由于带刀库的自动换刀装置的数控机床的主轴箱内只有一根主轴，设计主轴部件时能充分增强它的刚度，可满足精密加工要求。另外，刀库可以存放数量很大的工具，因而能够进行复杂零件的多工序加工，大大提高机床适应性和加工效率。因此特别适用于数控钻床、数控镗铣床和加工中心。其缺点是整个换刀过程动作较多，换刀时间较长，系统复杂，可靠性较差。

1. 刀库的类型

刀库的作用是储备一定数量的刀具，通过机械手实现与主轴上刀具的交换。

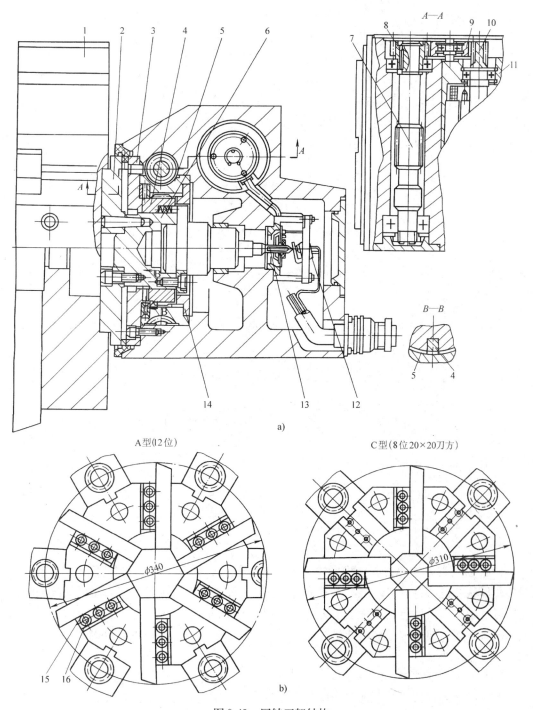

a)

A型(12位)   C型(8位20×20刀方)

b)

图 3-40 回转刀架结构

1—刀架 2、3—鼠牙盘 4—滑块 5—蜗轮 6—轴 7—蜗杆 8、9、10—传动齿轮
11—电动机 12—微动开关 13—小轴 14—圆盘 15—压板 16—楔铁

刀库的形式和容量主要是为满足机床的工艺范围，常见的刀库类型如下：

（1）盘式刀库　此刀库结构简单，应用较多，如图3-41所示的盘式刀库，刀具的方向与主轴同向，换刀时主轴箱上升至最高位置。这时主轴和刀具正好对准刀库的某一个位置，刀具被夹住，然后刀库将下一工序刀具旋转至与主轴对准的位置，刀库后退将新刀具插入主轴孔中，主轴箱下降进行加工。该换刀装置的优点是结构简单，成本较低，换刀可靠性较好；缺点是换刀时间长，适用于刀库容量较小的加工中心上采用。

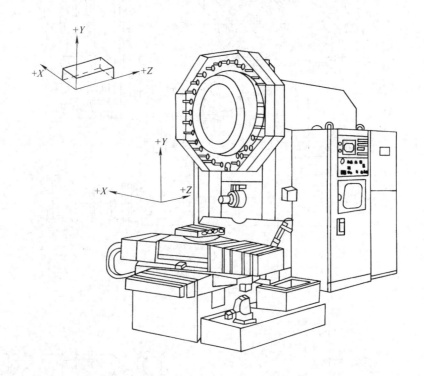

图3-41　刀具的方向与主轴同向的卧式加工中心机床

（2）链式刀库　此刀库结构紧凑，刀库容量较大，链环的形状可根据机床的布局制成各种形状，也可将换刀位凸出以便于换刀。当需要增加刀具数量时，只需增加链条的长度即可，给刀库设计与制造带来了方便。如图3-42所示为刀具方向与主轴同向，容量较大的链式刀库，换刀时主轴箱升至换刀位置，机械手从刀库抓刀，转过180°后，与主轴上的刀具进行交换。

2. 刀库的选刀方式

常用的选刀方式有顺序选刀和任意选刀两种，顺序选刀是在加工之前，将加工零件所需刀具按照工艺要求依次插入刀库的刀套中，顺序不能搞错，加工时按顺序调刀，加工不同的工件时必须重新调整刀库中的刀具顺序，操作繁琐，而且由于刀具的尺寸误差也容易

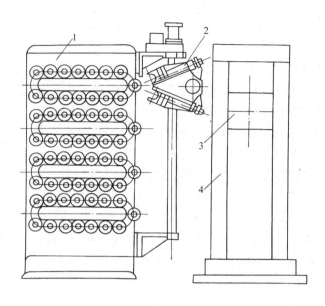

图 3-42　链式刀库的示意
1—刀库　2—机械手　3—主轴箱　4—立柱

造成加工精度不稳定。其优点是刀库的驱动和控制都比较简单。因此，顺序选刀适合加工批量较大，工件品种数量较少的中、小型自动换刀机床。

随着数控系统的发展，目前大多数的数控系统都具有刀具任选功能，任选刀具的换刀分为刀套编码、刀具编码和记忆式等方式。

刀具编码或刀套编码需要在刀具或刀套上安装用于识别的编码条，一般都是根据二进制编码的原理进行编码的，刀具编码选刀方式采用了一种特殊的刀柄结构，并对每把刀具编码。每把刀具都具有自己的代码，因而刀具可以在不同的工序中多次重复使用，换下的刀具不用放回原刀座，有利选刀和装刀，刀库的容量也相应减少，而且可避免由于刀具顺序的差错所发生的事故。但每把刀具都带有专用的编码系统，刀具长度加长，制造困难，刚度降低，刀库和机械手的结构变得复杂。刀套编码的方式，一把刀具只对应一个刀套，从一个刀套中取出的刀具必须放回同一刀套中，取送刀具十分麻烦，换刀时间长。目前在加工中心上大量使用记忆式的任选方式。这种方式能将刀具和刀库中的刀套位置（地址）对应地记忆在数控系统的 PC 中，无论刀具放在哪个刀套内都始终记忆着。刀库上装有位置检测装置，可以检测出每个刀套的位置。这样刀具就可以任意取出并送回。刀库上还设有机械原点，使每次选刀时就近选取。例如，对于盘式刀库每次选刀运动正转或反转都不超过 180°角。

3. 刀具交换装置

数控机床的自动换刀装置中，实现刀库与机床主轴之间传递和装卸刀具的装置称为刀具的交换装置，刀具的交换方式有两种：由刀库与机床主轴的相对运动实现刀具交换以及采用机械手交换刀具。刀具的交换方式及它们的具体结构对机床的生产率和工作可靠性有直接的影响。

（1）利用刀库与机床主轴的相对运动实现刀具交换　该装置在换刀时必须首先将用过的刀具送回刀库，然后再从刀库中取出新刀具，两个动作不能同时进行，换刀时间较长，图 3-41 所示卧式加工中心机床就采用这类刀具交换方式。

（2）采用机械手进行刀具交换　由于机械手换刀灵活，动作快，而且结构简单，采用机械手进行刀具交换的方式应用最广泛。根据刀库及刀具交换方式的不同，换刀机械手也有多种形式。从手臂的类型来分，有单臂机械手、双臂机械手。常用的双臂机械手有如图 3-43 所示的几种结构形式：图 3-43a 是钩手、图 3-43b 是抱手、图 3-43c 是伸缩手、图3-43d 是叉手。这几种机械手能够完成抓刀—拔刀—回转—插刀—返回等一系列动作。为了防止刀具掉落，各机械手的活动爪都带有自锁机构。由于双臂回转机械手的动作比较简单，而且能够同时抓取和装卸机床主轴和刀库中的刀具，因此换刀时间进一步缩短。机械手手臂、手爪结构见图 3-44。

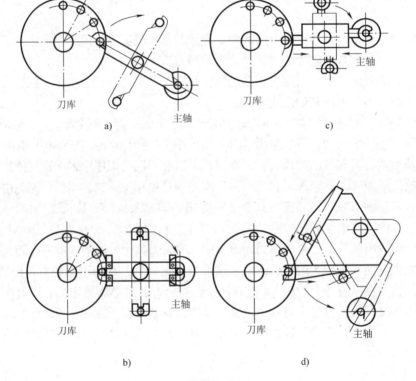

图 3-43　双臂机械手常用结构

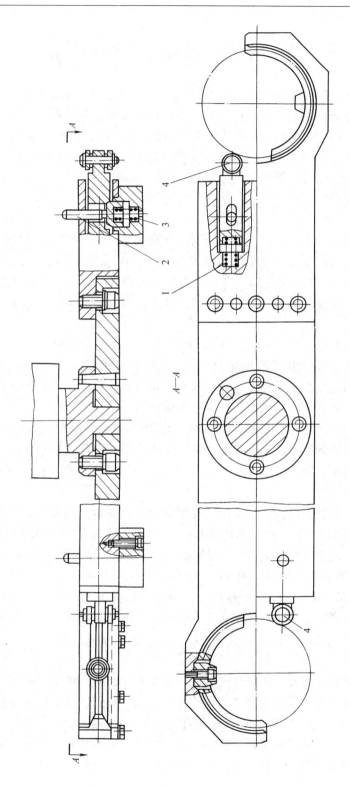

图 3-44　机械手手臂、手爪结构

1—弹簧　2—锁紧销　3—活动销　4—手爪

第七节 数控机床的回转工作台

为了扩大工艺范围，提高生产效率及适应某些零件加工的需要，数控机床除了沿 X、Y 和 Z 三个坐标轴的直线进给运动之外，往往还带有绕 X、Y 轴和 Z 轴的圆周进给运动（分别称为 A、B、C 轴），通常数控机床的圆周进给运动由回转工作台（简称数控转台）来实现。数控铣床的回转工作台除了用来进行各种圆弧加工或与直线进给联动进行曲面加工外，还可以实现精确的自动分度，例如加工分度盘的轴向孔和箱体零件。对于自动换刀的多工序加工中心来说，回转工作台已成为一个不可缺少的部件。

一、分度工作台

分度工作台只能完成分度运动，不能实现圆周进给运动。由于结构上的原因，通常分度工作台的分度运动只限于完成规定的角度（如 45°、60° 或 90° 等），即在需要分度时，按照数控系统的指令，将工作台及其工件回转规定的角度，以改变工件相对于主轴的位置，完成工件各个表面的加工。分度工作台按其定位机构的不同分为定位销式和鼠牙盘式两类。

1. 定位销式分度工作台

图 3-45 所示为某数控卧式镗铣床的定位销式分度工作台的结构。这种工作台的定位分度主要靠定位销和定位孔来实现。分度工作台 1 嵌在长方工作台 10 之中。在不单独使用分度工作台时，两个工作台可以作为一个整体使用。

在分度工作台 1 的底部均匀分布着八个圆柱定位销 7，在底座 21 上有一个定位孔衬套 6 及供定位销移动的环形槽。其中只有一个定位销 7 进入定位孔衬套 6 中，其他 7 个定位销则都在环形槽中，因为定位销之间的分布角度为 45°，因此此工作台只能作二、四、八等分的分度运动。

分度时机床的数控系统发出指令，由电气控制的液压缸使六个均布的锁紧液压缸 8 （图中只示出一个）中的压力油，经环形油槽 13 流回油箱，活塞 11 被弹簧 12 顶起，工作台 1 处于松开状态。同时消隙液压缸 5 也卸荷，液压缸中的压力油经回油路流回油箱。油管 18 中的压力油进入中央液压缸 17，使活塞 16 上升，并通过螺栓 15、支座 4 把推力轴承 20 向上抬起 15mm，顶在底座 21 上。分度工作台 1 用四个螺钉与锥套 2 相连，而锥套 2 用六角头螺钉 3 固定在支座 4 上，所以当支座 4 上移时，通过锥套 2 使工作台 1 抬高 15mm，固定在工作台面上的定位销 7 从定位孔衬套 6 中拔出。

当工作台抬起之后发出信号，使液压马达驱动减速齿轮（图中未示出），带动固定在工作台 1 下面的大齿轮 9 转动，进行分度运动。分度工作台的回转速度由液压马达和液压系统中的单向节流阀来调节，分度初作快速转动，在将要到达规定位置前减速，减速信号由固定在大齿轮 9 上的挡块 22（共八个周向均布）碰撞限位开关发出。挡块碰撞第一个限位开关时，发出信号使工作台降速，碰撞第二个限位开关时，分度工作台停止转动。此时，相应的定位销 7 正好对准定位孔衬套 6。

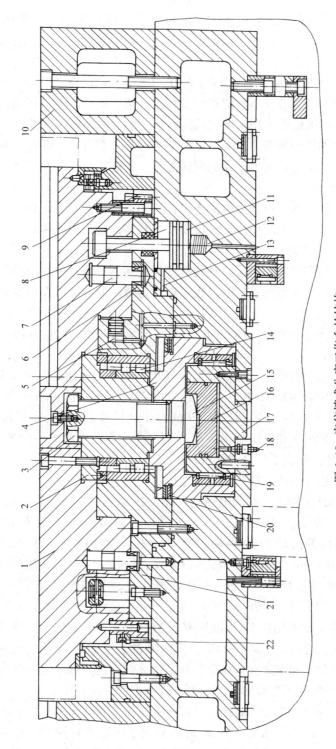

图 3-45 定位销式分度工作台的结构

1—分度工作台 2—锥套 3—螺钉 4—支座 5—消隙液压缸 6—定位孔衬套 7—定位销 8—锁紧液压缸 9—齿轮 10—长方工作台
11—锁紧缸活塞 12—弹簧 13—油槽 14,19,20—油管 15—轴承 16—活塞 17—中央液压缸 18—活塞 21—底座 22—挡块

分度完毕后，数控系统发出信号使中央液压缸 17 卸荷，油液经油管 18 流回油箱，分度工作台 1 靠自重下降，定位销 7 插入定位孔衬套 6 中。定位完毕后消隙液压缸 5 通压力油，活塞顶向工作台面 1，以消除径向间隙。经油槽 13 来的压力油进入锁紧液压缸 8 的上腔，推动活塞 11 下降，通过 11 上的 T 形头将工作台锁紧。

分度工作台 1 的回转部分支承在加长型双列圆柱滚子轴承 14 和滚针轴承 19 上，轴承 14 的内孔带有 1:12 的锥度，用来调整径向间隙。轴承内环固定在锥套 2 和支座 4 之间，并可带着滚柱在加长的外环内作 15mm 的轴向移动。轴承 19 装在支座 4 内，能随支座 4 作上升或下降移动并作为另一端的回转支承。支座 4 内还装有端面滚柱轴承 20，使分度工作台回转很平稳。

定位销式分度工作台的定位精度取决于定位销和定位孔的精度，最高可达 ±5″。定位销和定位孔衬套的制造、装配精度和硬度要求都很高，且耐磨性要好。

2. 鼠牙盘式分度工作台

鼠牙盘式分度工作台是数控机床、其他加工设备和测量装置中应用很广的一种分度装置。它既可以和数控机床做成整体的，也可以作为机床的标准附件用螺钉紧固在机床的工作台上。

鼠牙盘式分度工作台主要由工作台面、底座、夹紧液压缸、分度液压缸及鼠牙盘等零件组成（见图 3-46）。

机床需要分度时，数控系统发出分度指令（也可用手压按钮进行手动分度），由电磁铁控制液压阀（图中未示出），使压力油经管道 23 至分度工作台 7 中央的夹紧液压缸下腔 10，推动活塞 6 上移（液压缸上腔 9 的回油经管道 22 排出），经推力轴承 5 使工作台 7 抬起，上鼠牙盘 4 和下鼠牙盘 3 脱离啮合。工作台上移的同时带动内齿圈 12 上移并与齿轮 11 啮合，完成了分度前的准备工作。

当工作台 7 向上抬起时，推杆 2 在弹簧作用下向上移动，使推杆 1 在弹簧的作用下右移，松开微动开关 D 的触头，控制电磁阀（图 3-46 中未示出）使压力油经管道 21 进入分度液压缸的左腔 19 内，推动齿条活塞 8 右移（右腔 18 的油经管道 20 及节流阀流回油箱），与它相啮合的齿轮 11 作逆时针转动。根据设计要求，当齿条活塞 8 移动 113mm 时，齿轮 11 回转 90°，因此时内齿圈 12 已与齿轮 11 相啮合，故分度工作台 7 也回转 90°。分度运动的速度快慢可通过进回油管道 20 中的节流阀控制齿条活塞 8 的运动速度进行调整。齿轮 11 开始回转时，挡块 14 放开推杆 15，使微动开关 C 复位。当齿轮 11 转过 90°时，它上面的挡块 17 压推杆 16，使微动开关 E 被压下，控制电磁铁使夹紧液压缸上腔 9 通入压力油，活塞 6 下移（下腔 10 的油经管道 23 及节流阀流回油箱），工作台 7 下降。鼠牙盘 4 和 3 又重新啮合，并定位夹紧，这时分度运动已进行完毕。管道 23 中有节流阀用来限制工作台的下降速度，避免产生冲击。

当分度工作台下降时，推杆 2 被压下，推杆 1 左移，微动开关 D 的触头被压下，通过电磁铁控制液压阀，使压力油从管道 20 进入分度液压缸的右腔 18，推动齿条活塞 8 左移（左腔 19 的油经管道 21 流回油箱），使齿轮 11 顺时针回转。它上面的挡块 17 离开推杆 16，微动开关 E 的触头被放松。因工作台面下降夹紧后齿轮 11 下部的轮齿已与内齿圈 12 脱开，故分度工作台面不转动。当活塞齿条 8 向左移动 113mm 时，齿轮 11 就顺时针转 90°，齿轮 11 上的挡块 14 压下推杆 15，微动开关 E 的触头又被压紧，齿轮 11 停在原始位置，为下次分度做好准备。

鼠牙盘式分度工作台的优点是分度和定心精度高，分度精度可达 ±0.5″~3″。由于采用多齿重复定位，从而可使重复定位精度稳定，且定位刚性好，只要分度数能除尽鼠牙盘的齿数，都能分度，适用于多工位分度。缺点是鼠牙盘的制造比较困难，此外，它不能进行任意角度的分度。

二、数控回转工作台

数控转台的外形和分度工作台没有多大区别，但在结构上则具有一系列的特点。由于数控转台能实现自动进给，所以它在结构上和数控机床的进给驱动机构有许多共同之处。但数控机床的进给驱动机构实现的是直线进给运动，而数控转台实现的是圆周进给运动。数控转台分为开环和闭环两种。

1. 开环数控回转工作台

开环数控转台和开环直线进给机构一样，都可以用功率步进电动机来驱动。图 3-47 所示为自动换刀数控立式镗铣床开环数控回转工作台的结构。

步进电动机 3 的输出轴上齿轮 2 与齿轮 6 啮合，啮合间隙由调整偏心环 1 来消除。齿轮 6 与蜗杆 4 用花键结合，花键结合间隙应尽量小，以减小对分度精度的影响。蜗杆 4 为双导程蜗杆，可以用轴向移动蜗杆的办法来消除蜗杆 4 和蜗轮 15 的啮合间隙。调整时，只要将调整环 7（两个半圆环垫片）的厚度尺寸改变，便可使蜗杆沿轴向移动。

蜗杆 4 的两端装有滚针轴承，左端为自由端，可以伸缩，右端装有两个角接触球轴承，承受蜗杆的轴向力。蜗轮 15 下部的内、外两面装有夹紧瓦 18 和 19，数控回转台的底座 21 上固定支座 24 内均布 6 个液压缸 14。液压缸 14 上端进压力油时，柱塞 16 下行，通过钢球 17 推动夹紧瓦 18 和 19 将蜗轮夹紧，从而将数控转台夹紧，实现精确分度定位。当数控转台实现圆周进给运动时，控制系统首先发出指令，使液压缸 14 上腔的油液流回油箱，在弹簧 20 的作用下把钢球 17 抬起，夹紧瓦 18 和 19 就松开蜗轮 15。柱塞 16 到上位发出信号，功率步进电动机起动并按指令脉冲的要求，驱动数控转台实现圆周进给运动。当转台做圆周分度运动时，先分度回转再夹紧蜗轮，以保证定位的可靠，并提高承受负载的能力。

数控转台的分度定位和分度工作台不同，它是按控制系统所制定的脉冲数来决定转位角度，没有其他的定位元件。因此，对开环数控转台的传动精度要求高、传动间隙应尽量小。

数控转台设有零点，当它作回零控制时，先快速回转运动至挡块 11 压合微动开关 10，发出"快速回转"变为"慢速回转"的信号，再由挡块 9 压合微动开关 8 发出从"慢速回转"变为"点动步进"信号，最后由功率步进电动机停在某一固定的通电相位上（称为锁相），从而使转台准确地停在零点位置上。

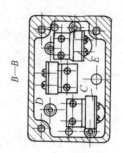

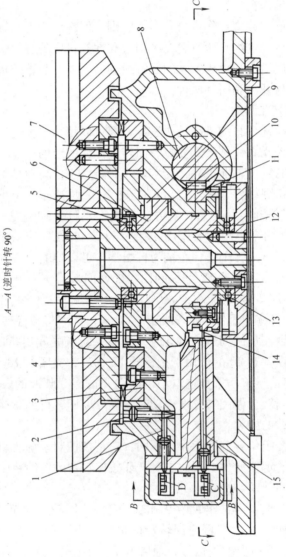

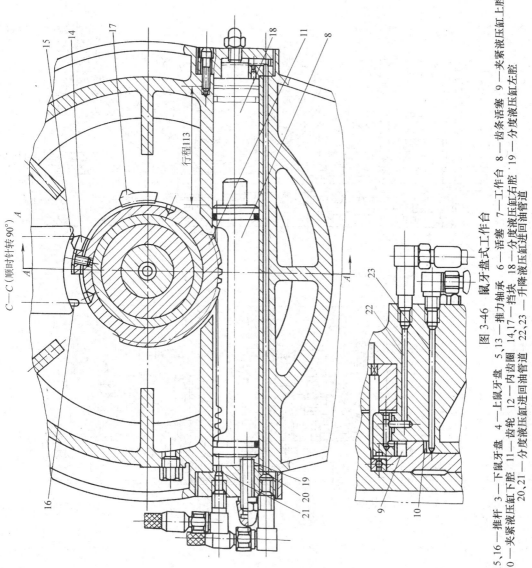

图 3-46　鼠牙盘式工作台

1,2,15,16—推杆　3—下鼠牙盘　4—上鼠牙盘　5,13—推力轴承　6—活塞　7—工作台　8—齿条活塞　9—夹紧液压缸上腔　10—夹紧液压缸下腔　11—齿轮　12—内齿圈　14,17—挡块　18—分度液压缸右腔　19—分度液压缸左腔　20,21—分度液压缸进油回油管道　22,23—升降液压缸进油回油管道

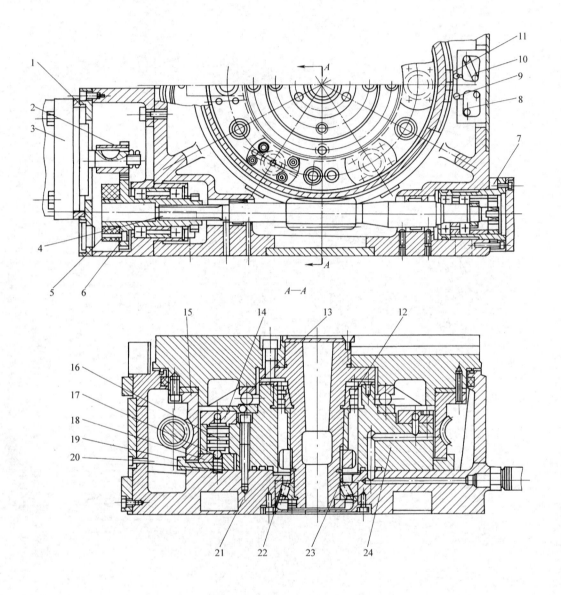

图 3-47   开环数控回转工作台

1—偏心环   2、6—齿轮   3—步进电动机   4—蜗杆   5—垫圈   7—调整环   8、10—微动开关
9、11—挡块   12、13—轴承   14—液压缸   15—蜗轮   16—柱塞   17—钢球   18、19—夹紧瓦
20—弹簧   21—底座   22—圆锥滚子轴承   23—调整套   24—支座

数控转台的圆形导轨采用大型推力球轴承 13 时，回转灵活。径向导轨由滚子轴承 12 及圆锥滚子轴承 22 保证回转精度和定心精度。调整轴承 12 的预紧力，可以消除回转轴的径向间隙。调整轴承 22 的调整套 23 的厚度，可以使圆导轨上有适当的预紧力，保证导轨有一定的接触刚度。这种数控转台可做成标准附件，回转轴可水平安装也可垂直安装，以适应不同工件的加工要求。

数控转台脉冲当量是每个脉冲工作台所回转的角度，现有的数控转台的脉冲当量在 $0.001°/$脉冲 $\sim 2'/$脉冲之间，使用时根据加工精度要求和数控转台直径大小来选定。

2. 闭环数控回转工作台

闭环数控转台的结构与开环数控转台基本相同，其区别在于闭环数控转台有转动角度的测量元件（圆光栅或圆感应同步器）。所测量的结果经反馈与指令值进行比较，按闭环原理进行工作，使转台分度精度更高。图 3-48 所示为闭环数控回转工作台结构。直流伺服电动机 15 通过减速齿轮 14、16 及蜗杆 12、蜗轮 13 带动工作台 1 回转，工作台的转角位置用圆光栅 9 测量。测量结果发出反馈信号与数控装置发出的指令信号进行比较，若有偏差经放大后控制伺服电动机朝消除偏差方向转动，使工作台精确运转或定位。当工作台静止时，必须处于锁紧状态。台面的锁紧用均布的八个小液压缸 5 来完成，当控制系统发出夹紧指令时，液压缸上腔进压力油，活塞 6 下移，通过钢球 8 推开夹紧瓦 3 及 4，从而把蜗轮 13 夹紧。当工作台回转时，控制系统发出指令，液压缸 5 上腔的压力油流回油箱，在弹簧 7 的作用下，钢球 8 抬起，夹紧瓦松开，不再夹紧蜗轮 13。然后按数控系统的指令，由直流伺服电动机 15，通过传动装置实现工作台的分度转位、定位、夹紧或连续回转运动。

转台的中心回转轴采用圆锥滚子轴承 11 及双列圆柱滚子轴承 10，并预紧消除其径向和轴向间隙，以提高工作台的刚度和回转精度。工作台支承在镶钢滚柱导轨 2 上，运动平稳而且耐磨。

三、APC 托盘自动交换系统

数控加工中为了减少工件安装、调整的辅助时间，提高自动化生产水平，数控车床、冲床等一类机床，对工件的上下料可采用机械手或工业机器人进行工件自动装卸，该方式目前主要用于 FMS 系统中。对于加工中心，目前已比较多地采用了多工位托盘工件自动交换机构，即每台加工中心至少配有两个可自动交换的托盘工作台。当其中一个托盘工作台进入封闭式的数控机床内进行自动循环加工时，对另一个在机床外侧的托盘工作台，就可以进行工件的装卸调整。使工件的安装调整时间与机床加工时间重合，从而节省了机床安装工件的辅助时间。

托盘的交换可采用液压活塞推拉机构或机械链式传动等方法来实现。图 3-49 所示为具有 10 工位托盘自动交换系统的柔性加工单元。托盘支撑在圆柱环形导轨上，由内侧的环链拖动而回转，链轮由电动机驱动。托盘的选位和停位由可编程控制器（PLC）控制，并借助终端开关、光电识码器实现。具有五个以上托盘的加工中心，可称为柔性制造单元（FMC）。

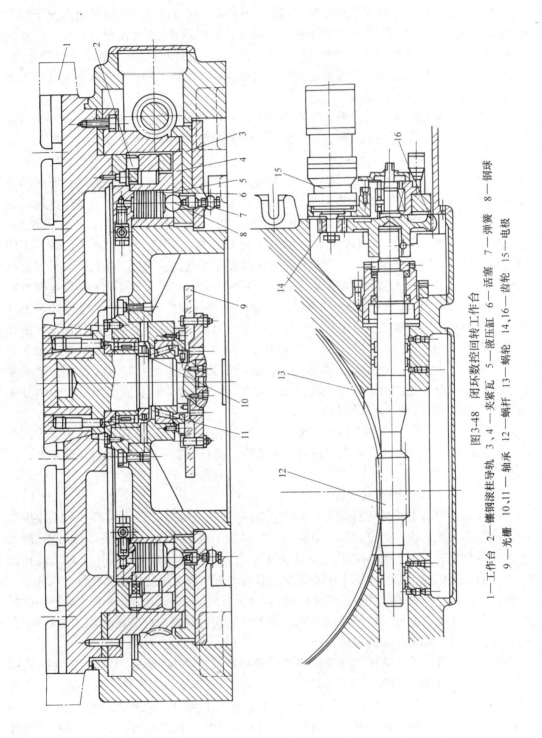

图3-48 闭环数控回转工作台

1—工作台 2—镶钢滚柱导轨机 3、4—夹紧瓦 5—液压缸 6—活塞 7—弹簧 8—钢球
9—光栅 10、11—轴承 12—蜗杆 13—蜗轮 14，16—齿轮 15—电极

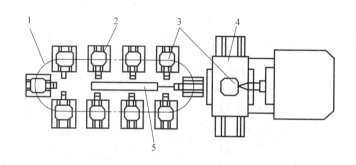

图 3-49 具有托盘交换系统的 FMC

1—环形交换工作台 2—托盘座 3—托盘 4—加工中心 5—托盘交换装置

第八节 数控加工用辅助装置

一、排屑装置

为使数控机床的自动加工顺利进行和减少数控机床的发热，数控机床应具有合适的排屑装置。数控车床的切屑往往混合着切削液，排屑装置应从其中分离出切屑，并将它们送入切屑收集箱内；而切削液则被回收到切削液箱。

常见的排屑装置有以下几种：

1. 平板链式排屑装置

平板链式排屑装置以滚动链轮牵引钢质平板链带在封闭箱中运转，切屑用链带带出机床，如图 3-50a 所示。这种装置在数控车床使用时要与机床冷却箱合为一体，以简化机床结构。

2. 刮板式排屑装置

刮板式排屑装置的传动原理与平板链式基本相同，只是链板不同，带有刮板链板，如图 3-50b 所示。这种装置常用于输送各种材料的短小切屑，排屑能力较强。

3. 螺旋式排屑装置

螺旋式排屑装置是利用电动机经减速装置驱动安装在沟槽中的一根绞笼式螺旋杆进行工作的，如图 3-50c 所示。螺旋杆工作时，沟槽中的切屑即由螺旋杆推动连续向前运动，最终排入切屑收集箱。这种装置占据空间小，适于安装在机床与立柱间间隙狭小的位置上。螺旋槽排屑结构简单、性能良好，但只适合沿水平或小角度倾斜的直线运动排运切屑，不能大角度倾斜、提升和转向排屑。

排屑装置的安装位置一般尽可能靠近刀具切削区域，如车床的排屑装置装在旋转工件下方，以利于简化机床和排屑装置结构，减小机床占地面积，提高排屑效率。排出的切屑一般都落入切屑收集箱或小车中，有的直接排入车间排屑系统。

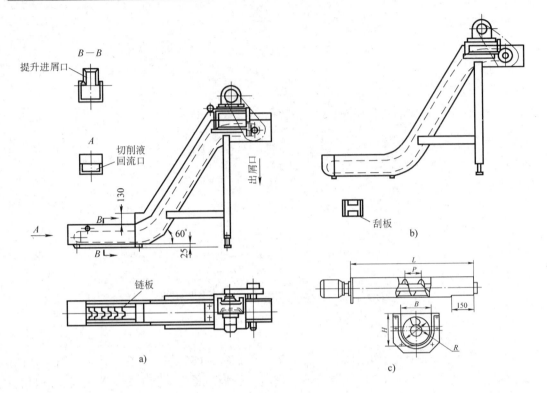

图 3-50 排屑装置

a）平板链式 b）刮板式 c）螺旋式

二、刀具预调仪

在自动化加工时，为了提高调整精度并避免造成太多的停车时间损失，大多在线外将刀具尺寸调好，换刀时不需要任何附加调整，即可保证加工出合格的工件尺寸。

刀具尺寸需要预调的有车刀的径向尺寸（车外圆）或轴向尺寸（车端面和阶梯轴）、镗孔刀的径向尺寸、钻头和铣刀的轴向尺寸等。这些刀具的部分尺寸是靠制造精度保证的，如车刀的刀尖高度，钻头、铰刀和立铣刀的直径等；刀具的这些尺寸也应检查是否合格。自动化加工中使用的刀具，其结构必须允许进行尺寸预调。

预调仪的测量装置有光学刻度、光栅或感应同步器等多种，其测量精度一般径向为 $\pm 0.005\,mm$，轴向为 $\pm 0.01\,mm$。由于预调仪上测得的刀尖位置是在无负载的静态条件下进行的，因而在实际加工时，由于切削力等因素的影响，实际加工的尺寸会偏离测量值。对孔加工而言，通常实际加工值要比预调仪的测量值小 $0.01 \sim 0.02\,mm$。为此，必须在首件试切削后进行刀尖位置的补偿。预调仪与数控机床配套使用，带来了明显的经济效益。图 3-51a 是用于调整钻头和立铣刀的机械式刀具预调装置。操作者根据工艺文件的规定，调整刀具的伸出长度，按尺寸精度的要求可以用量规或千分表进行刀具伸出长度的调整。图 3-51b 为镗刀头径向和轴向尺寸预调装置，该仪器使用了两只精密测微

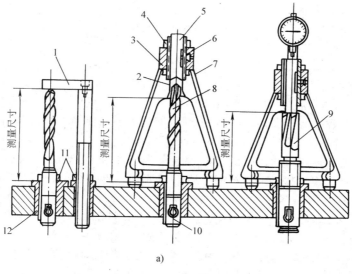

a)

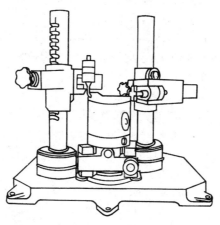

b)

图 3-51　刀具预调装置

a）钻头和立铣刀预调装置　b）镗刀头预调装置

1—可调高度规　2—测量头　3—锁紧螺母　4、11—可调螺母　5、12—衬套
6—键（固定螺钉）　7—量具支架　8—复合钻头　9—立铣刀　10—可调过渡套

头进行测量。

最新的调刀仪和计算机相连，能将所测刀具数据记录下来，供柔性制造系统调用刀具时使用。

习题与思考题

3-1　数控机床对主传动系统有哪些要求？

3-2 主传动系统有哪几种方式？数控机床如何实现主轴自动变速？

3-3 数控机床应用了哪些主要机械部件？它们有哪些基本特点？

3-4 在结构上对数控机床有哪些基本要求？

3-5 数控机床的主轴变速方式有哪几种？试述其特点及应用场合。

3-6 加工中心主轴是如何实现刀具的自动装卸和夹紧的？

3-7 什么是电主轴？数控机床采用电主轴有哪些优点？

3-8 数控机床没有进给箱变速，如何实现不同的进给量及进给速度？如何实现车螺纹？

3-9 加工中心主轴为何需要"准停"？如何实现"准停"？

3-10 数控机床对进给系统的机械传动部分的要求是什么？如何实现这些要求？

3-11 数控机床为什么常采用滚珠丝杠副作为传动元件？其主要特点是什么？

3-12 滚珠丝杠副中的滚珠循环方式可分为哪两类？试比较其结构特点及应用场合。

3-13 试述滚珠丝杠副轴向间隙调整和预紧的基本原理，常用的有哪几种结构形式？

3-14 滚珠丝杠副在机床上的支承方式有几种？各有何优缺点？

3-15 什么是直线电动机？数控机床采用直线电动机驱动有什么优点和不足？

3-16 滚动导轨、塑料导轨、静压导轨各有何特点？数控机床常采用什么导轨及导轨材料？

3-17 齿轮传动间隙的消除有哪些措施？各有何特点？

3-18 车床上的回转刀架换刀时需完成哪些动作？如何实现？

3-19 加工中心机床与一般数控机床有何不同？加工中心机床是如何实现自动换刀的？

3-20 试述数控机床换刀系统的工作原理。

3-21 加工中心选刀方式有哪几种？各有何特点？

3-22 刀具的交换方式有哪两类？试比较它们的特点及应用场合。

3-23 分度工作台的功用如何？试述其工作原理。

3-24 数控回转工作台的功用如何？数控机床回转工作台和分度工作台结构上有何区别？

3-25 数控机床主要的辅助装置有哪些？

3-26 数控机床为何需专设排屑、冷却装置？

第四章 数控加工与编程基础

第一节 数控加工的工艺特点

数控技术的应用使机械加工的过程产生了很大的变化。它不仅涉及加工设备，还包括数控加工工艺、工装和加工过程的自动控制等。其中，拟定数控加工工艺是进行数控加工的基础。

一、数控加工工艺的内容

数控加工工艺主要包括以下几个方面：

1）通过数控加工的适应性分析，选择适合在数控机床上加工的零件，确定工序内容。

2）分析被加工零件图样，明确加工内容及技术要求，并结合数控设备的功能，确定零件的加工方案，制定数控加工工艺路线。

3）设计数控加工工序。如工步的划分，零件的定位，选择夹具、刀具及切削用量等。

4）设计和调整数控加工工序的程序，选择对刀点、换刀点，确定刀具补偿量。

5）分配数控加工中的容差。

6）处理数控机床上部分工艺指令。

二、数控加工工艺的特点

数控加工与普通机床加工相比较，所遵循的原则基本相同。但由于数控加工的整个过程是自动进行的，因此又有以下特点：

（1）数控加工工艺内容更具体，更复杂 普通机床加工时，许多具体的工艺问题，可以由操作工人根据实践经验自行考虑和决定。例如，工艺中各工步的划分与安排，刀具的几何角度，走刀路线及切削用量等。而在数控加工时，上述的工艺问题，不仅成为数控工艺设计时必须认真考虑的内容，而且还必须作出准确的选择，并编入加工程序中。也就是说，在数控加工时，许多具体的工艺问题和细节，都成为了编程人员必须事先设计和安排的内容。

（2）数控加工工艺设计更严密 数控机床的自动化程度虽然高，但自适应性较差。它不同于普通机床，加工时可以根据加工过程中出现的问题，适时地进行人为调整。因此，在数控加工的工艺设计中必须注意加工过程中的每一个细节。例如，是否需要清理切屑后再进刀，换刀点选在何处等。同时，在对图形进行数学处理、计算和编程时，都要力求准确无误，以使数控加工顺利进行。

（3）数控加工更注重加工的适应性　要根据数控加工的特点，正确选择加工对象和加工方法。数控加工自动化程度高，质量稳定，便于工序集中，但设备通常价格昂贵。为了充分发挥数控加工的优势，达到较好的经济效益，在选择加工对象和加工方法时要特别慎重，以免造成经济损失。

第二节　数控加工的工艺分析与设计

一、数控加工的合理性分析

数控机床虽然具有明显的优势，但在实际加工时也应合理选用。

数控加工的合理性包括：哪些零件适合于数控加工；适合于在哪一类数控机床上加工，即数控机床的选择。通常合理性考虑的因素有：零件的技术要求能否保证；对提高生产率是否有利；经济上是否合算等。

1. 适合数控加工的零件

根据数控加工的特点及国内外大量应用实践，一般可按工艺适应程度将零件分为以下三类：

（1）适应类　最适应数控加工的零件有：形状复杂，加工精度要求高，用普通加工设备无法加工或虽然能加工但很难保证加工精度的零件；用数学模型描述的复杂曲线或曲面轮廓零件；具有难测量、难控制进给、难控制尺寸的不开敞内腔的壳体或盒形零件；必须在一次装夹中完成铣、镗、铰等多道工序的零件。

（2）较适应类　较适应数控加工的零件有：在普通机床上加工必须制造复杂的专用工装的零件；在普通机床上加工需要作长时间调整的零件；需要多次更改设计后才能定型的零件；用普通机床加工时，生产率很低或体力劳动强度很大的零件。

（3）不适应类　不适应数控加工的零件一般是指：经过数控加工后，在生产率与经济性方面无明显改善，甚至可能弄巧成拙或得不偿失。这类零件大致有以下几种：生产批量大的零件（当然不排除其中个别工序用数控机床加工）；装夹困难或完全靠找正定位来保证精度的零件；加工余量很不稳定，且数控机床上无在线检测系统可自动调整零件坐标位置的；必须用特定的工艺装备协调加工的零件。

2. 数控机床的选择

在实际加工中，要根据机床性能的不同和对零件要求的不同，对数控加工零件进行分类，不同类别的零件分配在不同类别的数控机床上加工，以获得较高的生产率和经济效益。

（1）旋转零件的加工　这类零件用数控车床或数控磨床来加工。

（2）平面与曲面轮廓零件的加工　平面轮廓零件的轮廓多由直线和圆弧组成，一般在两坐标联动的铣床上加工。具有曲面轮廓的零件，多采用三个或三个以上坐标联动的铣床或加工中心加工。为了保证加工质量和刀具受力状况良好，加工中尽量使刀具回转中心线与加工表面处于垂直或相切。

（3）孔系零件的加工　这类零件孔数较多，孔间位置精度要求较高，宜用点位直线控制的数控钻床或镗床加工。这样不仅可以减轻工人的劳动强度，提高生产率，而且还易于保证精度。

（4）模具型腔的加工　这类零件型腔表面复杂、不规则，表面质量及尺寸要求高，且常采用硬、韧的难加工材料，因此可考虑选用粗铣后数控电火花成形加工。

二、零件的工艺性分析

零件的工艺性涉及的问题很多，这里主要从编程的角度进行分析，主要考虑编程的可能性与方便性。

一般说来，编程方便与否，常常是衡量零件数控加工工艺好坏的一个指标。通常从以下两个方面来考虑：

1. 零件图样上的尺寸标注应便于数值计算，符合编程的可能性与方便性的原则

首先，零件图上尺寸标注的方法应适应数控加工的特点。即在零件图上，应以同一基准引注尺寸，或直接给出坐标尺寸。这样既方便编程，也便于尺寸之间的相互协调，有利于保证设计基准、工艺基准、检测基准和编程原点设置的一致性。其次，构成零件轮廓几何元素的条件要充分。这样，才能在手工编程时计算各个节点的坐标，在自动编程时顺利地定义各几何元素。

2. 零件加工部位的结构工艺性应符合数控加工的特点

零件的内外形状尽量采用统一的几何类型或尺寸。这样不但能够减少换刀次数，还有可能应用零件轮廓加工的专用程序。其次，零件内槽圆角半径不宜过小，因为工件圆角的大小决定着刀具直径的大小。如果刀具直径过小，在加工平面时，进给次数会相应增多，这样不仅影响生产率，还会影响表面加工质量。通常 $R > 0.2H$，R 为零件内槽圆角半径，H 为零件轮廓面的加工高度，如图 4-1 所示。

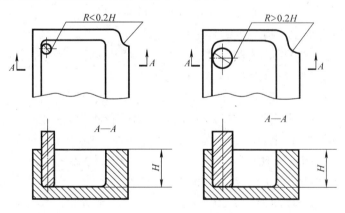

图 4-1　数控加工工艺性比较

另外，铣削零件底平面时，槽底的圆角半径 r 不宜过大。因为 r 越大，铣刀端刃铣削平面的能力越差，效率越低，工艺性也越差，如图 4-2 所示。

　　有的数控机床具有镜像加工的能力,对于一些对称性的零件,只需编制其半边的程序即可;对于具有几个相同几何形状的零件,只需编制某一个几何形状的加工程序即可。

三、确定工艺过程

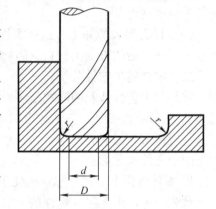

　　零件工艺过程的确定包括加工表面、工序及其顺序、工位、工步、走刀路径等的确定,其中还涉及机床、刀具、夹具的选择等内容。在数控机床上加工零件时,应先根据零件图样对零件的结构形状、尺寸和技术要求进行全面分析,并参照下述方法划分工序,确定走刀路径。

　　1. 工序的划分

　　在数控机床上加工零件常见的工序划分方法有如下几种:

图 4-2　零件底面圆弧对工艺的影响

　　(1) 按粗、精加工划分工序　根据零件的形状、尺寸精度以及刚度和变形等因素,按粗、精加工分开原则划分工序,即先粗加工,后精加工,以保证零件的加工精度和表面粗糙度。

　　(2) 按先面后孔原则划分工序　当零件上既有面加工,又有孔加工时,应先加工面,后加工孔。这样可以提高孔的加工精度。

　　(3) 按所用的刀具划分工序　使用一把刀加工完相应各部位,再换另一把刀加工其他部位。以减少空行程的时间和换刀次数,消除不必要的定位误差。

　　2. 走刀路径的确定

　　零件的走刀路径是指切削加工过程中刀具刀位点相对于被加工零件的运动轨迹和运动方向。编程时,走刀路径的确定原则是:

　　1) 保证被加工零件的精度和表面粗糙度,且效率较高。

　　2) 使数值计算简单,以减少编程工作量。

　　3) 应使加工路线最短,这样既可以减少程序段,又能减少空行程时间。

　　下面结合具体实例分析数控加工走刀路径的确定。

　　对于孔系的加工,尤其是位置精度要求较高的孔系,要注意孔的加工顺序的安排。如果安排不当,可能会带入坐标轴的反向间隙,直接影响位置精度。如图 4-3 所示,图 4-3a 为零件图,在该零件上镗 6 个尺寸相同的孔。图 4-3b、图 4-3c 分别为两种加工方案。图 4-3b 中,由于 5、6 孔与 1、2、3、4 孔定位方向相反,Y 方向的反向间隙会使定位误差增加,从而影响 5、6 孔与其他孔的位置精度。按图 4-3c 所示的加工路线,加工完 4 孔后向上多移动一段距离到 P 点,然后再加工 5、6 孔,这样方向一致,可避免反向间隙的引入,提高 5、6 孔与其他孔的位置精度。

　　铣凹槽时,有三种加工路线,如图 4-4 所示。图 4-4a 为行切法加工。加工时不留死角,在减少每次进给重迭量的情况下,进给路线较短,但每两次进给都留有残余高度,影响表面粗糙度。图 4-4b 为环切法加工,表面粗糙度值较小,但刀位计算比较复杂,进给路线也比行切法长。图 4-4c 为先用行切法加工，最后再用环切法光整轮廓表面，这样能够保证槽侧面达到所要求的表面粗糙度。

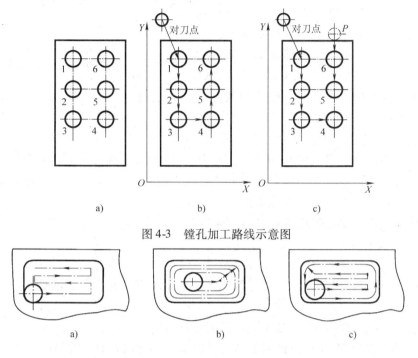

图 4-3　镗孔加工路线示意图

图 4-4　凹槽加工路线的三种方案

　　铣削零件外轮廓表面时，一般采用立铣刀的侧刃进行切削。为减少接刀痕迹，保证零件的表面质量，对刀具的切入和切出程序应精心设计。如图 4-5 所示，铣削外表面轮廓时，铣刀的切入和切出点应沿零件轮廓线的延长线切向切入和切出零件表面，而不应沿法向直接切入零件，以避免加工表面产生划痕，保证零件轮廓光滑。

　　铣削内轮廓表面时，切入和切出往往无法外延，这时铣刀可沿零件轮廓的法线方向切入和切出，并将其切入、切出点选在零件轮廓两几何元素的交点处，如图 4-6 所示。

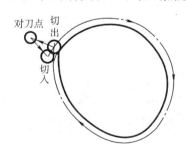

图 4-5　外轮廓加工时刀具切入与切出

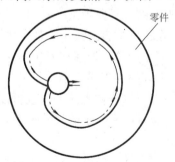

图 4-6　内轮廓加工时刀具切入与切出

车螺纹时，沿螺距方向的 Z 向进给应和机床主轴的旋转保持严格的速比关系，因此应避免在进给机构加速或减速过程中切削。为此要有引入距离 δ_1 和超越距离 δ_2。如图 4-7 所示，δ_1 和 δ_2 的数值与机床拖动系统的动态特性有关，与螺纹的螺距和螺纹的精度有关。一般 δ_1 为 2～5mm，对大螺距和高精度的螺纹取最大值；δ_2 一般取 δ_1 的 1/4 左右。若螺纹收尾处没有退刀槽，收尾处的形状与数控系统有关，一般按 45°退刀收尾。

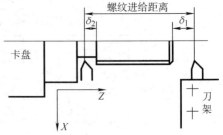

图 4-7　加工螺纹时的引入距离与超越距离

数控加工过程中，在工件、刀具、夹具、机床系统力与弹性变形平衡的状态下，进给停顿时，切削力减小，会改变系统的平衡状态，刀具会在进给停顿处的零件表面留下划痕，因此在轮廓加工中应避免进给停顿。

四、确定零件的安装方法和对刀点、换刀点

1. 零件的安装

在数控机床上安装零件时，应做到以下几点：

1）尽量采用可调式、组合式等标准化、通用化和自动化夹具，必要时才设计、使用专用夹具。

2）便于迅速装卸零件，以减少数控机床停机时间。

3）零件的定位基准应与设计基准重合，以减少定位误差对尺寸精度的影响。

4）减少装夹次数，尽量做到一次装夹便能完成全部表面的加工。

5）夹紧应尽量靠近主要支承点和切削部位，以防止夹紧力引起零件变形对加工产生不良影响。

数控加工对夹具的主要要求，一是要保证夹具体在机床上安装准确；二是容易协调零件和机床坐标系的尺寸关系。

2. 对刀点与换刀点的确定

对刀点就是在数控机床上加工零件时，刀具相对于工件运动的起点。由于程序段从该点开始执行，所以对刀点又称为程序起点或起刀点。

对刀点的选择原则是：

1）在机床上容易找正，加工中便于检查。

2）便于用数字处理和简化程序编制。

3）引起的加工误差小。

对刀点可以选在工件上，也可以选在工件外，比如选在机床上或夹具上，但必须与零件的定位基准有一定的尺寸关系，这样才能确定机床坐标系与工件坐标系的关系，如图 4-8 所示。

为了提高加工精度，对刀点应尽量选在零件的设计基准或工艺基准上。如以孔定位的工件，可以选择孔的中心作为对刀点。

对刀点既是程序的起点，也是程序的终点。因此在成批生产中，要考虑对刀点的重复精度，该精度可用对刀点相距机床原点的坐标值（X_0，Y_0）来校核。

所谓"对刀"即是"刀位点"与"对刀点"重合的操作。"刀位点"是指刀具的定位基准点，即用来确定刀具位置的参考点。如车刀的刀位点是车刀的刀尖或刀尖圆弧中心；立铣刀的刀位点是刀具轴线与刀具底面的交点；球头铣刀的刀位点是球心；钻头的刀位点是钻头的刀尖。

加工过程中需要换刀时，应规定换刀点。所谓换刀点是指刀架转位换刀时的位置。该点可以是某一固定点，也可以是任意的一点，如加工中心的换刀点是固定的，而数控车床的换刀点则是任意的。

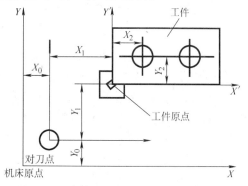

图 4-8　对刀点的设定

换刀点应设在工件和夹具的外部，以刀架转位时不碰到工件、夹具和机床为准。其设定值用实际测量或计算的方法确定。

五、选择刀具和切削用量

1. 刀具的选择

数控加工所用刀具应满足安装调整方便、刚性好、精度高和耐用度好的要求。这就要求采用新型优质材料制造数控加工刀具，同时优选刀具参数。

（1）车削用刀具　通常有尖形车刀（以直线形切削刃为特征），如各种外圆偏刀、端面车刀、切槽刀等；圆弧形车刀（由圆弧构成主切削刃），主要用于车削各种光滑连接的成形面；还有成形车刀（切削刃的形状与被加工零件的轮廓形状相同），如螺纹车刀。

（2）铣削用刀具　通常，铣削平面时，选择硬质合金刀片端铣刀；铣削凸台和凹槽时，选择高速钢立铣刀；如果加工余量小，并且要求表面粗糙度值较小时，常采用镶立方氮化硼刀片或镶陶瓷刀片的端铣刀；铣削毛坯表面或进行孔的粗加工时，可选用镶硬质合金的玉米铣刀进行强力切削。

在加工中心上，各种刀具分别装在刀库上，按程序规定进行选刀和换刀。因此必须有一套连接刀具的接杆，以便使各工序用的标准刀具迅速、准确地装到机床主轴或刀库上去。编程人员应了解机床上所用刀杆的结构尺寸及其调整方法、调整范围，以便在编程时确定刀具的径向尺寸和轴向尺寸。

2. 切削用量选择

切削用量包括主轴转速（切削速度）、背吃刀量（旧称切削深度）、进给速度（进给量）。对于不同的加工方法，需选择不同的切削用量，并编入程序中。具体数值应根据机床说明书中的要求和刀具寿命，结合实际经验采用类比的方法来确定。

（1）背吃刀量（mm）　在机床、夹具、刀具和零件等的刚度允许条件下，尽可能选较大的背吃刀量，以减少走刀次数，提高生产率。对于表面粗糙度和精度要求较高的零件，要留有足够的精加工余量。一般取 0.2~0.5mm。

（2）主轴转速 n（r/min） 根据最佳的切削速度 v 选取

$$n = \frac{1000v}{\pi D}$$

式中，D 为零件或刀具的直径(mm)；v 是切削速度(m/min)，由刀具和加工对象决定。

主轴转速 n 应根据计算值在机床说明书中选取标准值，编入程序中。

（3）进给速度（进给量）f（mm/min 或 mm/r） 主要根据零件的加工精度和表面粗糙度要求以及刀具和工件的材料性质来选择。当加工精度和表面粗糙度要求高时，进给速度（进给量）数值应选小些，一般选取 20~50mm/min。最大进给速度则受机床刚度和进给系统的性能限制，并与脉冲当量有关。

第三节　数控加工的程序格式与标准数控代码

一、常用的数控标准和指令代码

常用的数控标准有两种：即 ISO（International Standard Organization，国际标准化组织）标准和 EIA（Electronic Industries Association，美国电子工业协会）标准。我国以采用或参照采用 ISO 的有关标准为主，根据我国的实际情况制定了相应的数控标准。

数控机床加工过程中的动作，都是在加工程序中用指令的方式予以规定的。这些指令描述了工艺过程的各种操作和运动特征。数控机床的指令代码大体上分为两类，一类是准备功能指令代码（G），这类指令在数控系统插补运算之前需要预先规定，为插补运算做好准备；另一类是辅助功能指令代码（M），这类指令是根据机床的需要予以规定的工艺指令。

从数控机床诞生至今，信息交换都是基于 ISO6983 标准，即采用 G、M 代码描述如何加工，其本质特征是面向加工过程。随着数控技术的不断发展，数控标准成为制造业信息发展的一种趋势。为此，国际上已经制定出并正在推广应用一种新的数控系统标准 ISO14649（STEP-NC），其目的是提供一种不依赖于具体系统的中性机制，能够描述产品整个生命周期内的统一数据模型，从而实现整个制造过程，乃至整个工业领域产品信息的标准化。

二、数控加工程序格式

1. 数控加工程序结构

数控加工程序由程序号、程序内容和程序结束三部分组成。

例如：　　O1000　　　　　　　　　　　　　　程序号

　　　　　N0010 G92 X100.0 Y100.0；

　　　　　N0020 G00 X30.0 S1000 M03 T01；

　　　　　N0030 G01 X0.0 Y10.0 F100；　　程序内容

　　　　　N0040 ……

……

N0100 M02；　　　　　　　　　　　　程序结束

程序号是程序的开始部分，作为程序的开始标记，供数控装置在存储器中的程序目录中查找、调用。程序号由地址码和数字组成。常用的地址码有 O、P 或%，根据系统的具体规定来确定。

程序内容是整个程序的主要部分，由若干程序段组成。每个程序段由若干个指令字组成，指令字代表某一信息单元。每个指令字由地址符和数字组成，它代表机床的一个位置或一个动作。在程序中能作指令的最小单位是字。

程序结束一般用辅助功能代码 M02 或 M30 来表示。

2. 数控加工程序段格式

程序段的格式就是指令字在程序段中排列的格式。不同的数控系统往往有不同的程序段格式。编程时应按照数控系统规定的格式编写。否则，数控系统就会报警。

常见的程序段格式如下：

N__	G__	X__	Y__	Z__	……	F__	S__	T__	M__

其中，N 为程序段号字；G 为准备功能字；X、Y、Z 为尺寸字；F 为进给功能字；S 为主轴转速功能字；T 为刀具功能字；M 为辅助功能字。

数控机床的指令格式在国际上有很多标准，并不完全一致。而随着数控机床的不断发展、改进和创新，其系统功能更强大，使用更方便。在不同数控系统之间，程序格式上存在一定的差异。因此，具体使用某一数控机床时要仔细了解其数控系统的编程格式。

三、准备功能 G 代码及其编程方法

1. 准备功能 G 代码

准备功能 G 代码简称 G 功能、G 指令或 G 代码。它是使机床或数控系统建立起某种加工方式的指令，由地址码 G 和后面的两位数字组成，从 G00 ~ G99 共 100 种。

G 代码分为模态代码和非模态代码。模态代码也称为续效代码，表示该 G 代码在一个程序段中一经指定就一直有效，直到后续的程序段中出现同组的 G 代码时才失效。非模态代码只在有该代码的程序段中有效，下一段程序需要时必须重写。

表 4-1 为我国 JB/T 3208—1999 标准中规定的 G 代码及其功能。

表 4-1　G 代码及其功能

代码 (1)	功能保持到被取消 或被同样字母表示 的程序指令所代替 (2)	功能仅在所 出现的程序 段内有作用 (3)	功能 (4)
G00	a		点定位
G01	a		直线插补
G02	a		顺时针方向圆弧插补
G03	a		逆时针方向圆弧插补

（续）

代码 （1）	功能保持到被取消 或被同样字母表示 的程序指令所代替 （2）	功能仅在所 出现的程序 段内有作用 （3）	功能 （4）
G04		#	暂停
G05	#	#	不指定
G06	a		抛物线插补
G07	#	#	不指定
G08		#	加速
G09		#	减速
G10～G16	#	#	不指定
G17	c		XY 平面选择
G18	c		ZX 平面选择
G19	c		YZ 平面选择
G20～G32	#	#	不指定
G33	a		螺纹切削，等螺距
G34	a		螺纹切削，增螺距
G35	a		螺纹切削，减螺距
G36～G39	#	#	永不指定
G40	d		刀具补偿/刀具偏置注销
G41	d		刀具补偿－左
G42	d		刀具补偿－右
G43	#（d）	#	刀具偏置－正
G44	#（d）	#	刀具偏置－负
G45	#（d）	#	刀具偏置＋/＋
G46	#（d）	#	刀具偏置＋/－
G47	#（d）	#	刀具偏置－/－
G48	#（d）	#	刀具偏置－/＋
G49	#（d）	#	刀具偏置0/＋
G50	#（d）	#	刀具偏置0/－
G51	#（d）	#	刀具偏置＋/0
G52	#（d）	#	刀具偏置－/0
G53	f		直线偏移，注销
G54	f		直线偏移 X
G55	f		直线偏移 Y
G56	f		直线偏移 Z
G57	f		直线偏移 XY
G58	f		直线偏移 XZ
G59	f		直线偏移 YZ
G60	h		准确定位1（精）
G61	h		准确定位2（中）

（续）

代码 （1）	功能保持到被取消 或被同样字母表示 的程序指令所代替 （2）	功能仅在所 出现的程序 段内有作用 （3）	功能 （4）
G62	h		快速定位（粗）
G63	*		攻螺纹
G64～G67	#	#	不指定
G68	#（d）	#	刀具偏置，内角
G69	#（d）	#	刀具偏置，外角
G70～G79	#	#	不指定
G80	e		固定循环注销
G81～G89	e		固定循环
G90	j		绝对尺寸
G91	j		增量尺寸
G92		#	预置寄存
G93	k		时间倒数，进给率
G94	k		每分钟进给
G95	k		主轴每转进给
G96	i		恒线速度
G97	i		每分钟转速（主轴）
G98～G99	#	#	不指定

注：1. #号表示如选作特殊用途，必须在程序中加以说明。
2. 如在直线切削控制中没有刀具补偿，则 G43～G52 可指定作其他用途。
3. 在表中第（2）栏括号中的字母（d）表示可以被同栏中没有括号的字母 d 所注销或代替，亦可被有括号的字母（d）所注销或代替。
4. G45～G52 的功能可用于机床上任意两个预定的坐标。
5. 控制机上没有 G53～G59 及 G63 功能时，可以指定作其他用途。

表 4-2 为 FANUC 系统常用准备功能代码及其功能。

表 4-2　FANUC 系统常用准备功能代码及其功能

代码	功　　能	代码	功　　能
G00	点定位	G41	刀具半径补偿－左
G01	直线插补	G42	刀具半径补偿－右
G02	顺时针方向圆弧插补	G43	刀具长度偏置－正
G03	逆时针方向圆弧插补	G44	刀具长度偏置－负
G04	暂停	G50	工件坐标系设定
G06	抛物线插补	G54	坐标系设定
G17	*XY* 平面选择	G60	准确定位 1（精）
G18	*ZX* 平面选择	G61	准确定位 2（粗）
G19	*YZ* 平面选择	G62	快速定位（粗）
G28	自动回原点	G65	（宏程序调用）
G32	单行程螺纹切削	G66	（宏程序模态调用）
G40	刀具补偿/刀具偏置注销	G67	（宏程序取消）

（续）

代码	功　　能	代码	功　　能
G70	精加工循环	G90	内外径切削循环
G71	内外径粗加工循环	G90	（绝对尺寸）
G72	端面粗加工循环	G91	（增量尺寸）
G73	闭合车削循环	G92	（简单螺纹循环）
G73	（高速钻孔（断屑）循环）	G94	（端面切削循环）
G74	（攻螺纹（左旋）循环）	G95	主轴每转进给
G76	复合螺纹循环	G96	恒线速度
G76	（精镗孔循环）	G97	每分钟转数（主轴）
G80	固定循环取消	G98	每分钟进给量
G82	（镗不通孔循环）	G98	（返回平面为初始平面）
G83	（钻深孔（排屑）循环）	G99	每转进给量
G84	（攻螺纹（右旋）循环）	G99	（返回平面为安全平面）

注：1. G04、G28、G50、G70～G76 代码为非模态代码，其他均为模态代码。
　　2. 在同一程序段中，出现非同组的几个模态代码时，并不影响 G 代码的续效。
　　3. G01、G40、G90、G99 为初态代码，表示开机就有的代码。
　　4. 加（）的功能为加工中心所有。

2. 常用 G 代码的编程方法

数控系统的种类较多，其指令代码的使用还不完全统一。因此，编程人员在编程前应对所用的数控系统功能及指令代码说明进行仔细研究，以免发生错误。以下是常用的 G 代码及其编程方法。

（1）绝对坐标与增量坐标指令 G90、G91　为了计算和编程的方便，一般的数控系统都允许以绝对坐标方式和增量坐标方式编程。通常用 G90 和 G91 来指定坐标方式。G90 表示程序段中的坐标尺寸为绝对坐标值，G91 表示为增量坐标值。

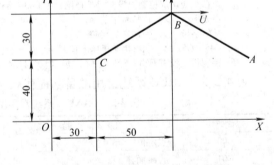

图 4-9　绝对坐标与增量坐标编程举例

【例 4-1】　图 4-9 所示为 AB 和 BC 两个直线插补程序段的坐标值，假设 AB 段已加工完毕，刀具在 B 点，现要加工 BC 段，加工程序段为：

　　G90 G01 X30.0 Y40.0；（绝对坐标）

　　或 G91 G01 X-50.0 Y-30.0；（增量坐标）

某些数控机床的增量尺寸不用 G91 指令，而是在运动的起点建立平行于 X、Y 的相对坐标系 U、V，如图 4-9 所示，相应的程序段为：

　　G01 U-50.0 V-30.0；（增量尺寸）

它与程序段 G91 G01 X-50.0 Y-30.0 是等效的。

这两种方法的使用应根据机床的具体规定而定。

（2）坐标系设定指令 G92　编程时，首先要设定一个坐标系，程序中的坐标值均以此坐标系为依据，该坐标系称为工件坐标系。工件坐标系的原点即程序原点（或称编程零点），而零件加工程序的起始点为对刀点，G92 指令的功能就是确定工件坐标系原点与对刀点的距离，即确定刀具起始点在工件坐标系中的坐标值，并将该坐标值存入程序存储器中。

图 4-10 所示为数控车床工件坐标系的设定。通常将工件坐标系原点设定在工件的设计基准或工艺基准上，也可以设定在卡盘端面中心或工件轴线上任意一点。图中设定在主轴轴线与工件右端面的交点处。设 $\alpha = 350$mm，$\beta = 150$mm，则坐标系设定程序为：

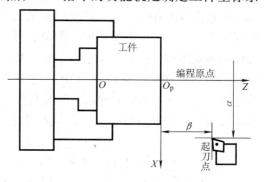

图 4-10　数控车床工件坐标系的设定

G92 X350.0 Z150.0；

应该注意，G92 只是设定坐标系，刀具（或机床）并不产生运动，所以在执行 G92 指令前，刀具必须放在程序所要求的位置上，如图 4-11 所示，其坐标系设定程序为：

G92 X40.0 Y30.0 Z25.0；

（3）零点偏移设置指令 G54 ~ G59　采用零点偏移设置指令可以将机床坐标系与工件坐标系联系起来，使零件加工程序的编制更加方便。

零点偏移即是工件坐标系原点相对于机床原点的偏移量，零点偏移可由指令 G54 ~ G59 来实现，即测量出工件零点相对于机床原点的各坐标分量，存入 G54 ~ G59 中，执行零件加工程序时，数控装置将自动对偏移量进行处理。

（4）取消零点偏移指令 G53　如果在零件加工程序中采用了零点偏移指令，那么在程序的最后，可用取消零点偏移指令 G53 将零点偏移取消。

（5）坐标平面选择指令 G17、G18、G19　G17、G18、G19 指令分别表示设定选择 XY、XZ、YZ 平面为

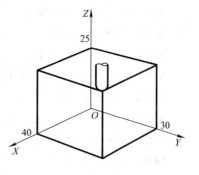

图 4-11　坐标系设定

当前工作平面。对于三坐标运动的数控机床，尤其是 $2\frac{1}{2}$ 坐标（三坐标控制，任意二坐标联动）的机床，常需要这些指令指定机床在哪一平面进行运动。

由于 XY 平面最常用，因此 G17 可省略；而对于两坐标控制的机床，如车床，则不需要使用平面指令。

（6）快速点定位指令 G00　G00 指令是使刀具从当前位置以系统设定的速度快速移动

到程序指定点，只是快速到位，而不进行切削，一般用在空行程运动时。编程格式为：

G00　X __　Y __　Z __；

其中 X、Y、Z 为目标点的绝对坐标或增量坐标。

G00 指令中不需要指定速度，其快进的速度是系统事先确定的。不同的系统确定的方式和数值范围各不相同，需查阅相关资料。另外，在 G00 状态下，不同的数控机床坐标轴的运动情况也可能不同。因此，编程前应了解机床数控系统的 G00 指令各坐标轴运动的规律和刀具运动轨迹，避免刀具与工件或夹具碰撞。

（7）直线插补指令 G01　G01 指令是直线运动控制指令，它命令刀具以 F 指令给出的速度，从当前位置以两坐标或三坐标联动方式做任意斜率的直线运动到达目标点。运动中，对工件进行切削加工。编程格式为：

G01　X __　Y __ Z __　F __；

其中 X、Y、Z 为目标点的绝对坐标或增量坐标；F 为插补方向的进给速度。

G01 指令既可进行两坐标联动插补运动，也可三坐标联动，取决于数控系统功能。当刀具进行平面直线插补时，G01 指令后面只有两个坐标值，如 X、Y；当刀具做空间直线插补时，G01 后面应有三个坐标值。

【例 4-2】　铣削如图 4-12 所示轮廓。设 P 点为起刀点，刀具从 P 点快速移动到 A 点，然后沿 $A—B—O—A$ 方向加工，再快速返回 P 点。用绝对坐标和增量坐标两种方法编程，程序如下：

绝对坐标编程：

O0010

N0010 G92 X28.0 Y20.0；

N0020 T01 S600 M03；

N0030 G90 G00 X16.0；

N0040 G01 X-8.0 Y8.0 F100；

N0050 X0.0 Y0.0；

N0060 X16.0 Y20.0；

N0070 G00 X28.0 Y20.0；

N0080 M02；

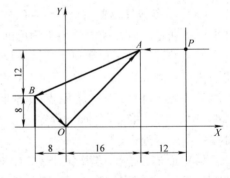

图 4-12　直线插补举例

增量坐标编程：

O0020

N0010 G92 X28.0 Y20.0；

N0020 T01 S600 M03；

N0030 G91 G00 X-12.0 Y0.0；

N0040 G01 X-24.0 Y-12.0 F100；

N0050 X8.0 Y-8.0；

N0060 X16.0 Y20.0；

N0070 G00 X12.0 Y0.0；

N0080 M02；

（8）圆弧插补指令 G02、G03　G02 和 G03 为圆弧运动控制指令，命令刀具以 F 指令指定的速度，从当前位置沿着圆弧轨迹运动到目标点，并在运动中对工件进行加工。

G02 为顺时针圆弧插补指令，G03 为逆时针圆弧插补指令。圆弧顺、逆的判断方法如下：沿垂直于要加工的圆弧所在平面的坐标轴由正方向向负方向看，刀具若沿顺时针方向运动，则为顺时针圆弧插补，用 G02；刀具若沿逆时针方向运动，则为逆时针圆弧插补，用 G03，如图 4-13 所示。程序段格式为：

G02（G03）X ＿ Y ＿ Z ＿ I ＿ J ＿ K ＿ （R ＿）F ＿；

以上程序段中，X、Y、Z 为圆弧终点坐标，可以是绝对值，也可以是圆弧终点相对于起点的增量值，决定于程序中已指定的 G90 或 G91。I、J、K 分别表示圆弧圆心相对圆弧起点在 X、Y、Z 方向的坐标增量，即从圆弧起点指向圆心的矢量在 X、Y、Z 坐标系中的分矢量。对于多数数控机床来说，I、J、K 总是增量值，不受 G90 控制。有些数控机床可以用圆弧的半径值 R 编程。因为在同一半径的情况下，从圆弧的起点到终点有两段圆弧的可能性，因此采用这种方法编程时，R 带有"±"号。当圆弧对应的圆心角 $\theta \leqslant$ 180°时，R 取正值；当圆弧对应的圆心角 $\theta > 180°$ 时，R 取负值。

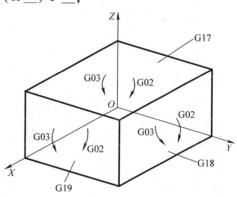

图 4-13　顺圆弧（G02）与逆圆弧（G03）的判断方法

应该注意，加工整圆时不能用半径 R 编程。

【例 4-3】　铣削如图 4-14 所示圆孔。设起刀点在坐标原点 O，加工时刀具快速移动到 A 点，逆时针方向切削整圆至 A，再快速返回原点。用绝对坐标和增量坐标两种方法编程，程序如下：

绝对坐标编程：

O100

N0010 G92 X0.0 Y0.0；

N0020 T01 S500 M03；

N0030 G90 G00 X20.0 Y0.0；

N0040 G03 X20.0 Y0.0 I-20.0 J0.0 F100；

N0050 G00 X0.0 Y0.0；

N0060 M02；

增量坐标编程：

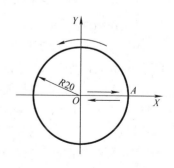

图 4-14　整圆编程举例

O110

N0010 T01 S500 M03；

N0020 G91 G00 X20.0 Y0.0；

N0030 G03 X0.0 Y0.0 I-20.0 J0.0 F100；

N0040 G00 X-20.0 Y0.0；

N0050 M02；

此例中，因为是整圆加工，故只能用圆心坐标 I、J 编程。

【例 4-4】 铣削加工如图 4-15 所示的曲线轮廓。设 A 点为起刀点，刀具从点 A 沿 A →B→C→D 加工三段圆弧至点 D，再快速返回 A 点。程序如下：

用圆心坐标编程：

O0020

N0010 G92 X0.0 Y18.0；

N0020 T01 S500 M03；

N0030 G90 G02 X18.0 Y0.0 I0.0 J-18.0 F100；

N0040 G03 X68.0 Y0.0 I25.0 J0.0；

N0050 G02 X88.0 Y20.0 I0.0 J20.0；

N0060 G00 X0.0 Y18.0；

N0070 M02；

用半径 R 编程：

O0020

N0010 G92 X0.0 Y18.0；

N0020 T01 S500 M03；

N0030 G90 G02 X18.0 Y0.0 R18.0 F100；

N0040 G03 X68.0 Y0.0 R25.0；

N0050 G02 X88.0 Y20.0 R-20.0；

N0060 G00 X0.0 Y18.0；

N0070 M02；

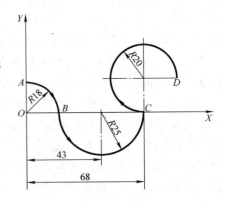

图 4-15 圆弧编程举例

（9）暂停指令（延迟指令）G04 G04 指令为非模态指令，只在本程序段有效。它可使刀具作短时间的无进给运动，进行光整加工。主要用于以下几种情况：

1）对不通孔作深度控制时，在刀具进给到规定深度后，用暂停指令使刀具作非进给光整加工，然后退刀，保证孔底平整。

2）镗孔完毕后要退刀时，为避免留下螺旋划痕而影响表面粗糙度，应使主轴停止转动，并暂停几秒钟，待主轴停止后再退刀。

3）横向车槽时，应在主轴转过几转后再退刀，也应该用暂停指令。

4）在车床上倒角或车顶尖孔时，为使表面平整，可用暂停指令使工件转过一转后再退刀。

暂停指令的程序段格式为：

G04　βΔΔ；

其中，β 表示地址符，通常为 X、U、P 等，不同的系统有不同的规定；ΔΔ 为数字，表示暂停时间（秒或毫秒）或主轴转数，应根据机床的规定而定。

【例 4-5】 图 4-16 所示为锪孔加工编程，设孔底有粗糙度要求，程序如下：

N0010 G91 G01 Z-7.0 F60；

N0020 G04 X5.0；

N0030 G00 Z7.0；

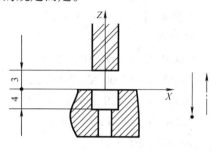

图 4-16　锪孔加工编程

（10）刀具半径自动补偿指令 G41、G42、G40　刀具半径自动补偿功能的意义在于：要求数控系统能够根据工件轮廓和刀具半径，自动计算出刀具中心轨迹。这样，在编程时，就可以直接按照零件轮廓的坐标数据编制加工程序。加工时，数控系统就能自动地控制刀具沿零件的轮廓运动，从而加工出合格的零件。

如图 4-17 所示，用半径为 r 的铣刀加工外形轮廓为 AB 的工件，刀具中心必须沿着与零件轮廓 AB 偏离 r 距离的轨迹 $A'B'$ 移动。也就是说，铣削时，刀具中心轨迹与工件轮廓形状不一样，这就要求编程时计算出刀具中心轨迹的坐标参数 $A'B'$。这种计算往往很繁琐，为了方便编程，大多数数控机床都具有刀具半径自动补偿功能。

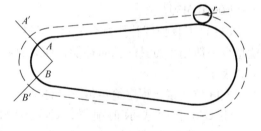

图 4-17　刀具半径补偿原理

刀具半径自动补偿功能通过刀具半径自动补偿指令来实现。刀具半径自动补偿指令也可称为刀具偏置指令，分为左偏和右偏。G41 表示刀具左偏，即顺着刀具前进的方向看，刀具在零件轮廓的左边；G42 表示刀具右偏，指顺着刀具前进的方向看，刀具在零件轮廓的右边；G40 表示注销刀具偏置指令，取消刀具补偿，使刀具中心与编程轨迹重合。G41、G42 指令为模态指令，总是与 G40 配合使用。指令格式如下：

$$\begin{Bmatrix} G00 \\ G01 \end{Bmatrix} \begin{Bmatrix} G41 \\ G42 \end{Bmatrix} X\_\_Y\_\_D\_\_；$$

$$\begin{Bmatrix} G00 \\ G01 \end{Bmatrix} G40\ \ X\_\_Y\_\_；$$

其中，D 表示刀具半径补偿值寄存器的地址号，D 后面的数字是刀具补偿号。刀具半径补偿值在加工前用 MDI 方式输入到相应的寄存器中，加工时可由 D 指令调用。

另外，刀具半径补偿指令还可用于以下几种情况：当刀具磨损、刀具重磨或中途更换刀具后，刀具直径发生变化时，可利用刀具半径自动补偿功能，在控制面板上用手动输入方式改变刀具半径补偿值即可；利用刀具半径自动补偿功能，可用同一程序、同一把刀对零件进行粗精加工，设刀具半径为 r，精加工余量为 δ，则粗加工时输入刀具补偿量为 $r+\delta$，精加工时输入刀具补偿量 r 即可；利用刀具半径自动补偿功能还可进行凸、凹模具的加工，用 G42 指令得到阳模轨迹，用 G41 指令得到凹模轨迹，这样可以用同一程序加工基本尺寸相同的内外两种轮廓的模具。

【例 4-6】 如图 4-18 所示，在 XY 平面内进行轮廓铣削。程序如下：

```
O00005
N0010 G54 T01 S1000 M03;
N0020 G90 G00 X0.0 Y0.0;
N0030 G41 X20.0 Y10.0 D01;
N0040 G01 Y50.0 F100;
N0050 X50.0;
N0060 Y20.0;
N0070 X10.0;
N0080 G40 G00 X0.0 Y0.0;
N0090 M30;
```

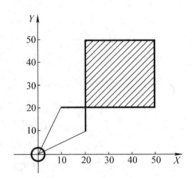

图 4-18　刀具半径补偿举例

（11）刀具长度补偿指令 G43、G44　刀具长度补偿指令一般用于刀具的轴向补偿，使刀具在轴向的实际位移大于或小于程序给定值。用下式表示：

实际位移量 = 程序给定值 ± 补偿值

用 G43 指令表示正偏置，即表示为"+"，如图 4-19a 所示；用 G44 表示负偏置，表示为"−"，如图 4-19b 所示。

刀具长度补偿指令的程序格式为：

$$\begin{Bmatrix} G00 \\ G01 \end{Bmatrix} \begin{Bmatrix} G43 \\ G44 \end{Bmatrix} Z\_\_H\_\_;$$

其中 Z 为程序中给定的坐标值；H 是刀具长度补偿值寄存器的地址号，该寄存器中存放补偿值；G43、G44 是模态指令，用 G49 注销。

四、辅助功能 M 代码及其应用

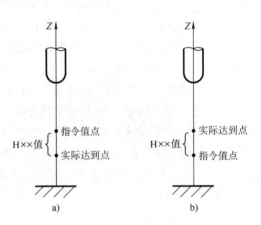

图 4-19　刀具长度补偿

辅助功能 M 代码简称 M 功能、M 指令或 M 代码，主要用来表示机床操作时，各种辅助动作及其状态。由地址码 M 和后面的两位数字组成，从 M00 ~ M99 共 100 种。

表 4-3 所示为我国 JB/T3208—1999 标准规定的 M 代码。

表 4-4 所示为 FANUC 系统常用辅助功能标准。

表 4-3 辅助功能 M 代码

代码 （1）	功能开始时间		功能保持到被 注销或被适当 程序指令代替 （4）	功能仅在所 出现的程序 段内有作用 （5）	功能 （6）
	与程序段指令 运动同时开始 （2）	在程序段指令运 动完成后开始 （3）			
M00		*		*	程序停止
M01		*		*	选择停止
M02		*		*	程序结束
M03	*		*		主轴顺时针方向
M04	*		*		主轴逆时针方向
M05		*	*		主轴停止
M06	#	#		#	换刀
M07	*		*		2 号切削液开
M08	*		*		1 号切削液开
M09		*	*		切削液关
M10	#	#	#		夹紧
M11	#	#	#		松开
M12	#	#	#	#	不指定
M13	*		*		主轴顺时针方向，切削液开
M14	*		*		主轴逆时针方向，切削液开
M15	*			*	正运动
M16	*			*	负运动
M17 ~ M18	#	#	#	#	不指定
M19		*	*		主轴定向停止
M20 ~ M29	#	#	#	#	永不指定
M30		*		*	纸带结束
M31	#	#		#	互锁旁路
M32 ~ M35	#	#	#	#	不指定
M36	*		*		进给范围 1
M37	*		*		进给范围 2
M38	*		*		主轴速度范围 1
M39	*		*		主轴速度范围 2
M40 ~ M45	#	#	#	#	如有需要作齿轮换档
M46 ~ M47	#	#	#	#	不指定
M48		*	*		注销 M49
M49	*		*		进给率修正旁路
M50	*		*		3 号切削液开
M51	*		*		4 号切削液开
M52 ~ M54	#	#	#	#	不指定

（续）

代码 （1）	功能开始时间		功能保持到被 注销或被适当 程序指令代替 （4）	功能仅在所 出现的程序 段内有作用 （5）	功能 （6）
	与程序段指令 运动同时开始 （2）	在程序段指令运 动完成后开始 （3）			
M55	*			*	刀具直线位移，位置1
M56	*			*	刀具直线位移，位置2
M57 ~ M59	#	#	#	#	不指定
M60		*		*	更换工件
M61	*		*		工件直线位移，位置1
M62	*		*		工件直线位移，位置2
M63 ~ M70	#	#	#	#	不指定
M71			*		工件角度位移，位置1
M72	*		*		工件角度位移，位置2
M73 ~ M89	#	#	#	#	不指定
M90 ~ M99	#	#	#	#	永不指定

注：1. #号表示如选作特殊用途，必须在程序中加以说明。
　　2. M90 ~ M99 可指定为特殊用途。

表 4-4　FANUC 系统常用辅助功能

代　码	功　　能	代　码	功　　能
M00	程序停止	M11	夹盘松
M01	选择停止	M20	空气开
M02	程序结束	M21	X 轴镜像
M03	主轴正转/旋转刀具正转	M22	Y 轴镜像
M04	主轴反转/旋转刀具反转	M23	镜像取消
M05	主轴停/旋转刀具停	M30	主程序结束
M06	换刀	M32	尾顶尖进给
M08	切削液开	M33	尾顶尖后退
M09	切削液关	M98	调用子程序
M10	夹盘紧	M99	子程序结束

常用的 M 代码有以下几个：

M00——程序停止。在完成该程序段其他指令后，用 M00 可停止主轴转动、进给和切削液，以便执行某一固定的手动操作。如换刀、工件调头等。固定操作完成后，按起动键便可继续执行下一程序段。

M01——选择停止。该指令与 M00 相似。不同的是，只有按下操作面板上的“任选停止”键时，M01 才有效，否则，该指令不起作用。M01 指令常用于工件关键尺寸的停机抽样检查或其他需要临时停车的场合。这些工作完成后，按起动键继续执行后续的程序。

M02——程序结束。当全部程序结束后，用该指令使主轴、进给、冷却全部停止，并使数控系统处于复位状态。M02 指令必须出现在最后一个程序段中。

M03、M04、M05——分别使主轴正转、反转和停转。主轴停止旋转是在该程序段其他指令完成后才能执行。一般在主轴停转的同时进行制动和关闭切削液。

M06——换刀指令。常用于加工中心换刀前的准备动作。

M07、M08——切削液开。M07 使 2 号切削液（雾状）开，M08 使 1 号切削液（液状）开。

M09——切削液关。关闭 1 号、2 号切削液。

M10、M11——运动部件的夹紧与松开。

M30——纸带结束。相似于 M02，但 M30 可使程序返回到开始状态。通常，在换工件时使用。

五、F、S、T 代码的功能及应用

用地址码 F、S、T 及后面的数字，可分别指定进给速度（进给量）、主轴转速、所用刀具和刀补号。

1. F 功能

也称为 F 代码或 F 指令，用来指定进给速度，为续效代码。通常单位为 mm/min，当进给速度与主轴转速有关时（如车削螺纹时），单位为 mm/r。在 G98 程序段后面，F 指定的进给速度单位为 mm/min，在 G99 程序段后面，F 指定的进给速度单位为 mm/r。F 代码通常有两种表示方法：编码法和直接指定法。所谓编码法，是指地址码 F 后面的数字不直接表示进给速度的大小，而是机床进给速度数列的编码号，具体的数值需查阅机床说明书得到。直接指定法即 F 后面的数字就是进给速度的大小。如 F200 表示进给速度为 200mm/min。现代数控机床大多采用直接指定法。

2. S 功能

指定主轴转速，单位为 r/min，也是续效代码，由地址码 S 和后面的数字组成。也称为 S 代码或 S 指令。S 代码与 F 代码相同，也有两种表示方法：编码法和直接指定法。

3. T 功能

也称为 T 代码或 T 指令。在有自动换刀功能的数控机床上，用地址 T 和后面的数字来指定刀具号和刀具补偿号。T 后面数字的位数和定义由不同的机床自行确定。通常用两位数或四位数表示。在 FANUC 系统中，这两种形式均可采用。如 T0101 表示用 1 号刀和 1 号刀补值。

第四节　数控编程中的数值计算

一、数控编程中数值计算的内容

根据零件图样要求，按照已确定的加工路线和允许的编程误差，计算出机床数控系统所需输入的数据，称为数控编程的数值计算。对于带有自动刀补功能的数控装置来

说，通常要计算出零件轮廓上一些点的坐标数值。数控计算的内容有以下几个方面。

1. 基点坐标的计算

零件的轮廓曲线一般是由许多不同的几何元素组成的，如直线、圆弧、二次曲线等。通常将各个几何元素间的连接点称为基点。如两条直线的交点、直线与圆弧的交点或切点、圆弧与圆弧的交点或切点、圆弧与二次曲线的交点或切点等。大多数零件的轮廓是由直线和圆弧组成的，这类零件的基点计算比较简单，通常用零件图上已知的尺寸数值即可算出基点坐标，也可以用联立方程式求解的方法求出基点坐标。

2. 节点坐标的计算

数控系统都具有直线和圆弧插补功能，当零件的轮廓形状是非圆曲线构成时，常用连续的直线段或圆弧段逼近零件轮廓曲线，逼近线段交点或切点的计算即节点坐标计算。

3. 刀具中心轨迹的计算

现代数控机床通常都具有刀具自动补偿功能。编程时，只要计算出零件轮廓上的基点或节点坐标，输入刀具补偿指令和相关数据，数控系统即可自动计算出所需的刀具中心轨迹坐标，并控制刀具运动。对于不具有刀具自动补偿功能的数控机床，如某些经济型数控机床，则必须按刀具中心轨迹坐标数据编制加工程序，就需要进行刀具中心轨迹的计算。

4. 辅助计算

辅助计算包括增量计算、脉冲数计算和辅助程序段的数值计算。不同的数控系统，辅助计算的内容和步骤也不尽相同。

（1）增量计算　绝对坐标系编程时，一般不需要计算增量值。用增量尺寸进行编程时，输入的数据为增量值，如直线段要算出直线终点相对其起点的坐标增量值；对于圆弧段，一种是要算出圆弧终点相对起点的坐标增量值和圆弧的圆心相对圆弧起点的坐标增量值，另一种是要分别计算出圆弧起点和终点相对圆心的坐标增量值。

（2）脉冲数计算　进行数值计算时，单位通常是毫米，其数据常带有小数点。对于开环系统来说，要求输入的数据是以脉冲为计量单位的整数，因此，应将计算出的坐标数据换算成为脉冲数（坐标数据除以脉冲当量），即进行脉冲数计算。对于闭环或半闭环系统，则可直接输入带小数点的数据。

（3）辅助程序段的数值计算　指由对刀点到切入点的切入程序，由零件切削终点返回到对刀点的切出程序，以及无尖角过渡功能数控系统的尖角过渡程序等所需的数据计算。

（4）标注尺寸转换成编程尺寸的计算　即根据零件图样标注尺寸公差转换成正负偏差的形式，用基本尺寸编程。例如，标注尺寸为 $20^{+0.06}_{+0.02}$，转换成编程尺寸为 20.04 ± 0.02。

二、直线和圆弧组成的零件轮廓的基点计算

平面零件轮廓的曲线多数是由直线和圆弧组成的，而大多数数控机床都具有直线和圆弧插补功能、刀具半径补偿功能，因此只需计算出零件轮廓的基点坐标即可。

计算时，首先选定零件坐标系的原点，然后列出各直线和圆弧的数学方程，求出相邻几何元素的交点和切点即可。

对于直线，均可转化为一次方程的一般形式

$$Ax + By + C = 0$$

对于圆弧，均可转化为圆的标准方程的一般形式

$$(x - \xi)^2 + (y - \eta)^2 = R^2$$

式中，ξ、η 为圆弧的圆心坐标，R 为圆弧半径。解上述相关的联立方程，即可求出有关的交点或切点的坐标值。

当数控装置没有刀补功能时，需要计算出刀位点轨迹上的基点坐标。这时，可根据零件的轮廓和刀具半径，求出刀位点的轨迹，即零件轮廓的等距线。

对于直线的等距线方程可转化为

$$Ax + By + C = \pm r_{刀} \sqrt{A^2 + B^2}$$

对于圆弧的等距线方程可转化为

$$(x - \xi)^2 + (y - \eta)^2 = (R \pm r_{刀})^2$$

解上述相关的等距线联立方程，就可求出刀位点轨迹的基点坐标值。

三、非圆曲线的节点计算

平面轮廓曲线除了直线和圆弧外，还有椭圆、双曲线、抛物线、阿基米德螺旋线等以方程式给出的曲线。对于这类曲线，无法直接用直线和圆弧的插补进行加工，而常用直线或圆弧逼近的数学方法处理。这时，需要计算出相邻二逼近直线或圆弧的节点坐标。

1. 用直线逼近零件轮廓曲线时的节点计算

常用的方法有：等间距法、等步长法和等误差法。

（1）等间距法 等间距法就是将某一坐标轴划分为相等的间距，然后求出曲线上相应的节点，将相邻节点连成直线，用这些直线段组成的折线代替原来的轮廓曲线。如图 4-20 所示，沿 X 轴方向取等间距 Δx，根据已知曲线方程 $y = f(x)$，由起点开始，得到 x_1，将 x_1 代入方程得到 y_1，则 x_1、

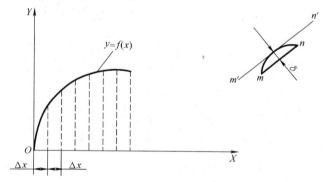

图 4-20　等间距法直线逼近

y_1 即为逼近线段的终点坐标。根据 Δx 和 $y = f(x)$ 依次求出一系列节点坐标值。

Δx 值应保证曲线 $y = f(x)$ 与相邻两节点连线间的法向距离小于允许的误差 $\delta_允$。一般先取 $\Delta x = 0.1$ 试算出节点坐标值，然后进行误差校验。如图 4-20 所示，设需要校验的曲线段为 $\overset{\frown}{mn}$，$m'n'$ 与直线段 mn 平行，且与曲线 $y = f(x)$ 相切，切点至 mn 的距离为 δ，mn 与 $m'n'$ 的方程为：

mn：
$$Ax + By + C = 0$$

$m'n'$：
$$Ax + By + C = \pm\delta\sqrt{A^2 + B^2} \tag{4-1}$$

设 m 点坐标为 (x_m, y_m)，n 点坐标为 (x_n, y_n)，

则 $A = y_m - y_n$，$B = x_n - x_m$，$C = y_n x_m - y_m x_n$

联立方程求解
$$\begin{cases} Ax + By + C = \pm\delta\sqrt{A^2 + B^2} \\ y = f(x) \end{cases}$$

得 δ，且要求 $\delta \leqslant \delta_允$。一般取 $\delta_允$ 为零件公差的 $1/5 \sim 1/10$。

实际计算时，并非每一段逼近线段的误差都要进行验算。一般，对于曲线曲率半径变化较小处，只需验算两节点间距离最长处的误差；而对曲率半径变化较大处，应验算曲率半径较小处的误差。通常由轮廓图形直接观察确定校验的位置。

（2）等步长法　等步长法是在用直线逼近时，使每个程序段的长度相等，也称为等程序段法。如图 4-21 所示，由于各个逼近段的长度相等，而零件轮廓曲线 $y = f(x)$ 各处的曲率不等，因此每段逼近线段的误差不同，误差的最大值产生在曲线的曲率半径最小处。

首先由方程 $y = f(x)$ 求出曲线的曲率半径 R

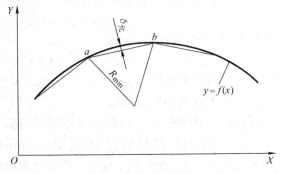

图 4-21　等步长法直线逼近

$$R = \frac{(1 + y'^2)^{3/2}}{y''}$$

取 $\dfrac{\mathrm{d}R}{\mathrm{d}x} = 0$

可求出 x 值，代入曲率半径方程，即可求得 R_{min}。

以 R_{min} 为半径作曲率圆。在给定的允许插补误差 $\delta_允$ 下的弦长 L 为

$$L = 2\sqrt{R_{min}^2 - (R_{min} - \delta_允)^2}$$
$$L \approx 2\sqrt{2R_{min}\delta_允}$$

以曲线起点 $a(x_a, y_a)$ 为圆心，以 L 为半径，所得圆方程与曲线方程 $y = f(x)$ 联立求解，即可求得下一个节点 b 的坐标 (x_b, y_b)。依次求得各节点坐标值。

等步长法计算过程简便，常用于曲率变化不大的轮廓曲线的节点计算。

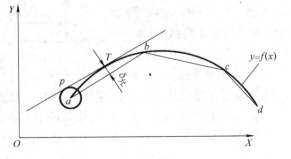

图 4-22　等误差法直线逼近

（3）等误差法　等误差法就是使整个零件轮廓各插补段的误差相等，以相等的误差来确定各插补段的步长。如图 4-22 所示，设零件轮廓的曲线方程为 $y = f(x)$，首先求出曲线起点 a 的坐标 $(x_a，y_a)$，以 $a(x_a，y_a)$ 为圆心，$\delta_允$ 为半径作圆

$$(x - x_a)^2 + (y - y_a)^2 = \delta_允^2 \tag{4-2}$$

点 $P(x_p，y_p)$，$T(x_t，y_t)$ 分别为该圆和曲线 $y = f(x)$ 的公切线的切点，用联立方程可求 x_p、y_p、x_t、y_t：

$$\begin{cases} \dfrac{y_t - y_p}{x_t - x_p} = \dfrac{x_p - x_a}{y_p - y_a} & （允差圆切线方程） \\[2mm] y_p = \sqrt{\delta_允^2 - (x_p - x_a)^2} + y_a & （允差圆方程） \\[2mm] \dfrac{y_t - y_p}{x_t - x_p} = f'(x_t) & （曲线切线方程） \\[2mm] y_t = f(x_t) & （曲线方程） \end{cases}$$

则公切线 PT 的斜率为

$$k = \frac{y_t - y_p}{x_t - x_p}$$

过 a 点作与 PT 平行的直线，其方程为

$$y - y_a = k(x - x_a) \tag{4-3}$$

该直线与曲线 $y = f(x)$ 交于 b 点，联立求解 b 点坐标 $(x_b，y_b)$

$$\begin{cases} y - y_a = k(x - x_a) \\ y = f(x) \end{cases}$$

按以上步骤依次求得 c、d 等各点坐标。

利用等误差法，程序段数目最少，但计算过程较复杂。适用于复杂形状的零件以及曲率变化较大的轮廓曲线的节点计算。

2. 用圆弧逼近零件轮廓曲线的节点计算

常用的曲线段圆弧逼近法有两种：圆弧分割法和三点作图法。

（1）圆弧分割法　圆弧分割法应用在曲线 $y = f(x)$ 为单调的情况下，若不是单调曲线，可以在拐点处将曲线分段，使每段曲线为单调曲线，如图 4-23 所示。以下是用圆弧分割法进行节点计算的方法与步骤：

1）求轮廓曲线 $y = f(x)$ 起点 $(x_n，y_n)$ 的曲率圆。

其参数为

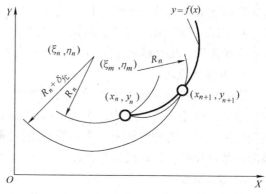

图 4-23　圆弧分割法求节点

半径
$$R_n = \frac{\left(1 + y_n'^2\right)^{3/2}}{y_n''}$$

圆心坐标
$$\begin{cases} \xi_n = x_n - y_n' \dfrac{1 + y_n'^2}{y_n''} \\[3mm] \eta_n = y_n + \dfrac{1 + y_n'^2}{y_n''} \end{cases}$$

2）求以（ξ_n，η_n）为圆心，以 $R_n \pm \delta_允$ 为半径的圆与曲线 $y = f(x)$ 的交点

解联立方程
$$\begin{cases} (x - \xi_n)^2 + (y - \eta_n)^2 = (R_n \pm \delta_允)^2 \\ y = f(x) \end{cases}$$

得到（x，y）值，即为圆弧与 $y = f(x)$ 的交点（x_{n+1}，y_{n+1}）。式中，当轮廓曲线曲率递减时，取 $R_n + \delta_允$ 为半径；当轮廓曲线曲率递增时，取 $R_n - \delta_允$ 为半径。

重复以上步骤依次算出分割轮廓曲线的各节点坐标。

3）求出 $y = f(x)$ 上两相邻节点间逼近圆弧的圆心。

所求两节点间的逼近圆弧是以（x_n，y_n）为始点，（x_{n+1}，y_{n+1}）为终点，以 R_n 为半径的圆弧。分别以（x_n，y_n）和（x_{n+1}，y_{n+1}）为圆心，以 R_n 为半径作两个圆，两圆弧的交点就是所求的圆心坐标。即由联立方程

$$\begin{cases} (x - x_n)^2 + (y - y_n)^2 = R_n^2 \\ (x - x_{n+1})^2 + (y - y_{n+1})^2 = R_n^2 \end{cases}$$

解得的（x，y）即为所求逼近圆弧的圆心坐标（ξ_m，η_m）。

（2）三点作图法　三点作图法即先用直线逼近的方法计算出轮廓曲线的节点坐标，然后再通过连续的三个节点作圆的方法。过连续三点的逼近圆弧的圆心坐标及半径可用解析法求得。

四、列表曲线的数学处理方法

在生产实际中，有些零件的轮廓曲线不是以方程的形式给出，而是以列表坐标点的形式来描述的，如某些凸轮样板、模具、叶片等，这样的零件轮廓曲线称为列表曲线。

对于以列表点给出的轮廓曲线，常用数学拟合的方法逼近零件轮廓，即根据已知列表点推导出用于拟合的数学方程。以下是几种常用的拟合方法。

1. 牛顿插值法

当给出的列表点比较平滑时，用该方法。为了避免高次插值复杂的计算和不稳定，常采用以少数几个列表点构造次数不高的插值多项式。如用相邻三个列表点建立一个二次抛物线方程，再插值加密。牛顿插值法得到的多项式在列表点处不连续，因此逼近曲线的光滑性较差，目前已较少使用。

2. 双圆弧法

双圆弧法即在两个列表点之间用两段彼此相切的圆弧来逼近列表曲线。而彼此相切的两段圆弧的参数是通过包括两个列表点在内的四个连续列表点来确定的。当四个连续

列表点中的第一点和第四点在中间两点连线的同侧时，可用两段彼此内切的圆弧来逼近。如图4-24a所示，图中是通过P_1、P_2、P_3、P_4四个列表点确定的过P_2、P_3两点的彼此相内切的逼近圆弧，圆心为O_2和O_3。

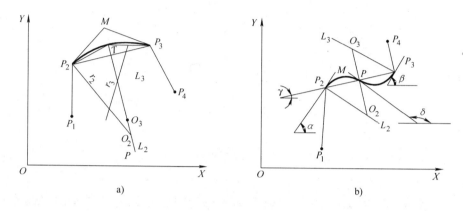

图4-24　双圆弧法的内、外切圆逼近

当四个连续列表点中的第一点和第四点在中间两点连线的异侧或其中一点在连线上时，可用两段外切的圆弧来逼近，如图4-24b所示。图中是通过P_1、P_2、P_3、P_4四个列表点确定的过P_2、P_3两点的彼此相外切的逼近圆弧。

3. 样条函数法

样条函数是模拟得出的一个分段多项式函数。目前生产中常用的有三次样条、圆弧样条和双圆弧样条等方法。

（1）三次样条函数拟合　三次样条函数是四个相邻列表点建立的样条函数，曲线通过所有列表点，并且在列表点处具有一阶和二阶连续导数，所以三次样条函数在列表点处光滑性好。三次样条函数是一种较好的拟合方法，在此基础上还可以进行第二次拟合，使逼近效果更好。

在使用三次样条函数时应注意，对于大挠度的情况用给定坐标系下各列表点的坐标作三次样条，可能会出现多余的拐点；三次样条是一个多项式，不具有几何不变性。

（2）圆弧样条拟合　圆弧样条拟合的方法是：在平面上给出$n+1$个列表点$P_i(i=0, 1, 2, \cdots, n)$，要求过每一点作一段圆弧，并使相邻二圆弧相切于相邻两节点的弦的垂直平分线上，如图4-25所示。圆弧样条曲线总体是一阶导数连续，分段是等曲率圆弧。圆弧样条曲线采用局部坐标系，坐标原点为一个列表点，X方向与弦线方向一致，所以可应用在大挠度的情形。另外，由于整个曲线都是由一些圆弧相切而成的，因此计算比较简单。

该方法只适合于描述平面曲线，不适于描述空间曲线。

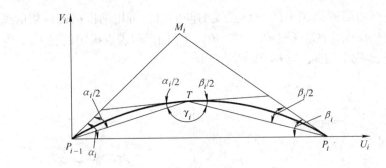

图 4-25   圆弧样条拟合

习题与思考题

4-1   什么是零件的加工路线？确定加工路线时应该遵循哪些原则？

4-2   加工路线与零件轮廓曲线有什么区别？如果按照零件轮廓编程，数控系统应该具备什么功能？

4-3   数控编程中的数值计算包括哪些内容？什么是基点和节点？

4-4   什么是对刀点和换刀点？确定对刀点和换刀点的原则是什么？

4-5   快速点定位指令 G00 和直线插补指令 G01 的区别是什么？各自用在什么情况下？

4-6   程序段 G90 X50.0 Y-80.0 和 G91 X50.0 Y-80.0 有什么区别？

4-7   已知一条直线的起点坐标为（50，-20），终点坐标为（20，30），设刀具进给速度为 100mm/min，试用绝对坐标和增量坐标的方式写出该直线的加工程序段。

4-8   如图 4-26 所示的圆弧，起点为 A，试用圆心和半径两种方法编写加工程序。

4-9   用直径为 φ20mm 的立铣刀铣削图 4-27 所示的零件侧面，试用刀具半径补偿功能编程。

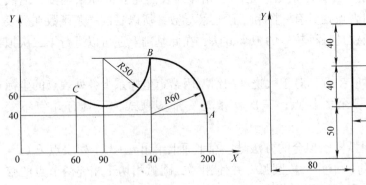

图 4-26   习题 4-8 图

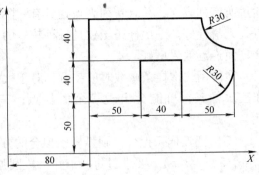

图 4-27   习题 4-9 图

第五章　数控机床的手工编程

第一节　手工编程的特点、方法与步骤

一、手工编程的概念及特点

程序设计是数控机床加工中重要的技术环节，是将机床加工零件的运动顺序和机床刀具相对于工件的位移量和切削参数等通过标准数字代码和程序格式表达出来的一种设计过程。

数控加工程序编制是把加工零件的全部过程、工艺参数和位移数据等，以标准数字代码的形式记录在控制介质上，用控制介质上的信息来控制机床运动，实现零件的全部加工过程。通常，把从零件图分析到获得数控机床所需的控制介质的全过程称作数控加工的程序编制。

手工编程是指用人工的方法完成从零件图到编写程序单，最后制作出控制介质的整个过程。如图 5-1 所示。

图 5-1　手工编程过程

手工编程由人工完成整个编程过程，包括许多数据计算，因此只适用于一些轮廓形状不太复杂的零件，或者坐标计算较为简单、程序编制易于实现的场合。对于轮廓形状复杂的零件，如含有非圆曲线轮廓的零件，一般采用自动编程的方法。

二、手工编程的方法与步骤

手工编程时，应按照机床规定的程序格式，逐行写出刀具的每一运动行程以及加工中所需的工艺参数。编程步骤如下：

（1）工艺设计　编程时必须全面了解和掌握零件的整个加工过程及其涉及的有关工艺参数。

1）分析零件图。首先要熟悉零件所属产品的性能、用途和工作条件，了解其装配关系。然后分析零件图上各项技术要求是否合理，零件的结构工艺性如何等。

2）确定加工路线。

3）选择切削用量。

4）选择或设计夹具。

（2）设定加工起点　确定加工开始点。

（3）数值计算 一般包括基点和节点的计算，刀具中心轨迹的计算等。

（4）编写程序单 按照机床规定的程序格式编写程序单。

（5）制作控制介质 将程序信息记录在穿孔纸带、磁带、磁盘上，也可直接输入到数控机床上。

（6）校验程序 通过机床空运行、图形显示模拟走刀或试切零件来校验程序。

第二节 数控车床的手工编程

一、数控车床加工特点

数控车床是一种比较理想的回转体零件自动化加工机床，具有直线插补和圆弧插补功能，不仅可以方便地进行圆柱面、圆锥面的切削加工，而且可加工由任意平面曲线组成的复杂轮廓回转体零件，还能车削任何等节距的直、锥和端面螺纹。有些数控车床还能车削增节距、减节距，以及要求等节距、变节距之间平滑过渡的螺纹。

二、数控车床编程特点

1）在一个程序段中，根据图样上标注的尺寸，可以采用绝对值编程、增量值编程或二者混合编程。

2）数控车床用 X、Z 表示绝对坐标指令，用 U、W 表示增量坐标指令，而不用 G90、G91 指令。

3）由于回转体零件图样尺寸和测量值都是直径值，因此，直径方向用绝对值编程时，X 以直径值表示；用增量值编程时，以径向实际位移量的二倍值表示。

4）为提高工件的径向尺寸精度，X 向的脉冲当量取 Z 向脉冲当量的一半。

5）为了提高刀具寿命和工件的表面质量，车刀刀尖常磨成一个半径较小的圆弧，因此当编制加工程序时，需要进行刀具半径补偿。

6）由于毛坯常用棒料或锻料，加工余量较大，所以数控系统常具备不同形式的固定循环功能，可进行多次重复循环切削。

7）第三坐标指令 I、K 在不同的程序段中作用也不相同。在进行圆弧切削时，I、K 表示圆心相对圆弧起点的坐标位置；在自动循环指令程序中，I、K 表示每次循环的进刀量。

三、数控车床的夹具

数控车床上的夹具主要有两类：一类用于盘类或短轴类零件，工件毛坯装夹在带可调卡爪的卡盘（三爪、四爪）中，由卡盘传动旋转；另一类用于长轴类零件，毛坯装在主轴顶尖和尾座顶尖间，工件由主轴上的拨盘传动旋转。

四、数控车床的刀具

与普通机床加工方法相比，数控加工对刀具提出了更高的要求，不仅需要刚性好、精度高，而且要求尺寸稳定、寿命长，断屑和排屑性能好，同时要求安装调整方便，以满足数控机床高效率的要求。数控机床刀具常采用适应高速切削的刀具材料（如超细粒度硬质合金、陶瓷、立方氮化硼、聚晶金刚石等），并使用可转位刀片。

数控车床常用的车刀一般分为尖形车刀、圆弧形车刀及成形车刀三类。

1. 尖形车刀

尖形车刀是以直线形切削刃为特征的车刀。这类车刀的刀尖由直线形的主副切削刃构成，如90°外圆车刀、左右端面车刀、车槽（切断）车刀及刀尖倒棱很小的各种外圆和内孔车刀。

尖形车刀几何参数的选择方法与普通车削时基本相同，但应结合数控加工的特点（如加工路线、加工干涉等）进行全面考虑，并应兼顾刀尖本身的强度。

2. 圆弧形车刀

圆弧形车刀是以一圆度或线轮廓度误差很小的圆弧形切削刃为特征的车刀。这种车刀的刀位点不在圆弧刃上，而在该圆弧的圆心上。

圆弧形车刀可以用于车削内外表面，尤其适合于车削各种光滑连接（凹形）的成形面。选择车刀圆弧半径时应考虑两点，一是车刀切削刃的圆弧半径应小于或等于零件凹形轮廓上的最小曲率半径，以免发生加工干涉；二是该半径不宜选择太小，否则，不但制造困难，还会因刀尖强度太弱或刀体散热能力差而导致车刀损坏。

3. 成形车刀

成形车刀也称样板车刀，其加工零件的轮廓形状完全由车刀切削刃的形状和尺寸决定。数控车削加工中，常见的成形车刀有小半径圆弧车刀、非矩形车槽刀和螺纹车刀等。在数控加工中，应尽量少用或不用成形车刀。

数控车削加工中，广泛采用不重磨机夹可转位车刀。这种刀具的特点为，刀片各刃可转位轮流使用，减少换刀时间；切削刃不重磨，有利于采用涂层刀片；断屑槽型压制而成，尺寸稳定，节省硬质合金；刀杆刀槽的制造精度高。

五、刀具的补偿功能

数控车床的刀具补偿分为两种情况，即刀具的位置补偿和刀尖圆弧的半径补偿。

1. 刀具的位置补偿

刀具的位置补偿是指车刀刀尖位置与编程位置（工件轮廓）存在差值时，可通过刀具补偿值设定，使刀具位置在 X、Z 轴方向加以补偿。

通常在下面三种情况下，需要进行刀具的位置补偿：

1）采用多把刀具连续车削零件表面时，一般以其中的一把刀具为基准，并以该刀的刀尖位置为依据建立工件坐标系。这样当其他刀具转位到加工位置时，由于刀具几何尺寸的差异，原设定的工件坐标系对这些刀具不适用，因此必须对刀尖的位置偏差进行补偿。

2）对同一把刀具来说，重新磨刀后，很难准确安装到程序设定位置。

3）每把刀具在其加工过程中，都会有不同程度的磨损，而磨损后的刀尖位置与编程位置存在差值。

由此可见，在加工前，需要对刀具轴向和径向偏移量进行修正，即进行刀具位置补偿。补偿方法是在程序中事先给定各刀具及其刀具补偿号，按实际需要将每个刀补号中的 X、Z 向刀补值（即刀尖离开刀具基准点的 X、Z 向距离）输入数控装置。当程序调用刀补号时，该刀补值生效，使刀尖从偏离位置恢复到编程轨迹上，从而实现刀具补偿量的修正。

2. 刀尖圆弧的半径补偿

数控车削中，为了提高刀具寿命、减小加工的表面粗糙度，车刀的刀尖都不是理想尖锐的，总有一个半径很小的圆弧。在编程和对刀时，是以理想尖锐的车刀刀尖为基准的。为了解决刀尖圆弧可能引起的加工误差，应该进行刀尖圆弧半径补偿。

（1）车削端面和内外圆柱面　图 5-2 所示是一带圆弧的刀尖及其方位。编程和对刀使用的刀尖点是理想刀尖点，由于刀尖圆弧的存在，实际切削点是刀尖圆弧和切削表面的相切点。车端面时，刀尖圆弧的实际切削点与理想刀尖点的 Z 坐标值相同；车外圆柱面和内圆柱孔时，实际切削点与理想刀尖点的 X 坐标值相同。因此，车端面和内外圆柱面时不需要进行刀尖圆弧半径补偿。

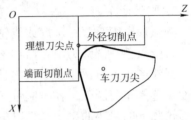

图 5-2　端面和外圆柱面的车削

（2）车削锥面和圆弧面　当加工锥面和圆弧面时，即加工轨迹与机床轴线不平行时，实际切削点与理想刀尖点之间在 X、Z 坐标方向都存在位置偏差，如图 5-3 所示。如果以理想刀尖点编程，会出现少切或过切现象，造成加工误差。而且，刀尖圆弧半径越大，加工误差越大。

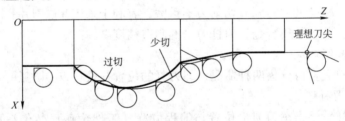

图 5-3　刀尖圆弧半径对加工精度的影响

编制零件的加工程序时，使用刀具半径补偿指令，并在操纵面板上手工输入刀具圆弧半径值，数控装置便可控制刀具自动偏离工件轮廓一个刀具圆弧半径，从而加工出所要求的零件轮廓，如图 5-4 所示。

（3）刀尖半径补偿参数　刀具半径的补偿方法是通过操纵面板输入刀具参数，并且在程序中

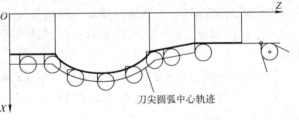

图 5-4　刀尖圆弧半径补偿

采用刀具半径补偿指令来完成。刀具半径补偿参数包括刀尖圆弧半径参数和车刀形状与位置参数。车刀的不同形状决定车刀刀尖圆弧所处的位置。车刀形状与位置参数用刀尖方位代码 T 表示，它表示车刀理想刀尖点相对于刀尖圆弧中心的方位，如图 5-5 所示。图 5-5 中 M 点为理想刀尖点，C 点为刀尖圆弧中心，T1～T8 表示理想刀尖点相对于刀尖圆弧中心的八种位置，T0 或 T9 则表示理想刀尖点取在刀尖圆弧中心，即不进行刀尖半径补偿。

因此，在车削加工中，需要输入的刀具补偿值为与每个刀具补偿号相对应的 X 和 Z 的刀具位置补偿值、刀尖圆弧半径值 R 以及刀尖方位值 T。

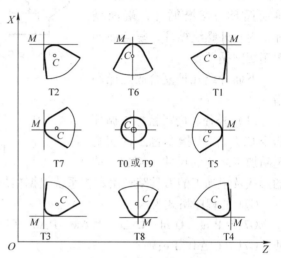

图 5-5 车削刀具刀尖方向

六、数控车床的编程指令

数控车床常用的编程指令如第四章中所介绍的 G、M、F、S 和 T 等指令，但具体到一些数控系统，会使用到一些特殊的指令功能。下面以 FANUC 系统为例，介绍几种特殊指令。

1. 设置工件坐标系指令 G50

指令格式：G50 X __ Z __ ;

其中，X、Z 是刀尖距工件坐标系原点的距离。G50 为非运动指令，只起预置寄存的作用，通常作为第一条指令写在整个程序的前面。

2. 恒线切削速度控制指令

在 G96 状态下，S 后面的数值表示切削速度，如 G96 S150 表示切削速度为 150m/min；在 G97 状态下，S 后面的数值表示主轴转速，如 G97 S800 表示主轴转速为 800r/min。系统开机时默认 G97。

使用 G96 指令时，可用 G50 限定主轴最高转速，如 G50 S2000 表示主轴最高转速限定为 2000r/min。

G50 有两个功能，一个是设置工件坐标系，另一个是限定主轴最高转速。

3. 与进给量有关的指令

在 G98 状态下，F 后面的数值表示每分钟的进给量，如 G98 F200 表示进给速度为 200mm/min；在 G99 状态下，F 后面的数值表示主轴每转进给量，如 G99 F1.5 表示主轴每转进给量为 1.5mm。系统开机时默认 G99。

4. 螺纹循环指令 G92

G92 为简单螺纹循环指令，可切削锥螺纹和圆柱螺纹。

指令格式：G92X（U）__ Z（W）__ I __ F __ ;

X、Z 是螺纹终点的坐标值；U、W 是螺纹终点坐标相对于循环起点的增量值；I 是锥螺纹起点和终点的半径差，加工圆柱螺纹时为零，可省略；F 为螺纹导程。

5. 固定循环

车削的毛坯多为棒料和锻料，加工中多采用大余量多次走刀，所以在车床的数控系统中常设置各种形式的固定循环功能。常用的循环有柱面循环，锥面循环，切槽循环，端面循环，内、外螺纹循环，复合面的粗车切削循环等。

下面介绍几种复合固定循环指令。

（1）外径、内径粗加工循环指令 G71　G71 指令将工件切削至精加工之前的尺寸，精加工前

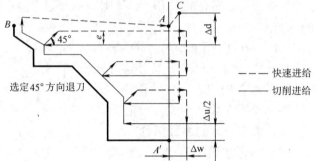

图 5-6　G71 指令刀具循环路径

的形状及粗加工的刀具路径由数控系统根据精加工尺寸自动设定，如图 5-6 所示。

G71 的程序格式为：

G71　P ns　Q nf　U Δu　W Δw　D Δd　（F __ S __ T __）；

或：G71　U Δd　Re；

G71　P ns　Qnf　U Δu　W Δw（F __ S __ T __）；

其中，ns 为精加工程序第一个程序段的序号；nf 为精加工程序最后一个程序段的序号；Δu 为 X 轴方向精加工余量；Δw 为 Z 轴方向精加工余量；Δd 为粗加工每次背吃刀量；e 为退刀量。

（2）端面粗加工循环指令 G72　G72 与 G71 类似，程序格式相同，所不同的是刀具路径是按径向方向循环的，如图 5-7 所示（Δw 为 Z 轴方向精加工余量）。

（3）闭合车削循环指令 G73　G73 与 G71、G72 指令的不同之处在于其刀具路径是按工件的精加工轮廓进行

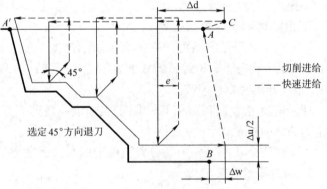

图 5-7　G72 指令刀具循环路径

循环的，如图 5-8 所示。在铸件、锻件等工件毛坯已经具备了简单的零件轮廓的情况下，可以使用 G73 指令，这样能够节省工时。程序格式为：

G73　P ns　Q nf　I Δi　K Δk　U Δu　W Δw　D Δd　（F __ S __ T __）；

或：G73　U Δi　W Δk　R Δd；

G73　P ns　Qnf　UΔu　WΔw　（F ＿ S ＿ T ＿）；

其中，ns 为精加工程序第一个程序段的序号；nf 为精加工程序最后一个程序段的序号；Δi 为 X 轴方向的退出距离和方向；Δk 为 Z 轴方向的退出距离和方向；Δu 为 X 轴方向精加工余量；Δw 为 Z 轴方向精加工余量；Δd 为粗切次数。

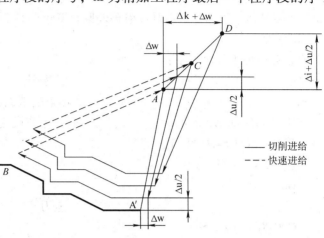

（4）精加工循环指令G70　G70 指令为执行 G71、G72、G73 粗加工循环指令以后的精加工循环。其程序格式为：

G70　P ns　Q nf；

其中，ns 为精加工程序第一个程序段的序号；nf 为精加工程序最后一个程序段的序号。

图 5-8　G73 指令刀具循环路径

由于数控车床的控制系统不尽相同，因此这些循环指令代码及其程序格式也不相同。应根据机床使用说明书的具体规定进行编程。

6. 子程序

编制程序中，有时会遇到一组程序段在一个程序中多次出现，或者在几个程序中都要使用它。这时，可以将这组程序段作成固定程序，并对其单独命名。这个单独命名的固定程序就称为子程序。

使用子程序可以减少不必要的编程重复，从而达到简化编程的目的。子程序可以由主程序调用，也可以调用下一级子程序。调用子程序的格式由具体的数控系统而定，FANUC OT 系统子程序调用格式为：

M98 P ＿＿ L ＿＿；

其中，P 为子程序号；L 为子程序调用次数。

子程序返回主程序用 M99 指令，它表示子程序运行结束，请求返回到主程序。

七、数控车床编程实例

【例 5-1】　某零件如图 5-9 所示，试编制粗、精加工程序。

毛坯为 ϕ60mm × 95mm 的棒料，从右端向左端轴向走刀，粗加工每次

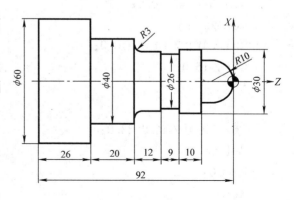

图 5-9　例 5-1 零件图

背吃刀量为 2mm，进给量为 0.25mm/r，精加工余量 X 向 0.4mm，Z 向 0.1mm。

加工顺序为：车削端面——→粗加工外圆——→精加工外圆——→切槽。T01 刀具车削端面；T02 刀具粗车外圆；T04 刀具精车外圆；T06 刀具割槽，刀刃宽 4mm。工件程序原点如图 5-9 所示。

编制数控加工程序如下：

O00010	程序号
N1；	（车削端面）
G50 X150.0 Z100.0；	坐标系设定
T0101 M03 S400 F0.1；	
G00 X62.0 Z1.5；	
G01 X-0.2；	
Z2.5；	退刀
G00 X62.0 Z2.5；	
Z0.0；	
G01 X-0.2；	
Z1.5；	
G00 Z20.0；	
T0100 M05；	T0100 为刀具复位
G28 U0.0；	刀具自动返回参考点
G28 W0.0；	
N2；	（粗车外圆）
T0202 M03 S400 F0.25；	
G00 X67.0 Z1.0；	
G71 U2.0 R0.5；	
G71 P10 Q20 U0.4 W0.1；	
N10 G00 G42 X0.0；	
G01 Z0.0；	
G03 X20.0 Z-10.0 R10.0；	
G01 Z-15.0；	
X30.0；	
Z-43.0；	
G02 X36.0 Z-46.0 R3.0；	
G01 X40.0；	
Z-66.0；	
X61.0；	
N20 G01 G40 X65.0；	

T0200 M05；

G28 U0.0；

G28 W0.0；

N3；　　　　　　　　　　　　　　　（精车外圆）

T0404 M03 S600 F0.1；

G00 X67.0 Z1.0；

G70 P10 Q20；

G00 X100.0；

T0400 M05；

G28 U0.0；

G28 W0.0；

N4；　　　　　　　　　　　　　　　（切槽）

T0606 M03 S300 F0.05；

G00 X31.0 Z-29.0；

G01 X26.0；

X31.0；

G00 Z-32.0；

G01 X26.0；

X31.0；

G00 Z-34.0；

G01 X26.0；

X35.0；

T0600 M05；

G28 U0.0；

G28 W0.0；

M30；

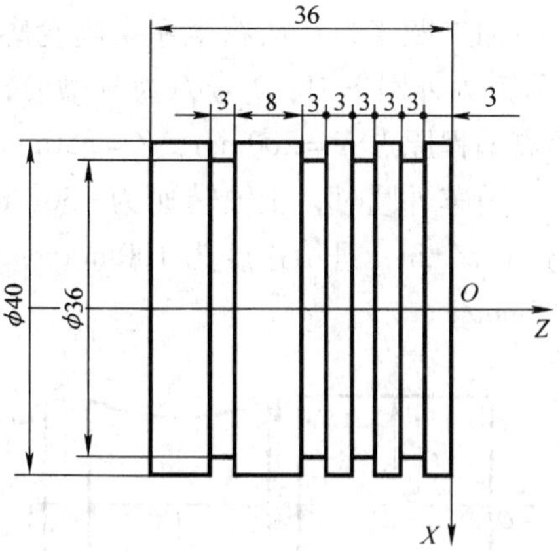

【例5-2】　车削图5-10所示零件的外圆及环槽。

1号刀为外圆车刀；2号刀为割槽刀，切削刃宽3mm，刀位点取在左刀尖处。对刀点距工件原点 $X=50\text{mm}$，$Z=20\text{mm}$。

图5-10　例5-2零件图

编制数控加工程序如下：

O0020　　　　　　　　　　　　　　（主程序）

N05 G50 X50.0 Z20.0；　　　　　坐标系设定

N10 T0101 M04 S600；

N20 G90 G98 G00 X40.0 Z2.0；　　G98为每分钟进给量

N30 G01 Z-36.0 F200;	车 φ40mm 外圆
N35 X42.0;	退离加工表面
N40 G00 X50.0 Z20.0 T0100;	快速返回对刀点
N50 T0202;	换割槽刀
N60 G00 X42.0 Z0.0;	
N70 M98 P0020 L3;	重复 3 次调用子程序 P0020
N80 Z-5.0;	5＋6＝11
N90 M98 P0020 L1;	再次调用子程序 P0020 一次
N100 G90 X50.0 Z20.0;	
N110 T0200 M05;	
N120 M02;	或 M30
P0020	程序号
N10 G91 G00 X0.0 Z-6.0;	增量值编程，快速点定位至割槽刀进给起点
N20 G01 X-6.0 F15.0;	割槽
N30 G04 X2.0;	槽底暂停
N40 G00 X6.0;	退刀
N50 M99;	子程序结束，返回主程序

【例 5-3】 零件如图 5-11 所示。φ85 处不加工，试编制精加工程序。

加工顺序为：从右至左切削轮廓面——→切 3×φ45mm 的槽——→车 M48×1.5 螺纹。1 号刀为外圆车刀，2 号刀为割槽刀，切削刃宽 3mm，3 号刀为螺纹车刀。换刀点选在距离编程原点 $X=200$mm，$Z=350$mm 处。

精车外圆时，主轴转速为 630r/min，进给速度为 150mm/min；切槽时，主轴转速为 315r/min，进给速度为 100mm/min；车螺纹时，主轴转速为 200r/min，进给速度为 1.5mm/r。

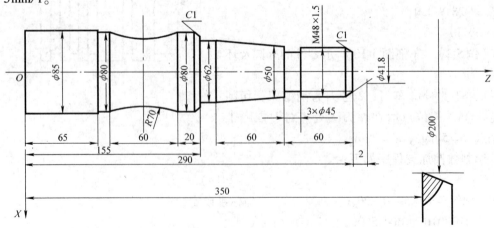

图 5-11　例 5-3 零件图

加工程序如下：

O0030

N10	G50 X200.0 Z350.0；	坐标系设定
N20	T0101 M04 S630 M08；	
N30	G00 X41.8 Z292.0；	
N40	G01 X47.8 Z289.0 F150；	倒角
N50	U0.0 W-59.0；	ϕ47.8mm 外圆
N60	X50.0 W0.0；	退刀
N70	X62.0 W-60.0；	锥度
N80	U0.0 Z155.0；	ϕ62mm 外圆
N90	X78.0 W0.0；	退刀
N100	X80.0 W-1.0；	倒角
N110	U0.0 W-19.0；	ϕ80mm 外圆
N120	G02 U0.0 W-60.0 I63.25 K-30.0；	圆弧
N130	G01 U0.0 Z65.0；	ϕ80mm 外圆
N140	X90.0 W0.0；	退刀
N150	G00 X200.0 Z350.0 M05 T0100 M09；	退刀
N160	T0202 M04 S315 M08；	换割槽刀
N170	G00 X51.0 Z230.0；	
N180	G01 X45.0 W0.0 F100；	割槽
N190	G04 U5.0；	槽底暂停
N200	G00 X51.0 W0.0；	退刀
N210	X200.0 Z350.0 M05 T0200 M09；	退刀
N220	T0303 M03 S200 M08；	换螺纹车刀
N230	G00 X52.0 Z296.0；	快速走刀至车螺纹起始位置
N240	G33 X47.2 Z231.5 F1.5；	车螺纹
N250	X46.6；	
N260	X46.1；	
N270	X45.8；	
N280	G00 X200.0 Z350.0 T0300；	退刀
N290	M30；	

第三节 数控铣床的手工编程

一、数控铣床的加工对象

数控铣床可以进行平面轮廓、槽、曲面等的铣削加工，以及钻孔、镗孔及攻螺纹等加工，加工面的形成靠刀具的旋转与工件的移动。数控铣床与普通铣床的不同之处在于零件的切削过程是由程序控制的。从铣削加工的角度考虑，数控铣床的主要加工对象有以下三类：

（1）平面类零件 加工面平行、垂直于水平面或加工面与水平面的夹角为定角的零件称为平面类零件。目前，在数控铣床上加工的绝大多数零件属于平面类零件。平面类零件的特点是，各个加工单元面是平面，或可以展开成为平面。

（2）变斜角类零件 加工面与水平面的夹角呈连续变化的零件称为变斜角类零件。这类零件多数为飞机零件，如飞机上的整体梁、框、缘条与肋等，此外还有检验夹具与装配型架等。变斜角类零件的变斜角加工面不能展开为平面，但在加工中，加工面与铣刀圆周接触的瞬间为一条直线。最好采用 4 坐标和 5 坐标数控铣床摆角加工，在没有上述机床时，也可在 3 坐标数控铣床上进行 2.5 坐标近似加工。

（3）曲面类（立体类）零件 加工面为空间曲面的零件称为曲面类零件。零件的特点一是加工面不能展开为平面，二是加工面与铣刀始终为点接触。此类零件的加工一般采用 3 坐标以上数控铣床。

二、常用刀具

1. 对刀具的要求

（1）铣刀刚性要好 一是为提高生产效率而采用大切削用量的需要，二是为适应数控铣床加工过程中难以调整切削用量的特点。当工件各处的加工余量相差悬殊时，通用铣床遇到这种情况通常采取分层铣削方法加以解决，而数控铣削必须按程序规定的走刀路线前进，遇到余量大时无法像通用铣床那样"随机应变"，除非在编程时能够预先考虑到，否则铣刀必须返回原点，用改变切削面高度或加大刀具半径补偿值的方法从头开始加工，多走几刀。但这样势必造成余量少的地方空走刀，降低了生产效率，如刀具刚性较好就不必这么办。

（2）铣刀的寿命要高 尤其是当一把铣刀加工的内容很多时，如刀具的寿命低而磨损较快，就会影响工件的表面质量与加工精度，增加换刀和对刀次数，使工作表面留下因对刀误差而形成的接刀台阶，降低工件的表面质量。

除上述两点之外，铣刀切削刃几何角度参数的选择及排屑性能等也非常重要，切屑粘刀形成积屑瘤在数控铣削中是十分忌讳的。总之，根据被加工工件材料的热处理状态、切削性能及加工余量，选择刚性好、寿命高的铣刀，是充分发挥数控铣床的生产效率并获得满意加工质量的前提。

2. 常用铣刀种类

（1）盘铣刀 一般采用在盘状刀体上机夹刀片或刀头组成，常用于铣较大的平面。

（2）端铣刀 端铣刀是数控铣加工中最常用的一种铣刀，广泛用于加工平面类零件，图 5-12 所示是两种最常见的端铣刀。端铣刀除用其端刃铣削外，也常用其侧刃铣削，有时端刃、侧刃同时进行铣削。端铣刀也可称为圆柱铣刀。

（3）成形铣刀 成形铣刀一般都是为特定的工件或加工内容专门设计制造的，适用于加工平面类零件的特定形状（如角度面、凹槽面等），也适用于特形孔或台。图 5-13 示出的是几种常用的成形铣刀。

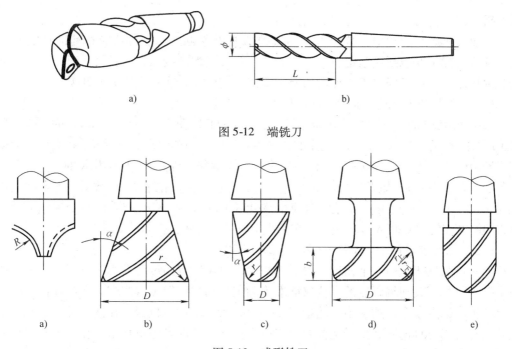

图 5-12　端铣刀

图 5-13　成形铣刀

（4）球头铣刀　适用于加工空间曲面零件，有时也用于平面类零件有较大转接凹圆弧的补加工。图 5-14 是一种常见的球头铣刀。

（5）鼓形铣刀　图 5-15 所示是一种典型的鼓形铣刀，主要用于对变斜角类零件的变斜角面的近似加工。

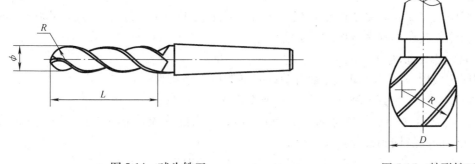

图 5-14　球头铣刀

图 5-15　鼓形铣刀

除上述几种类型的铣刀外，数控铣床也可使用各种通用铣刀。但因不少数控铣床的主轴内有特殊的拉刀装置，或因主轴内孔锥度有别，须配制过渡套和拉杆。

三、常用指令

同数控车床一样，数控铣床的编程指令也随控制系统的不同而不同，但一些常用的指令，如某些准备功能、辅助功能指令，还是符合 ISO 标准的。本节主要介绍这些基本编程指令的格式与功用，并通过实例介绍其用法。

与数控车床编程相似，数控铣床的编程功能指令也分为准备功能和辅助功能两大类。准备功能主要包括快速定位、直线插补、圆弧或螺旋线插补、暂停、刀具补偿、缩放和旋转加工、零点偏置等；辅助功能主要指主轴启停、换刀、冷却液开关等。

（一）英制和米制输入指令 G20、G21

G20 表示英制输入，G21 表示米制输入。G20 和 G21 是两个可以互相取代的代码。机床出厂前一般设定为 G21 状态，机床的各项参数均以米制单位设定，所以数控铣床一般适用于米制尺寸工件加工。如果一个程序开始用 G20 指令，则表示程序中相关的一些数据均为英制（单位为 in）；如果程序用 G21 指令，则表示程序中相关的一些数据均为米制（单位为 mm）。在一个程序内，不能同时使用 G20 或 G21 指令。G20 或 G21 指令断电前后一致，即停电前使用 G20 或 G21 指令，在下次上电后仍有效，除非重新设定。

（二）参考点返回指令 G27、G28、G29、G30

参考点是机床上的一个物理位置，其相对于机床原点的位置在机床出厂时已由制造商借助于行程开关和编码器的零位狭缝准确确定，用户一般不得改变。有些数控机床参考点与机床原点重合，加工中心的参考点一般设为自动换刀位置。在使用手动返回参考点功能时，当刀具返回到机床坐标系原点并定位后，返回参考点指示灯亮，表明刀具在机床的参考点位置。

1. 返回参考点校验功能（G27）

程序中的这项功能，用于检查机床是否能准确返回参考点。其格式为：

G27 X __ Y __；

当执行 G27 指令后，返回各轴参考点指示灯分别点亮。当使用刀具补偿功能时，指示灯是不亮的，所以在取消刀具补偿功能后，才能使用 G27 指令。当返回参考点校验功能程序段完成，需要使机械系统停止时，必须在下一个程序段后增加 M00 或 M01 等辅助功能，或在单程序段情况下运行。

2. 自动返回参考点（G28）

利用这项指令，可以使受控轴自动返回参考点。格式为：

G28 X __ Y __；或 G28 Z __ X __；或 G28 Y __ Z __；

其中 X、Y、Z 为中间点位置坐标。指令执行后，所有的受控轴都将快速定位到中间点，然后再从中间点返回到参考点。

G28 指令一般用于自动换刀，所以使用 G28 指令时，应取消刀具的补偿功能。

3. 从参考点自动返回（G29）

从参考点自动返回指令 G29 的格式为：

G29 X __ Y __；或 G29 Z __ X __；或 G29 Y __ Z __；

该指令一般紧跟在 G28 指令后使用，指令中的 X、Y、Z 坐标值是执行完 G29 后，刀具应到达的坐标点。它的动作顺序是从参考点快速到达 G28 指令的中间点，再从中间点移动到 G29 指令的点定位，其动作与 G00 动作相同。

4. 第二参考点返回指令（G30）

G30 X ＿ Y ＿；或 G30 Z ＿ X ＿；或 G30 Y ＿ Z ＿；

G30 为第二参考点返回指令，其功能与 G28 指令相似，不同之处是刀具自动返回第二参考点，而第二参考点的位置是由参数来设定的。G30 指令必须在执行返回第一参考点后才有效。如 G30 指令后面直接跟 G29 指令，则刀具将经由 G30 指定的中间点移到 G29 指令的返回点定位，类似于 G28 后跟 G29 指令。通常 G30 指令用于自动换刀位置与参考点不同的场合，而且在使用 G30 前，同 G28 一样应先取消刀具补偿。

（三）机床坐标系选择指令 G53 和加工坐标系选择指令 G54 ~ G59

1. G53 指令

（G90）G53 X ＿ Y ＿ Z ＿；

当执行该指令时，刀具移到机床坐标系中坐标值为 X、Y、Z 的点上。G53 是非模态指令，仅在它所在的程序段中和绝对值指令 G90 时有效；在增量值指令 G91 时无效。

当刀具要移动到机床上某一预选点（如换刀点）时，使用该指令。例如：

G00 G90 G53 X5.0 Y10.0；

表示将刀具快速移动到机床坐标系中坐标为（5，10）的点上。

注意，当执行 G53 指令时，应取消刀具半径补偿、刀具长度补偿、刀具位置偏置。机床坐标系必须在 G53 指令执行前建立，即在电源接通后，至少回过一次参考点（手动或自动）。

2. G54 ~ G59 指令

若在工作台上同时加工多个零件时，可以设定不同的程序零点，如图 5-16 所示，可建立 G54 ~ G59 共 6 个加工坐标系，其坐标原点（程序零点）可设在便于编程的某一固定点上，这样只需按选择的坐标系编程。G54 ~ G59 指令可使其后的程序段分别用加工坐标系 1 ~ 6 中的绝对坐标值来编程。

（四）缩放和旋转编程指令

1. 图形缩放指令 G51、G50

指令格式：

G51 X ＿ Y ＿ Z ＿ P ＿；

以给定点（X，Y，Z）为缩放中心，将图形放大到原始图形的 P 倍；如省略（X，Y，Z），则以程序原点为缩放中心。例如：G51 P2 表示以程序原点为缩放中心，将图放大一倍；G51 X15.0 Y15.0 P2 表示以给定点（15，15）为缩放中心，将

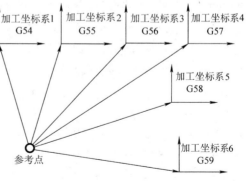

图 5-16　G54 ~ G59 设置的坐标系

图形放大一倍。

G50 的功用是关闭缩放功能 G51。

对图 5-17 所示图形，可编制加工程序如下：

起刀点为 X10.0 Y-10.0

O00100	/ ∗子程序	O00001	/ ∗主程序
N10	G01 G90 X0.0 Y-10.0 F100；	N100 G92 X-40.0 Y-40.0；	
N20	G02 X0.0 Y10.0 I0.0 J10.0；	N110 G90 G51 P2； / ∗图形放大一倍	
N30	G01 X15.0 Y0.0；	N120 M98 P0100； / ∗调用子程序	
N40	X0.0 Y-10.0；	N130 G50；	
N50	M99； / ∗子程序返回	N140 M30；	

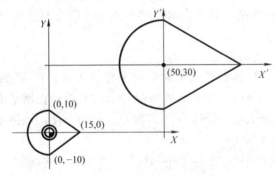

图 5-17　图形缩放指令的应用

2. 图形旋转指令 G68、G69

指令格式：

G68 X __ Y __ R __；

以给定点（X，Y）为旋转中心，将图形旋转角度 R；如果省略（X，Y），则以程序原点为旋转中心。例如：G68 R60 表示以程序原点为旋转中心，将图形旋转 60°；G68 X15.0 Y15.0 R60 表示以坐标（15，15）为旋转中心，将图形旋转 60°。

G69 的功用是关闭旋转功能 G68。

对图 5-18 所示图形可编程如下（起点为 X0 Y0）：

O00200	/ ∗子程序
N10	G91 G17； / ∗增量编程
N20	G01 X20.0 Y0.0 F250；
N30	G03 X20.0 Y0.0 R10.0；
N40	G03 X-10.0 Y0.0 R5.0；
N50	G02 X-10.0 Y0.0 R5.0；
N60	G00 X-20.0 Y0.0；

N70　M99；	／＊子程序返回
O0002	／＊主程序
N100 G90 G00 X0.0 Y0.0；	／＊绝对坐标编程
N110 G68 R45.0；	／＊第一次旋转
N120 M98 P0200；	
……	／＊再旋转加工六次
N250 G68 R45.0；	／＊第八次旋转
N260 M98 P0200；	
N270 G69；	
N280 M30；	

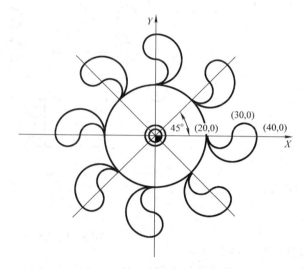

图 5-18　图形旋转指令的应用

（五）刀具半径补偿指令 G41、G42、G40

G41 是刀具半径左补偿，G42 是刀具半径右补偿，G40 的功用是取消刀具半径补偿。

铣削工件轮廓时，为了使编程员不必根据刀具半径人工计算刀具中心的运动轨迹，而是方便地直接按工件图样要求的轮廓来编程，就需要使用刀具半径补偿指令 G41 或 G42。数控装置可根据工件轮廓程序和在刀具表中的刀具半径值计算出刀具中心运动轨迹（包括内、外轮廓转接处的缩短、延长等处理），并执行之。

如图 5-19 所示，沿刀具走刀的方向，当刀具在轮廓的左边时为左补偿，用 G41 表示；当刀具在轮廓的右边时为右补偿，用 G42 表示。使用 G41、G42 时，一定要先将刀具半径值存入刀具表中，补偿只能在所选定的插补平面内（G17，G18，G19）进行。G41、G42 都是模态代码，二者互相取代，用 G40 取消。

在使用 G41（或 G42）且刀具接近工件轮廓时，数

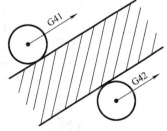

图 5-19　G41、G42 的应用

控装置认为是从刀具中心坐标转变为刀具外圆与轮廓相切点的坐标。而使用 G40 且刀具退出时则相反。在刀具切入工件和切出工件时要充分注意上述特点，防止刀具与工件干涉而过切或碰撞，如图 5-20 所示。

使用刀具半径补偿加工的实例见图 5-21，图中虚线表示刀具中心运动轨迹。

设刀具半径为 10mm，刀具号为 T0101，假定 Z 轴方向无运动。起刀点在用 G92 定义的原点。程序如下：

G92 X0.0 Y0.0 Z0.0；

T0101 M06

G90 G17 F150 S1000 M03；

G42 G01 X30.0 Y30.0；

X50.0；

Y60.0；

X80.0；

X100.0 Y40.0；

X140.0；

X120.0 Y70.0；

X30.0；

Y30.0；

G40 G00 X0.0 Y0.0；

M05；

M30；

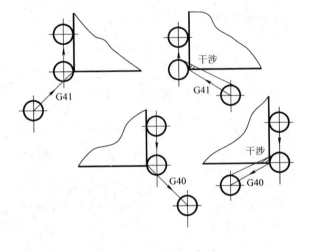

图 5-20　刀具的切入切出

（六）刀具长度补偿指令 G43、G44

刀具长度补偿指令用于补偿编程的刀具和实际使用的刀具之间的长度差。G43 为长度正补偿、G44 为长度负偿。刀具长度补偿是在与插补平面垂直的轴上进行的。例如 G17 时沿 Z 轴补偿，G18 时沿 Y 轴补偿，G19 时沿 X 轴补偿。G43、G44 是模态代码，通过 G49 取消。机床通电后执行 G49。

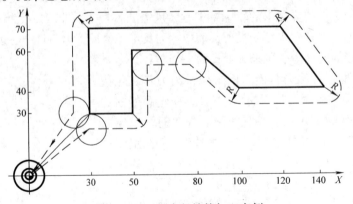

图 5-21　刀具半径补偿加工实例

使用 G43 编程实例如图 5-22 所示。刀具长度比编程的刀具短 4mm，刀号为 T0101，记录在刀具磨损补偿表中的值 $K=4$。编程如下：

N1　　G92 X0.0 Y0.0 Z0.0；

N3　　T0101；

N5　　G91 G00 X50.0 Y35.0 S500 M03；

N10　　G43 Z-25.0；

N15　　G01 Z-12.0 F150；

N20　　G00 Z12.0；

N25　　X40.0；

N30　　G01 Z-17.0；

N35　　G00 G49 Z42.0 M05；

N40　　G90 X0.0 Y0.0 T0100；

N45　　M30；

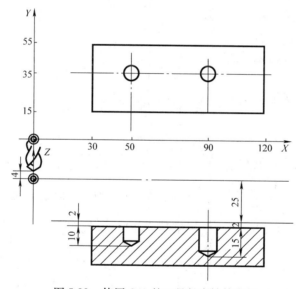

图 5-22　使用 G43 的刀具长度补偿实例

（七）孔加工固定循环指令

孔加工是最常用的加工工序，现代 CNC 系统一般都配备钻孔、镗孔和攻螺纹加工循环编程功能，由于孔加工使用加工中心较为方便，所以该部分指令放在下一节"加工中心手工编程"中介绍。

四、数控铣床编程实例分析（以 FANUC OM 系统为例）

【例 5-4】 如图 5-23 所示，毛坯为 120mm×60mm×10mm 铝质板材，5mm 厚的外轮廓已粗加工过，周边留 2mm 余量，要求加工外轮廓及 φ20mm 的孔。

1. 确定方案

根据图样要求、毛坯及前道工序加工情况，确定工艺方案及加工路线如下：

1）以底面为定位基准，两侧用压板压紧，固定于铣床工作台上，钻孔后将压板移到孔处压紧。

2）工步顺序为：①钻 ϕ20mm 孔；②按 OABCDEFG 路线铣削轮廓。

2. 选择机床设备

根据零件图样要求，选用经济型数控铣床即可达到要求。

3. 选择刀具

现采用 ϕ5mm 的平底立铣刀，定义为 T01，并把该刀具的直径输入到刀具参数表中；采用 ϕ20mm 的钻头，定义为 T02。

由于该数控铣床没有自动换刀功能，按照零件加工要求，只能手动换刀。

4. 确定切削用量

切削用量的具体数值应根据该机床性能、相关的手册并结合实际经验确定，详见加工程序。

5. 确定工件坐标系和对刀点

在 XOY 平面内确定以 O 点为工件原点，Z 方向以工件下表面为零点，建立工件坐标系，如图 5-23 所示。

采用手动对刀方法把 O 点作为对刀点。

6. 编写程序

按该机床规定的指令代码和程序段格式，把加工零件的全部工艺过程编写成程序清单如下：

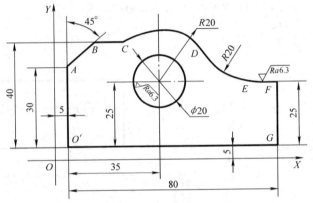

图 5-23　数据铣床编程实例

（1）加工 ϕ20mm 孔的程序（手工安装好 ϕ20mm 钻头）

O1337

N0010	G92 X5.0 Y5.0 Z50.0；	设置对刀点
N0020	G90 S500 M03；	绝对坐标编程
N0030	G17 G00 X40.0 Y30.0；	在 XOY 平面内加工
N0040	G81 G99 X40.0 Y30.0 Z-5.0 R15.0 F150；	钻孔循环
N0050	G00 X5.0 Y5.0 Z50.0；	
N0060	M05；	
N0070	M02；	

（2）铣轮廓程序（手工安装好 ϕ5mm 立铣刀，不考虑刀具长度补偿）

O1338

N0010　G92 X5.0 Y5.0 Z50.0；

N0020　G90 G00 X-20.0 Y-10.0 Z-5.0 S1000 M03；

N0030　　G01 G41 X5. 0 Y-10. 0 F150 D01 M08；

N0040　　G01 Y35. 0 F150；

N0050　　G91 G01 X10. 0 Y10. 0 F150；

N0060　　G01 X11. 8 Y0. 0；

N0070　　G02 X30. 5 Y-5. 0 R20. 0；

N0080　　G03 X17. 3 Y-10. 0 R20. 0；

N0090　　G01 X10. 4 Y0. 0；

N0100　　G01 X0. 0 Y-25. 0；

N0110　　G01 X-90. 0 Y0. 0；

N0120　　G90 G00 Z50. 0 M09；

N0125　　G40 X5. 0 Y5. 0；

N0130　　M05；

N0140　　M30；

第四节　加工中心的手工编程

加工中心是一种功能较全的数控加工机床，它把铣削、镗削、钻削、攻螺纹和切削螺纹等功能集中在一台设备上，使其具有多种工艺手段。加工中心设置有刀库，刀库中存放着不同数量的各种刀具或检具，在加工过程中由程序自动选用和更换，这也是它与数控铣床、数控镗床的主要区别。

一、加工中心的加工对象与编程特点

（一）加工中心的加工对象

加工中心适用于加工形状复杂、工序多、要求较高、需用多种类型的普通机床和众多刀具、夹具，且经多次装夹和调整才能完成加工的零件，其加工的主要对象有箱体类零件、复杂曲面、异形件、盘、套、板类零件和特殊加工等五类。

1. 箱体类零件

箱体类零件一般是指具有一个以上孔系，内部有型腔，在长、宽、高方向有一定比例的零件。这类零件在机床、汽车、飞机制造等行业用得较多。箱体类零件一般都需要进行多工位孔系及平面加工，公差要求较高，特别是形位公差要求较为严格，通常要经过铣、钻、扩、镗、铰、锪、攻螺纹等工序，需要刀具较多，在普通机床上加工难度大，工装套数多，费用高，加工周期长，需多次装夹、找正，手工测量次数多，加工时必须频繁地更换刀具，工艺难以制定，更重要的是精度难以保证。

加工箱体类零件的加工中心，当加工工位较多、需工作台多次旋转角度才能完成加工的零件时，一般选卧式镗铣类加工中心。当加工的工位较少，且跨距不大时，可选立式加工中心，从一端进行加工。

2. 复杂曲面

复杂曲面在机械制造行业，特别是航天航空工业中占有特殊重要的地位。采用普通机械加工方法难以甚至无法完成复杂曲面的加工。常见复杂曲面类零件有各种叶轮、导风轮、球面、各种曲面成形模具、螺旋桨、水下航行器的推进器以及一些其他形状的自由曲面。这类零件均可用加工中心进行加工。比较典型的有下面几种：

（1）凸轮　这类零件有各种曲线的盘形凸轮、圆柱凸轮、圆锥凸轮、桶形凸轮、端面凸轮等，作为机械式信息储存与传递的基本元件，被广泛地应用于各种自动机械中。可根据凸轮的复杂程度选用三轴、四轴联动或选用五轴联动的加工中心来加工这类零件。

（2）整体叶轮类　这类零件常见于航空发动机的压气机、制氧设备的膨胀机、单螺杆空气压缩机等，可采用四轴以上联动的加工中心来完成这类型面的加工。

（3）模具类　如注塑模具、橡胶模具、真空成形吸塑模具、电冰箱发泡模具、压力铸造模具、精密铸造模具等。采用加工中心加工模具，由于工序高度集中，动模、静模等关键件的精加工基本上是在一次安装中完成全部机械加工内容，可减少尺寸累计误差，减少修配工作量。同时，模具的可复制性强，互换性好，机械加工残留给钳工的工作量少，凡刀具可及之处，尽可能由机械加工完成，这样留给模具钳工的工作主要是抛光。

（4）球面　可采用加工中心铣削。三轴铣削只能用球头铣刀作逼近加工，效率较低；五轴铣削可采用端铣刀作包络面来逼近球面。复杂曲面用加工中心加工时，编程工作量较大，大多数情况下要采用自动编程技术。

3. 异形件

异形件是外形不规则的零件，大都需要点、线、面多工位混合加工。异形件的刚性一般较差，夹压变形难以控制，加工精度也难以保证，甚至某些零件的某些加工部位用普通机床难以完成。用加工中心加工时应采用合理的工艺措施，一次或二次装夹，利用加工中心多工位点、线、面混合加工的特点，完成多道工序或全部工序的内容。

4. 盘、套、板类零件

带有键槽或径向孔、端面有分布的孔系或曲面的盘、套类或轴类零件，如带法兰的轴套、带键槽或方头的轴类零件等，还有具有较多孔加工的板类零件，如端面有分布孔系的各种电动机盖等。带有曲面的盘类零件宜选择立式加工中心，带有径向孔的可选卧式加工中心。

5. 特殊加工

在熟练掌握了加工中心的功能之后，配合一定的工装和专用工具，利用加工中心可完成一些特殊的加工工艺，如在金属表面上刻字、刻线、刻图案；在加工中心的主轴上装上高频电火花电源，可对金属表面进行线扫描表面淬火；在加工中心主轴上装高速磨头，可实现小模数渐开线锥齿轮磨削及各种曲线、曲面的磨削等。

（二）加工中心的工艺特点

工艺设计是一切机械加工的基础，包括机械产品从零件的加工到产品的装配和生产规划的全过程。但是对于具体零件而言，工艺设计则包含了从零件的毛坯选择到加工设备、刀具、辅具、工、夹量具及检具的选择，以及安排整个零件加工工艺路线的全过程。

　　零件的工艺规程是编制其加工程序的依据和基础，因此加工中心加工零件的工艺设计就不同于常规的零件工艺设计，它要求：

　　1）工艺详细，具体到每一工步。

　　2）工艺准确，计算每一个坐标尺寸。

　　3）工艺完整，选择每一种刀具、辅具，安排其前后次序，设计每一把刀具的切削用量。

　　在审查零件的设计图样并进行零件的工艺性分析、制定出零件加工工艺方案之后，就可以开始进行零件的工艺设计。

　　1. 设计工艺路线

　　同常规工艺方法编制零件的机械加工工艺路线一样，加工中心加工零件的工艺路线设计也包括选定各加工部位的加工方法、加工顺序、定位基准、装夹方法、确定工序集中与分散的程度、合理选用机床和刀具，以及确定所用夹具的大致结构等内容。不同的是，设计加工中心的工艺路线时，还要根据企业现有的加工中心机床和数控机床的构成情况，本着经济合理的原则，安排加工中心的加工顺序，以期最大限度地发挥加工中心的效益。具体设计工艺路线时，应从以下几方面考虑：

　　1）多部位加工方法的选择。

　　2）加工中心加工工序的安排。

　　3）加工中心加工工序前的预加工工序安排。

　　4）加工中心加工工序后的终加工工序安排。

　　2. 安排加工顺序的原则

　　安排加工顺序时，要根据工件的毛坯种类，现有加工中心机床的种类、构成和应用习惯，确定零件是否要进行加工中心加工工序前的预加工。一般情况下，这取决于零件毛坯的精度。一般非铸造毛坯，精度较高，毛坯面定位也较可靠，可直接在加工中心上进行粗加工。铸件毛坯经划线检查后，各加工表面余量充分均匀，同样也可以考虑安排在加工中心上进行粗加工。

　　定位基准的选择是决定加工顺序的重要因素。半精加工和精加工的基准表面，应提前加工好。因而任何一个高精度表面加工前，作为其定位基准的表面，应在前面工序中加工完毕。而这些作为精基准的表面加工，又有其加工所需的定位基准，这些定位基准，又要在更前面的工序中加以安排。故各工序的基准选择问题解决后，就可以从最终精加工工序向前倒推出整个工序顺序的大致轮廓。

　　在加工中心加工工序前安排有预加工工序的零件，加工中心工序的定位基准面即预加工工序要完成的表面，可由普通机床完成。不安排预加工工序的，可采用毛坯面作为加工中心工序的定位基准，这时，要根据毛坯基准的精度，考虑决定加工中心工序的划分，即是否仅一道加工中心工序就能完成全部加工内容。必要时，要把加工中心的加工内容分几道或多道工序完成。

　　不论在加工中心加工工序之前有无预加工，零件毛坯加工余量一定要充分而且均匀，因为在加工中心的加工过程中，不能采用串位或借料等常规方法，一旦确定了零件的定位基准，加工中心加工时对余量不足问题很难照顾到，因而在加工基准面或选择基准对毛坯进行预加工时，要照顾各个方向的尺寸，留给加工中心的余量要充分均匀。通常孔直径小于 $\phi30mm$ 的孔，粗、精加工均可在加工中心上完成，直径大于 $\phi30mm$ 的孔，粗加工可在普通机床上完成，留给加工中心的加工余量一般为直径方向 4~6mm。

在加工中心上加工零件时，最难保证的尺寸是：

1）加工面与非加工面之间的尺寸。

2）加工中心工序加工的面与预加工中普通机床（或加工中心）加工的面之间的尺寸。

第1）种情况，即使是图样上未注明的非加工面，也须在毛坯设计或型材选用时，在其确定的非加工面上增加适当的余量，以便在加工中心上按图样尺寸进行加工时，保证非加工面与加工面之间的尺寸符合要求。

第2）种情况，安排加工顺序时，要统筹考虑。最好在加工中心上一次定位装夹中完成包括预加工面在内的所有内容。如果非要分两台机床完成，则最好留一定的精加工余量，或者使此预加工面与加工中心工序的定位基准有一定的尺寸精度要求。由于这是间接保证，故该尺寸的精度要求比加工中心加工面与预加工面之间的尺寸精度要求严格。

3. 划分加工阶段

加工质量要求较高的零件，应尽量将粗、精加工分开进行。

有了加工基准后，应根据生产批量，毛坯铸造质量，加工中心加工条件等情况考虑是否将粗加工和精加工在普通机床与加工中心机床上分别进行。一般情况下，在加工中心上完成的精加工零件，大都在普通机床（或加工中心）上先安排粗加工，这是因为：

1）零件在粗加工后会产生变形。变形原因较多，如粗加工时夹紧力较大，引起工件的弹性变形；粗加工时切削温度高，引起工艺系统的热变形；毛坯有内应力存在，粗加工时切去最外层金属，引起内应力重新分布而发生变形等。如果同时或连续进行粗、精加工，就无法避免上述原因造成的加工误差。

2）粗加工后可及时发现零件主要表面上的毛坯缺陷。如裂纹、气孔、砂眼、杂质或加工余量不够等，可及时采取措施，避免浪费更多的工时和费用。

3）粗、精加工分开，使零件有一段自然时效过程，以消除残余内应力，使零件的弹性变形和热变形完全或大部分恢复，必要时可以安排二次时效，以便在加工中心工序中加以修正，有利于保证加工质量。

4）粗、精加工分开进行，可以合理使用设备。加工中心机床和其他精密机床（如坐标镗床等）价格昂贵，维修费用高，粗、精加工分开有利于长期保持机床精度，况且粗加工机床只用作粗加工，其效率也可以充分发挥。

5）在某些情况下，如零件加工精度要求不高，或单件小批新产品试制时，也可把粗、精加工合并进行。或者加工较大零件时，工件运输、装夹很费工时，经综合比较，在一台机床上完成某些表面的粗、精加工，并不会明显发生前述各种变形时，粗、精加工也可在同一台机床上完成，但粗、精加工应划成两道工序分别完成。

在具有良好冷却系统的加工中心上，对于毛坯质量高，加工余量较小，加工精度要求不高或生产批量很小的零件，可在加工中心上一次或两次装夹完成全部粗、精加工工序，对刚性较差的零件，可采取相应的工艺措施，如粗加工后，在加工过程中安排暂停指令，让操作者将压板稍稍松开，使零件弹性变形恢复，然后用较小的夹紧力夹紧零件，再进行精加工。

二、孔加工固定循环指令

加工中心同一般数控机床的主要区别在于它设置有刀库和自动换刀装置，刀库中存放着若干把刀具和检具。加工中心的特点是在加工过程中，数控装置能根据程序指令自动更换刀具，连续地对工件各加工面自动完成铣（车）、镗、钻、扩、铰、攻螺纹等多工序加工，工序高度集中。

加工中心的编程除了刀具更换程序外，与数控铣床基本上是一样的。因此，只要了解了换刀装置和换刀过程的基本情况及换刀程序的编制，通过阅读有关编程手册或机床使用说明书，即可编制这类机床的零件加工程序。

加工中心配备的数控系统，其功能和指令都比较齐全，其中大部分指令已经在第四章进行了介绍，这里只介绍有关孔加工的固定循环指令。

采用孔加工固定循环功能，只用一个指令，便可完成某种孔加工（如钻、攻、镗）的整个过程。

（一）孔加工循环的动作

孔加工循环指令为模态指令，一旦某个孔加工循环指令有效，在随后所有的位置均采用该孔加工循环指令进行孔加工，直到用 G80 取消孔加工循环为止。在孔加工循环指令有效时，XY 平面内的运动方式为快速运动（G00）。孔加工循环一般由以下 6 个动作组成，如图 5-24 所示。

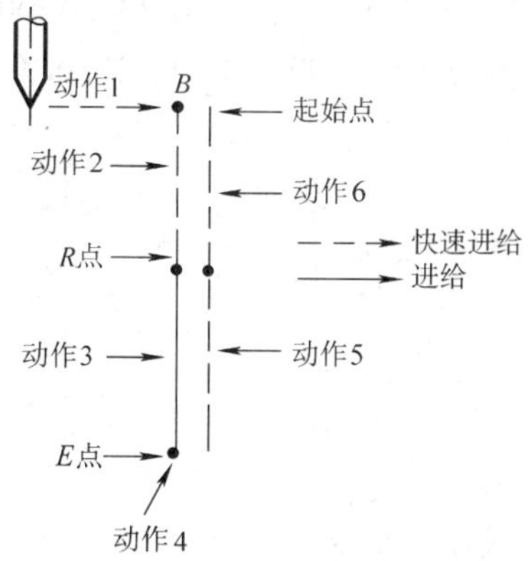

图 5-24　孔加工循环

动作 1：$A \to B$ 刀具快速定位到孔加工循环起始点 B（X，Y）；

动作 2：$B \to R$ 刀具沿 Z 方向快速运动到参考平面 R；

动作 3：$R \to E$ 孔加工过程（如钻孔、镗孔、攻螺纹等）；

动作 4：E 点，孔底动作（如进给暂停、主轴停止、主轴准停、刀具偏移等）；

动作 5：$E \to R$ 刀具快速退回到参考平面 R；

动作 6：$R \to B$ 刀具快速退回到初始平面 B。

（二）孔加工固定循环指令

FANUC 系统共有 11 种孔加工固定循环指令，下面对各指令加以介绍。

1. 钻孔循环指令 G81

G81 钻孔加工循环指令格式为：

G81 G△△ X __ Y __ Z __ R __ F __;

其中，X、Y 为孔的位置；Z 为孔的深度；F 为进给速度（mm/min）；R 为参考平面的高度。G△△可以是 C98 和 G99，这两个模态指令控制孔加工循环结束后刀具是返回初始平面还是参考平面；G98 返回初始平面，为默认方式；G99 返回参考平面。

编程时可以采用绝对坐标 G90 和相对坐标 G91 编程，建议尽量采用绝对坐标编程。

其动作过程如下：

1）钻头快速定位到孔加工循环起始点 B（X，Y）。

2）钻头沿 Z 方向快速运动到参考平面 R。

3）钻孔加工。

4）钻头快速退回到参考平面 R 或快速退回到初始平面 B。

该指令一般用于加工孔深小于 5 倍直径的孔。

【例 5-5】 图 5-25 所示的零件，要求用 G81 加工所有的孔，其数控加工程序如下：

N02 T01 M06;	选用 T01 号刀具（φ10mm 钻头）
N04 G90 S1000 M03;	启动主轴正转 1000r/min
N06 G00 X0.0 Y0.0 Z30.0 M08;	
N08 G81 G99 X10.0 Y10.0 Z-15.0 R5.0 F20;	在（10，10）位置钻孔，孔的深度为 15mm，参考平面高度为 5mm，钻孔加工循环结束返回参考平面
N10 X50.0;	在（50，10）位置钻孔（G81 为模态指令，直到 G80 取消为止）
N12 Y30.0;	在（50，30）位置钻孔
N14 X10.0;	在（10，30）位置钻孔
N16 G80;	取消钻孔循环
N18 G00 Z30.0	
N20 M30	

2. 钻孔循环指令 G82

G82 钻孔加工循环指令格式为：

G82 G△△ X __ Y __ Z __ R __ P __ F __;

其中　P 为钻头在孔底的暂停时间，单位为 ms（毫秒），其余各参数的意义同 G81。

该指令在孔底加进给暂停动作，即当钻头加工到孔底位置时，刀具不作进给运动，并保持旋转状态，使孔底更光滑。G82 一般用于扩孔和沉头孔加工。

其动作过程如下：

1）钻头快速定位到孔加工循环起始点 B（X，Y）。

2）钻头沿 Z 方向快速运动到参考平面 R。

3）钻孔加工。

4）钻头在孔底暂停进给。

5）钻头快速退回到参考平面 R 或快速退回到初始平面 B。

3. 高速深孔钻循环指令 G73

加工孔深大于 5 倍直径的孔，由于是深孔加工，不利于排屑，故采用间断进给（分多次进给），每次进给深度为 Q，最后一次进给深度 $\leq Q$，退刀量为 d（由系统内部设定），直到孔底为止，如图 5-26 所示。

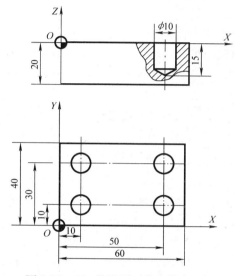

图 5-25　G81 钻孔循环指令的应用

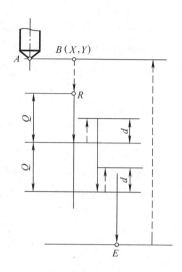

图 5-26　G73 高速深孔钻循环的动作

G73 高速深孔钻循环指令格式为：

G73 G△△ X ＿ Y ＿ Z ＿ R ＿ Q ＿ F ＿；

其中　Q 为每次进给深度，其余各参数的意义同 G81。

其动作过程如下：

1）钻头快速定位到孔加工循环起始点 B（X，Y）。

2）钻头沿 Z 方向快速运动到参考平面 R。

3）钻孔加工，进给深度为 Q。

4）退刀，退刀量为 d。

5）重复 3）、4），直至要求的加工深度。

6）钻头快速退回到参考平面 R 或快速退回到初始平面 B。

4. 攻螺纹循环指令 G84

G84 螺纹加工循环指令格式为：

G84 G△△ X ＿ Y ＿ Z ＿ R ＿ F ＿；

攻螺纹过程要求主轴转速 S 与进给速度 F 成严格的比例关系，因此，编程时要求根据主轴转速计算进给速度，进给速度 F = 主轴转速 × 螺纹螺距，其余各参数的意义同 G81。

使用 G84 攻螺纹进给时主轴正转，退出时主轴反转。与钻孔加工不同的是攻螺纹结束后的返回过程不是快速运动，而是以进给速度反转退出。

该指令执行前，甚至可以不启动主轴，当执行该指令时，数控系统将自动启动主轴正转。

其动作过程如下：

1）主轴正转，丝锥快速定位到螺纹加工循环起始点 B (X, Y)。

2）丝锥沿 Z 方向快速运动到参考平面 R。

3）攻螺纹加工。

4）主轴反转，丝锥以进给速度反转退回到参考平面 R。

5）当使用 G98 指令时，丝锥快速退回到初始平面 B。

【例 5-6】 对图 5-25 中的 4 个孔进行攻螺纹，螺纹深度 10mm，螺距 2mm，其数控加工程序为：

N02 T01 M06；	选用 T01 号刀具（ϕ10mm 丝锥，螺距为 2mm）
N04 G90 S150 M03；	启动主轴正转 1000r/min
N06 G00 X0.0 Y0.0 Z30.0 M08；	
N08 G84 G99 X10.0 Y10.0 Z-10.0 R5.0 F300；	在（10，10）位置攻螺纹，螺纹的深度为 10mm，参考平面高度为 5mm，螺纹加工循环结束返回参考平面，进给速度 F =（主轴转速）150mm ×（螺纹螺距）2 = 300mm
N10 X50.0；	在（50，10）位置攻螺纹（G84 为模态指令，直到 G80 取消为止）
N12 Y30.0；	在（50，30）位置攻螺纹
N14 X10.0；	在（10，30）位置攻螺纹
N16 G80；	取消攻螺纹循环
N18 G00 Z30.0；	
N20 M30；	

5. 左旋攻螺纹循环指令 G74

G74 螺纹加工循环指令格式为：

G74 G△△ X __ Y __ Z __ R __ F __；

G74 与 G84 的区别是进给时主轴反转，退出时主轴正转，其余各参数的意义同 G84。

其动作过程如下：

1）主轴反转，丝锥快速定位到螺纹加工循环起始点 $B(X, Y)$。

2）丝锥沿 Z 方向快速运动到参考平面 R。

3）攻螺纹加工。

4）主轴正转，丝锥以进给速度正转退回到参考平面 R。

5）当使用 G98 指令时，丝锥快速退回到初始平面 B。

6. 镗孔加工循环指令 G85

G85 镗孔加工循环指令格式为：

G85 G△△ X ＿ Y ＿ Z ＿ R ＿ F ＿；

各参数的意义同 G81。

其动作过程如下：

1）镗刀快速定位到镗孔加工循环起始点 B（X，Y）。

2）镗刀沿 Z 方向快速运动到参考平面 R。

3）镗孔加工。

4）镗刀以进给速度退回到参考平面 R 或初始平面 B。

7. 镗孔加工循环指令 G86

G86 钻孔加工循环指令格式为：

G86 G△△ X ＿ Y ＿ Z ＿ R ＿ F ＿；

G86 与 G85 的区别是在到达孔底位置后，主轴停止，并快速退出。其余各参数的意义同 G85。

其动作过程如下：

1）镗刀快速定位到镗孔加工循环起始点 B（X，Y）。

2）镗刀沿 Z 方向快速运动到参考平面 R。

3）镗孔加工。

4）主轴停，镗刀快速退回到参考平面 R 或初始平面 B。

8. 镗孔加工循环指令 G89

G89 镗孔加工循环指令格式为：

G89 G△△ X ＿ Y ＿ Z ＿ R ＿ P ＿ F ＿；

G89 与 G85 的区别是在到达孔底位置后，进给暂停，P 为暂停时间（ms），其余各参数的意义同 G85。

其动作过程如下：

1）镗刀快速定位到镗孔加工循环起始点 B（X，Y）。

2）镗刀沿 Z 方向快速运动到参考平面 R。

3）镗孔加工。

4）进给暂停。

5）镗刀以进给速度退回到参考平面 R 或初始平面 B。

9. 精镗循环指令 G76

G76 镗孔加工循环指令格式为：

G76 G△△ X ＿ Y ＿ Z ＿ R ＿ P ＿ Q ＿ F ＿；

G76 与 G85 的区别是 G76 在孔底有三个动作，即进给暂停，主轴准停（定向停止），刀具沿刀尖的反向偏移 Q 值后快速退出。这样可保证刀具不划伤孔的内表面。P

为暂停时间（ms），Q 为偏移值，其余各参数的意义同 G85。

其动作过程如下：

1）镗刀快速定位到镗孔加工循环起始点 B（X，Y）。

2）镗刀沿 Z 方向快速运动到参考平面 R。

3）镗孔加工。

4）进给暂停、主轴准停、刀具沿刀尖的反向偏移。

5）镗刀快速退出到参考平面 R 或初始平面 B。

10. 背镗循环指令 G87

G87 背镗加工循环指令格式为：

G87 G△△ X __ Y __ Z __ R __ Q __ F __；

各参数的意义同 G76。

其动作过程如下：

1）镗刀快速定位到镗孔加工循环起始点 B（X，Y）。

2）主轴准停、刀具沿刀尖的反方向偏移。

3）快速运动到孔底位置。

4）刀尖正方向偏移回加工位置，主轴正转。

5）刀具向上进给，到参考平面 R。

6）主轴准停，刀具沿刀尖的反方向偏移 Q 值。

7）镗刀快速退出到初始平面 B。

8）沿刀尖正方向偏移。

三、加工中心编程实例

【例 5-7】 加工如图 5-27 所示的零件上的各孔，材料为 HT320，数控加工工序见表 5-1。

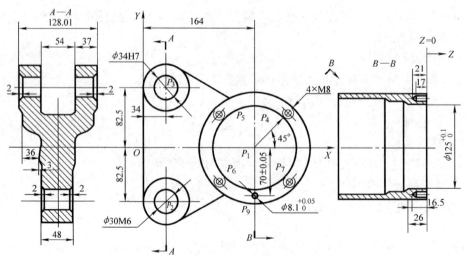

图 5-27 加工中心加工实例

表 5-1　数控加工工序表

零件号			零件名称	链节		材料	HT300	
程序编号			机床型号	JCS-018		制表	年　月　日	
工序内容	顺序号	刀具号 T	刀具类型	刀具长度	主轴转速 S	进给速度 F	加工深度	补偿量	备注
粗镗 ϕ125mm 孔	1	T01	镗刀	300	130	35	26	H01	P_1 孔
粗镗 ϕ34mm 孔	2	T02	镗刀	300	170	35	128	H02	P_3 孔
钻 ϕ30mm 孔	3	T03	麻花钻	300	110	40	48	H03	P_2 孔
半精镗 ϕ125mm 孔	4	T04	镗刀	300	240	45	26	H04	P_1 孔
半精镗 ϕ34mm 孔	5	T05	镗刀	300	200	20	128	H05	P_3 孔
半精镗 ϕ30mm 孔	6	T17	镗刀	300	200	35	48	H17	P_2 孔
半精镗 ϕ30mm 孔	7	T06	镗刀	300	200	40	48	H06	P_2 孔
钻 ϕ8.1mm 孔	8	T07	麻花钻	250	600	45	12	H07	P_9 孔
钻 4×M8 孔	9	T08	麻花钻	200	600	40	21	H08	$P_4 \sim P_7$ 孔
倒角 4×M8 孔	10	T23	专用镗刀	200	250	100	1	H23	$P_4 \sim P_7$ 孔
攻螺纹 4×M8	11	T09	丝锥	200	100	125	21	H09	$P_4 \sim P_7$ 孔
倒角 ϕ125mm 孔	12	T14	镗刀	300	50	10	1	H14	P_1 孔
倒角 ϕ30mm、ϕ34mm 孔	13	T15	专用镗刀	200	80	10	2	H15	$P_2 P_3$ 孔
铰 ϕ125mm 孔	14	T10	铰刀	300	25	100	26	H10	P_1 孔
铰 ϕ34mm 孔	15	T11	铰刀	300	25	130	128	H11	P_3 孔
铰 ϕ30mm 孔	16	T12	铰刀	300	25	120	48	H12	P_2 孔
铰 ϕ8.1mm 孔	17	T13	铰刀	220	33	140	12	H13	P_9 孔

O0100；　　　　　　　　　　　　零件程序编号，有些数控机床用%0100

　N1 T01；　　　　　　　　　　　选镗刀，粗镗 ϕ125mm 孔

　N2 M06；　　　　　　　　　　　换刀

　N3 G54 G90 G00 X164.0 Y0.0；　G54 工件坐标系，快速移至 X164，Y0

　N4 G43 Z10.0 H01；　　　　　　快移至 Z10，并进行刀具长度补偿

N5 S130 M03；　　　　　　　　　主轴正转，转速 130r/min

N6 G01 Z-35.0 F35；　　　　　　　镗 ϕ125mm 孔

N7 G00 G49 Z100.0；　　　　　　　快退至 Z100，取消刀具长度补偿

N8 M05；　　　　　　　　　　　　　主轴停

N9 G53 Z0.0 T02；　　　　　　　Z 轴回换刀点，同时选镗刀（T2），粗镗 ϕ34mm 孔

N10 M06；　　　　　　　　　　　　换刀

N11 G54 X34.0 Y82.5；　　　　　快速进给至 X34，Y82.5 点

N12 G43 Z10.0 H02；　　　　　　Z 轴快移至 Z10，刀具长度补偿

N13 S170 M03；　　　　　　　　　主轴正转，转速 170r/min

N14 G01 Z-42.0 F35；　　　　　　粗镗 ϕ34mm 孔（上半部分）

N15 G00 Z-86.0；　　　　　　　　快速移至 Z-86

N16 G01 Z-132.0 F35；　　　　　继续粗镗 ϕ34mm 孔（下半部分）

N17 G00 G49 Z100.0；　　　　　　Z 轴快移至 Z100，取消刀具长度补偿

N18 M05；　　　　　　　　　　　　主轴停

N19 G53 Z0.0 T03；　　　　　　　Z 轴回换刀点，选刀（T3 麻花钻），钻 ϕ30mm 孔

N20 M06；　　　　　　　　　　　　换刀

N21 G54 X34.0 Y-82.5；　　　　　快移至 X34，Y-82.5

N22 G43 H03 Z-31.0；　　　　　　Z 轴快移至 Z-31，刀具长度补偿

N23 S110 M03；　　　　　　　　　主轴正转，转速 110r/min

N24 G01 Z-92.0 F40；　　　　　　钻 ϕ30mm 孔；

N25 G00 G49 Z100.0；　　　　　　Z 轴快移至 Z100，取消刀具长度补偿

N26 M05；　　　　　　　　　　　　主轴停

N27 G53 Z0.0 T04；　　　　　　　Z 轴回换刀点，选镗刀（T4），半精镗 ϕ125mm 孔

N28 M06；　　　　　　　　　　　　换刀

N29 G54 X164.0 Y0.0；　　　　　快移至 X164，Y0

N30 G43 H04 Z10.0；　　　　　　Z 轴快移至 Z10，刀具长度补偿

N31 S240 M03；　　　　　　　　　主轴正转，转速 240r/min

N32 G01 Z-35.0 F45；　　　　　　半精镗 ϕ125mm 孔

N33 M05；　　　　　　　　　　　　主轴停

N34 G00 G40 Z100.0；　　　　　　Z 轴快移至 Z100，取消刀具长度补偿

N35 G53 Z0.0 T05；　　　　　　　Z 轴回换刀点，选镗刀（T5），半精镗 ϕ34mm 孔

N36 M06；　　　　　　　　　　　　换刀

N37 G54 X34.0 Y82.5；　　　　　快移至 X34，Y82.5

N38 G43 H05 Z10.0；　　　　　　Z 轴快移至 Z10，刀具长度补偿

N39 S200 M03；　　　　　　　　　主轴正转，转速 200r/min

N40 G01 Z-42.0 F40；　　　　　　半精镗 ϕ34mm 孔

N41 G00 Z-86.0;	Z 轴快移至 Z-86
N42 G01 Z-132.0 F40;	继续半精镗 ϕ34mm 孔
N43 M05;	主轴停
N44 G00 G49 Z100.0;	Z 轴快移至 Z100，取消刀具长度补偿
N45 G53 Z0.0 T17;	Z 轴回换刀点，并选镗刀（T17），半精镗 ϕ30mm 孔
N46 M06;	换刀
N47 G54 X34.0 Y-82.5;	快进至 X34，Y82.5 点
N48 G43 H17 Z-31.0;	Z 轴快移至 Z-31，刀具长度补偿
N49 S200 M03;	主轴正转，转速 200r/min
M50 G01 Z-91.0 F35;	半精镗 ϕ30mm 孔
N51 G00 G49 Z100.0;	Z 轴快移至 Z100，取消刀具长度补偿
N52 M05;	主轴停
N53 G53 Z0.0 T06;	Z 轴回换刀点，选镗刀（T6），半精镗 ϕ30mm 孔
N54 M06;	换刀
N55 G54 X34.0 Y-82.5;	快移至 X34，Y-82.5
N56 G43 H06 Z-31.0;	Z 轴快移至 Z-31，刀具长度补偿
N57 S200 M03;	主轴正转，转速 200r/min
N58 G01 Z-91.0 F40;	半精镗 ϕ30mm 孔
N59 M05;	主轴停
N60 G00 G49 Z100.0;	主轴快移至 Z100，取消刀具长度补偿
N61 G53 Z0.0 T07;	Z 轴回换刀点，选钻头（T7），钻 ϕ8.1mm 孔
N62 M06;	换刀
N63 G54 X164.0 Y-70.0;	快移至 X164，Y-70 点
N64 G43 H07 Z10.0;	Z 轴快移至 Z10，刀具长度补偿
N65 S600 M03;	主轴正转，转速 600r/min
N66 G01 Z-16.5 F45;	钻 ϕ8.1mm 孔
N67 G00 G49 Z100.0;	Z 轴快移至 Z100，取消刀具长度补偿
N68 M05;	主轴停
N69 G53 Z0.0 T08;	Z 轴回换刀点，选钻头（T08），钻 4×M8 孔
N70 M06;	换刀
N71 G43 H08 Z50.0;	Z 轴快移至 Z50，刀具长度补偿
N72 S600 M03 F40;	主轴正转，转速 600r/min
N73 G54 G00 X213.497 Y49.497;	
N74 G81 G99 Z-21.0 R2.0;	在 X213.497，Y49.497 处钻孔循环
N75 X114.503 Y49.497;	在 X114.503，Y49.497 处钻孔循环
N76 X114.503 Y-49.497;	在 X114.503，Y-49.497 处钻孔循环

N77 X213.497 Y-49.497；　　　　　　在 X213.497，Y-49.497 处钻孔循环

N78 G80 G49 Z100.0；　　　　　　　撤销 G81 功能,主轴快移至 Z100,取消刀具长度补偿

N79 M05；　　　　　　　　　　　　主轴停

N80 G53 Z0.0 T23 M06；　　　　　　Z 轴回换刀点,选专用镗刀（T23），换刀,倒角 4×M8 孔

N81 G54 X213.497 Y49.497；　　　　快速至 X213.497，Y49.497 点

N82 G43 H23 Z50.0；　　　　　　　快移至 Z50，刀具长度补偿

N82 F45 S250 M03；　　　　　　　　主轴正转，转速 250r/min

N84 G81 G99 Z-2.0 R2.0；　　　　　在 X213.497，Y49.497 处钻孔循环（倒角）

N85 X114.503 Y49.497；　　　　　　在 X114.503，Y49.497 处钻孔循环（倒角）

N87 X114.503 Y-49.497；　　　　　在 X114.503，Y-49.497 处钻孔循环（倒角）

N89 X213.497 Y-49.497；　　　　　在 X213.497，Y-49.497 处钻孔循环（倒角）

N91 G80 G49 Z50.0 M05；　　　　　撤销 G81 功能,主轴快移至 Z50,取消刀具长度补偿

N92 G53 Z0.0 T09 M06；　　　　　　Z 轴回换刀点,选丝锥（T9），并换刀,攻螺纹 4×M8

N93 G43 H09 Z50.0；　　　　　　　Z 轴快移至 Z50，刀具长度补偿

N94 S100 M03 F125；

N95 G54 X213.497 Y49.497；

N96 G84 Z-19.0 R2.0 F125；　　　　在 X213.497，Y49.497 处攻螺纹

N97 X114.503 Y49.497；　　　　　　在 X114.503，Y49.497 处攻螺纹

N98 X114.503 Y-49.497；　　　　　在 X114.503，Y-49.497 处攻螺纹

N99 X213.497 Y-49.497；　　　　　在 X213.497，Y-49.497 处攻螺纹

N100 G80 G49 Z50.0 M05；　　　　　撤销 G84，Z 轴快移至 Z50，主轴停

N101 G53 Z0.0 T14 M06；　　　　　换专用镗刀，倒角 ϕ125mm

N102 G43 H14 Z10.0；

N103 S50 M03；

N104 G54 X164.0 Y0.0；

N105 G01 Z2.0 F300；

N106 Z-1.0 F10；

N107 G04 X3；　　　　　　　　　　暂停 3s

N108 G00 G49 Z50.0 M05；

N109 G53 Z0.0 T15 M06；　　　　　换专用镗刀，倒角 ϕ30mm 和 ϕ34mm

N110 G54 X34.0 Y-82.5；

N111 G43 H15 Z-35.0；

N112 S80 M03；

N113 G01 Z-42.0 F10；

N114 G04 X2.5；　　　　　　　　　暂停 2.5s

N115 G00 Z60.0；

N116 X34. 0 Y82. 5 Z2. 0；

N117 G01 Z-4. 0 F10；

N118 G04 X2. 5；　　　　　　　　暂停2.5s

N119 G00 G49 Z50. 0 M05；

N120 G53 Z0. 0 T10 M06；　　　　换铰刀，铰φ125mm 孔

N121 G54 X164. 0 Y0. 0；

N122 G43 H10 Z10. 0 S25 M03；

N123 G01 Z-40. 0 F100；

N124 M05；

N125 G00 G49 Z100. 0；

N126 G53 Z0. 0 T11 M06；　　　　换铰刀，铰φ34mm 孔

N127 G54 X34. 0 Y82. 5；

N128 G43 H11 Z10. 0 S25 M03；

N129 G01 Z-138. 0 F130；　　　　铰φ34mm 孔

N130 M05；

N131 G00 G49 Z50. 0；

N132 G53 Z0. 0 T12 M06；　　　　换铰刀，铰φ30mm 孔

N133 G54 X34. 0 Y-82. 5；

N134 G43 H12 Z-31. 0 S25 M03；

N135 G01 Z-97. 0 F120；　　　　铰φ30mm 孔

N136 M05；

N137 G00 G49 Z50. 0；

N138 G53 Z0. 0 T13 M06；　　　　Z 轴回换刀点，选铰刀（T13），铰φ8.1mm 孔

N139 G54 X164. 0 Y-70. 0；

N140 G43 H13 Z10. 0 S33 M03；

N141 G01 Z-13. 8 F138；　　　　铰φ8.1mm 孔

N142 M05；

N143 G00 G49 Z50. 0；

N144 G53 Y0. 0 Z0. 0；　　　　　*Y*、*Z* 轴返回零点

N145 X0. 0；　　　　　　　　　　*X* 轴返回零点

N146 M30；　　　　　　　　　　主程序结束

习题与思考题

5-1 手工编程通常用在什么情况下？

5-2 数控车床的编程特点是什么？

5-3 车削固定循环功能有什么作用？

5-4 对图 5-28 所示零件进行编程。毛坯直径为 $\phi 43mm$，长为 130mm，1 号刀具为外圆刀，3 号刀具为宽 5mm 的切断刀。

5-5 在数控车床上加工图 5-29 所示的杯形零件，试编制精加工程序。

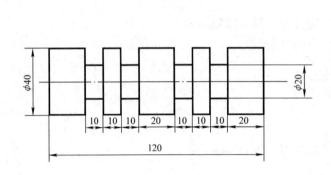

图 5-28 习题 5-4 图　　　　　图 5-29 习题 5-5 图

5-6 数控铣床的加工编程中为何要用到平面选择？如何利用零点偏置和坐标轴旋转编程？

5-7 刀具补偿有何作用？有哪些补偿指令？

5-8 确定铣刀进给路线时，应考虑哪些问题？

5-9 零件铣削工艺分析包括哪些内容？

5-10 制订数控铣削加工工艺方案时应遵循哪些基本原则？

5-11 确定铣刀进给路线时，应考虑哪些问题？

5-12 用圆柱铣刀加工平面，顺铣与逆铣有什么区别？

5-13 在数控铣削加工中，一般固定循环由哪 6 个顺序动作构成？

5-14 在数控机床上加工图 5-30 所示的平面凸轮，试编制相应的数控精加工程序。

5-15 在加工中心机床上加工图 5-31 所示的零件，试编制相应的数控加工程序（毛坯形状与尺寸可自行设定）。

5-16 在加工中心机床上加工图 5-32 所示的零件，试编制与孔和凹槽相应的数控加工程序。

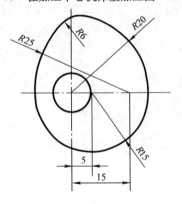

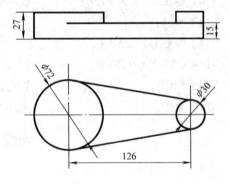

图 5-30 习题 5-14 图　　　　　图 5-31 习题 5-15 图

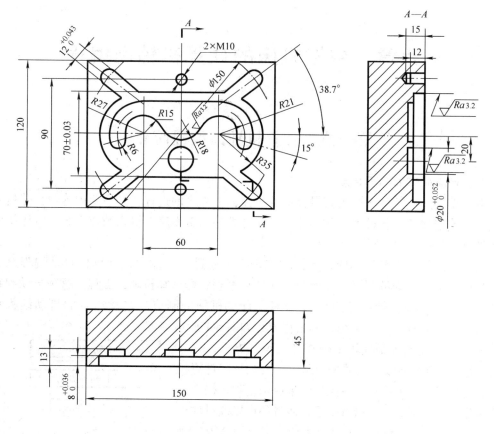

图 5-32　习题 5-16 图

第六章　数控机床的计算机辅助编程

第一节　计算机辅助编程简介

一、计算机辅助编程特点

数控编程是从零件图样到获得合格的数控加工程序的过程，其主要内容包括分析零件图样、确定加工工艺过程、数学处理、编写零件加工程序、输入数控系统、程序检验及首件试切等。

根据问题复杂程度的不同，数控加工程序可通过手工编程或计算机自动编程来获得。目前计算机自动编程采用图形交互式自动编程，即计算机辅助编程。这种自动编程系统是 CAD（计算机辅助设计）与 CAM（计算机辅助制造）高度结合的自动编程系统，通常称为 CAD/CAM 系统，其工作流程如图 6-1 所示。

CAM 编程是当前最先进的数控加工编程方法，它利用计算机以人机图形交互方式完成从零件几何形状计算机化、轨迹生成与加工仿真到数控程序生成全过程，操作过程形象生动，效率高，出错概率小，而且还可以通过软件的数据接口共享已有的 CAD 设计结果，实现 CAD/CAM一体化，实现无图样设计制造。

二、计算机辅助编程的步骤

为适应复杂形状零件的加工、多轴加工、高速加工，一般计算机辅助编程的步骤为：

1. 零件的几何建模

对于基于图样以及型面特征点测量数据的复杂形状零件数控编程，其首要环节是建立被加工零件的几何模型。

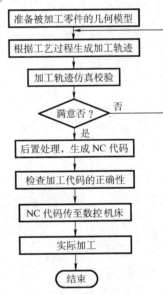

图 6-1　CAD/CAM 系统工作流程

2. 加工方案与加工参数的合理选择

数控加工的效率与质量有赖于加工方案与加工参数的合理选择，其中刀具、刀轴控制方式、走刀路线和进给速度的优化选择是满足加工要求、机床正常运行和提高刀具寿命的前提。

3. 刀具轨迹生成

刀具轨迹生成是复杂形状零件数控加工中最重要的内容，能否生成有效的刀具轨迹直接决定了加工的可能性、质量与效率。刀具轨迹生成的首要目标是使所生成的刀具轨迹能满足无干涉、无碰撞、轨迹光滑、切削负荷平稳的要求，并且代码质量高。同时，刀具轨迹生成还应满足通用性好、稳定性好、编程效率高、代码量小等要求。

4. 数控加工仿真

由于零件形状的复杂多变以及加工环境的复杂性，要确保所生成的加工程序不存在任何问题十分困难，其中最主要的是加工过程中的过切与欠切、机床各部件之间的干涉碰撞等。对于高速加工，这些问题常常是致命的。因此，实际加工前采取一定的措施对加工程序进行检验并修正是十分必要的。数控加工仿真通过软件模拟加工环境、刀具路径与材料切除过程来检验并优化加工程序，具有柔性好、成本低、效率高且安全可靠等特点，是提高编程效率与质量的重要措施。

5. 后置处理

后置处理是数控加工编程技术的一个重要内容，它将通过前置处理生成的刀位数据转换成适合于具体机床数据的数控加工程序。其技术内容包括机床运动学建模与求解、机床结构误差补偿、机床运动非线性误差校核修正、机床运动的平稳性校核修正、进给速度校核修正及代码转换等。因此后置处理对于保证加工质量、效率与机床可靠运行具有重要作用。

三、常见各种计算机辅助编程软件

1. UGII CAD/CAM 系统

UGII 由美国 UGS（Unigraphics Solutions）公司开发经销，不仅具有复杂造型和数控加工的功能，还具有管理复杂产品装配，进行多种设计方案的对比分析和优化等功能。该软件具有较好的二次开发环境和数据交换能力，其庞大的模块群为企业提供了从产品设计、产品分析、加工装配、检验，到过程管理、虚拟运作等全系列的技术支持。由于软件运行对计算机的硬件配置有很高要求，其早期版本只能在小型机和工作站上使用。随着微机配置的不断升级，目前已在微机上广泛使用。该软件在国际 CAD/CAM/CAE 市场上占有较大的份额。

UGII CAD/CAM 系统具有丰富的数控加工编程能力，是目前市场上数控加工编程能力最强的 CAD/CAM 集成系统之一，其功能包括：①车削加工编程；②型芯和型腔铣削加工编程；③固定轴铣削加工编程；④清根切削加工编程；⑤可变轴铣削加工编程；⑥顺序铣削加工编程；⑦线切割加工编程；⑧刀具轨迹编辑；⑨刀具轨迹干涉处理；⑩刀具轨迹验证、切削加工过程仿真与机床仿真；⑪通用后置处理。

2. Pro/Engineer

Pro/Engineer 是美国 PTC 公司研制和开发的软件（简称 Pro/E），它开创了三维 CAD/CAM 参数化的先河。该软件具有基于特征、全参数、全相关和单一数据库的特点，可用于设计和加工复杂的零件。另外，它还具有零件装配、机构仿真、有限元分析、逆向工程、并行工程等功能，该软件也具有较好的二次开发环境和数据交换能力。Pro/Engineer 系统的核心技术具有以下特点：

（1）基于特征　将某些具有代表性的平面几何形状定义为特征，并将其所有尺寸存为可变参数,进而形成实体,以此为基础进行更为复杂的几何形体的构建。

(2) 全尺寸约束　将形状和尺寸结合起来考虑,通过尺寸约束实现对几何形状的控制。

(3) 尺寸驱动设计修改　通过编辑尺寸数值可以改变几何形状。

(4) 全数据相关　尺寸参数的修改导致其他模块中的相关尺寸得以更新。如果要修改零件的形状,只需修改一下零件上的相关尺寸。

Pro/Engineer 已广泛应用于模具、工业设计、航天、玩具等行业,并在国际 CAD/CAM/CAE 市场上占有较大的份额。

3. CATIA

CATIA 是最早实现曲面造型的软件,它开创了三维设计的新时代。它的出现,首次实现了计算机完整描述产品零件的主要信息,使 CAM 技术的开发有了现实的基础。目前 CATIA 系统已发展成从产品设计、产品分析、加工、装配和检验,到过程管理、虚拟运作等众多功能的大型 CAD/CAM/CAE 软件。在 CATIA 中与制造相关的模块有:

(1) 制造基础框架　CATIA 制造基础框架是所有 CATIA 数控加工的基础,其中包含的 NC 工艺数据库存放所有刀具、刀具组件、机床、材料和切削状态等信息。该产品提供对走刀路径进行重放和验证的工具,用户可以通过图形化显示来检查和修改刀具轨迹;同时可以定义并管理机械加工的 CATIA NC 宏,并且建立和管理后处理代码和语法。

(2) 2.5 轴加工编程器　CATIA 的 2.5 轴加工编程器专用于基本加工操作的 NC 编程功能。基于几何图形,用户通过查询工艺数据库,可建立加工操作。在工艺数据库中存放着公司专用的制造工艺环境。这样,机床、刀具、主轴转速、加工类型等加工要素可以得到定义。

(3) 曲面加工编程器　CATIA 曲面加工编程器可使用户建立 3 轴铣加工的程序,将 CATIA NC 铣产品技术与 CATIA 制造平台结合起来,可以存取制造库,并使机械加工标准化。这些都是在 CATIA 制造综合环境中进行的,该环境将有关零件、几何、毛坯、夹具、机床等参数信息结合起来,为公司机械加工提供了详细的描述。

(4) 多轴加工编程器　CATIA 多轴加工编程器提供了多轴编程功能,并采用 NCCS(数控计算机科学) 技术,以满足复杂 5 轴加工的需要。这些产品为从 2.5 轴到 5 轴铣加工和钻加工的复杂零件制造提供了解决方案。

(5) 注模和压模加工辅助器　CATIA 注模和压模加工辅助编程将注模和压模类零件的数控编程自动化。这种方法简化了程序员的工作,系统可以自动生成 NC 文件。

(6) 刀具库存取　CATIA 刀具库存取模块为用户提供一个实时环境,以运行和管理将 CATIA 刀具轨迹转换成机床 NC 代码文件所需的各种作业。用户可以编辑、复制、更名、删除和存储自己的 NC 文件。该程序可使用户检查批处理作业执行报告,改变作业执行的优先级,从作业队列中删除不需要的作业等。

4. Cimatron

Cimatron 是一个集成的 CAD/CAM 产品，在一个统一的系统环境下，使用统一的数据库，用户可以完成产品的结构设计、零件设计，输出设计图样，可以根据零件的三维模型进行手工或自动的模具分模，再对凸、凹模进行自动的 NC 加工，输出加工的 NC 代码。

Cimatron 包括一套超强、卓越、易于使用的 3D 设计工具。该工具融合了线框造型、曲面造型和实体造型，允许用户方便地处理获得的数据模型或进行产品的概念设计。在整个模具设计过程中，Cimatron 提供了一套集成的工具，帮助用户实现模具的分型设计、进行设计变更的分析与提交、生成模具滑块与嵌件、完成工具组件的详细设计和电极设计。

针对模具的制造过程，Cimatron 支持具有高速铣削功能的 2.5～5 轴铣削加工，基于毛坯残留知识的加工和自动化加工模板，所有这些大大减少了数控编程和加工时间。

Cimatron CAD/CAM 工作环境是专门针对工模具行业设计开发的。在整个模具制造过程中的每一阶段，用户都会得益于全新的、更高层次的针对注模和冲模设计与制造的快速性和灵活性。

5. CAXA 制造工程师

CAXA 制造工程师是由我国北京北航海尔软件有限公司研制开发的全中文、面向数控铣床和加工中心的三维 CAD/CAM 软件。它基于微机平台，采用原创 Windows 菜单和交互方式、全中文界面，便于轻松地学习和操作。它全面支持图标菜单、工具条、快捷键。用户还可以自由创建符合自己习惯的操作环境。它既具有线框造型、曲面造型和实体造型的设计功能，又具有生成 2～5 轴加工代码的数控加工功能，可用于加工具有复杂三维曲面的零件。其特点是易学易用、价格较低，已在国内众多企业、高校和研究院所得到应用。

6. Master CAM

Master CAM 是由美国 CNC Software 公司推出的基于 PC 平台的 CAD/CAM 软件，它具有很强的加工功能，尤其在对复杂曲面自动生成加工代码方面，具有独到的特点。由于 Master CAM 主要针对数控加工，零件的设计造型功能不强，但对硬件的要求不高，操作灵活、易学易用且价格较低，受到中小企业的欢迎。该软件被公认为是一个图形交互式 CAM 数控编程系统。本章主要针对该软件作详细介绍。

四、计算机辅助编程软件 Master CAM 的特点、功能

1. MasterCAM 的特点

MasterCAM 是美国 CNC Software 公司开发的一个完整的 CAD/CAM 软件包，可以在微软 WindowsNT4.0/Windows2000/WindowsXP 环境下运行，自 1984 年诞生以来，就以其强大的加工功能闻名于世。根据国际 CAD/CAM 领域的权威调查公司 CIM Data Inc 的最新数据显示，它的装机量居世界第一。

MasterCAM 的 CAD 模块，可以构建 2D 平面图形、曲线、3D 曲面、3D 实体。MasterCAM 的 CAM 模块可以实现数控车床、铣床、加工中心、线切割机床等的刀具路径生成、图形模拟和 NC 代码生成。它能生成 2~5 轴的数控机床加工程序，并能传送数控加工程序至数控机床，可显著节省时间、资源和生产成本。

下面介绍的内容均基于 MasterCAM V9.1 SP2。

MasterCAM 对安装、运行条件的要求如下：

- 操作系统：Windows9. X/Windows NT/Windows 2000/Windows XP；
- CPU：建议采用 Pentium 133MHz 以上的 CPU；
- 内存：建议使用 128MB 以上内存；
- 显示器：最低分辨率 800×600 VGA，建议采用分辨率为 1024×786 以上的显示器；
- 硬盘：Master CAM V9.1 SP2 完全安装需硬盘空间 1GB 以上；
- 定标设备：鼠标或其他数字化仪；
- 光驱：倍速以上。

2. MasterCAM 的功能

（1）设计功能

- 2D 绘图及编辑；
- 文字编辑及尺寸标注；
- 3D 曲线创建及编辑；
- 3D 曲面创建及编辑；
- 3D 实体创建及编辑；
- 各种 CAD 文档的转换处理；
- 各种图素分析。

（2）铣削功能

- 区分为 2D 模块、2.5D 模块、3D 模块；
- 包含 3D 绘图系统；
- 2D 外形铣削、挖槽和钻孔；
- 2D 挖槽、残料加工；
- 实体切削模拟验证；
- 2.5D 单一曲面粗加工、精加工、投影加工；
- 2.5D 直纹曲面、扫描曲面、旋转曲面加工；
- 3D 多重曲面粗加工、精加工；
- 3D 固定 Z 轴插削加工；
- 3D 沿面夹角的清角加工；
- 3D 多曲面切削等；
- 2~5 轴加工。

（3）车削功能

- 包含 3D 绘图系统；
- 精车、粗车、螺纹车削、镗孔、钻孔；
- 可定义刀具库及材料表；
- 自动计算刀具偏移；
- 实体切削模拟；
- 如有 MasterCAM 铣床系统，可作 C 轴加工、车铣复合加工。

（4）线切割功能

MasterCAM 线切割模块有如下特征：

- 包含 3D 绘图系统；
- 2～4 轴上下异形切削能力；
- 自动或半自动图形对应能力；
- 自动清角功能；
- 4 轴的曲面精修方式可选弦差或固定式步进量。

3. MasterCAM 的窗口界面

图 6-2 所示为 MasterCAM 的窗口界面，包括标题栏、工具栏、主菜单、次菜单、系统提示区、绘图区、坐标轴图标、右键菜单和鼠标坐标等。由于 MasterCAM 有不同的模块，根据模块的不同其窗口界面也不尽相同。

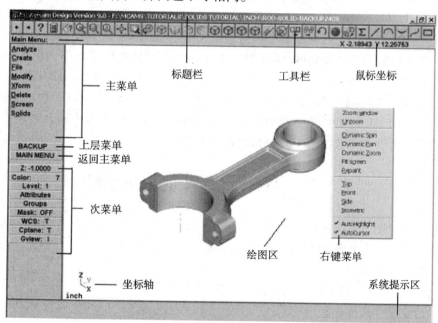

图 6-2 MasterCAM 的窗口界面

4. MasterCAM 数控编程的步骤

MasterCAM 系统的最终目的是要生成数控系统可以解读的数控加工程序（NC 代

码）。NC 代码的生成一般需要以下 3 个步骤：计算机辅助设计（CAD），生成数控加工中工件的几何模型；计算机辅助制造（CAM），生成刀具路径数据文件（NCI 文件）；后置处理（POST）将 NCI 文件转换为数控系统可以解读的 NC 代码。

（1）确定加工工艺　详见第四章相关内容。

（2）建立工件几何模型　在 Master CAM 系统中，工件几何模型的建立有三种途径：

1）由系统本身的 CAD 造型建立工件的几何模型。

2）通过系统提供的 DXF、IGES、CADL、VDA、STL、PARASLD、DWG 等标准图形转换接口，把其他 CAD 软件生成的图形转换为本系统的图形文件，实现图形文件的交换和共享。

3）通过系统提供的 ASCII 图形转换接口，把经过三坐标测量机或扫描仪测得的实物数据转换成本系统的图形文件。

（3）生成刀具轨迹　加工模型建立后，即可利用 CAM 系统提供的多种形式的刀具轨迹生成功能进行数控编程。可以根据不同的工艺与精度要求，通过交互指定加工方式和加工参数等，生成刀具轨迹即刀具的切削路径。

MasterCAM 系统可以通过 Backplot（刀具路径模拟）和 Verify（实体切削校验）验证生成的刀具轨迹的精度及进行干涉检查，用图形方式检验加工代码的正确性。为满足特殊的工艺需要，CAM 系统提供了对已生成刀具轨迹进行编辑的功能。

（4）生成数控代码　MasterCAM 系统后置处理文件的扩展名为 .PST，是一种以人机交互形式形成的文件，在编程前必须对这个文件进行编辑，才能在执行后置处理程序时产生符合某种数控系统需要的 NC 程序。MasterCAM 系统提供了大多数常用数控系统的后置处理器。

（5）输出加工代码　MasterCAM 系统可通过计算机的串口或并口与数控机床连接，将生成的数控加工代码由系统自带的 Communications（通信）功能传输到数控机床，也可通过专用传输软件将数控加工代码传输给数控机床。

第二节　MasterCAM 的车削编程

在本节中以图 6-3 所示的零件图为例介绍 MasterCAM 的车端面、粗车、精车、切槽、螺纹切削、钻孔和截断车削自动编程过程。

一、确定加工工艺

根据第四章所介绍的方法，分析并确定工件的加工工艺。

二、建立工件几何模型

采用前面所介绍的方法，在 MasterCAM 系统中建立该工件的几何模型。

三、机床参数、工件毛坯参数和刀具参数的设定

Main Menu→Toolpaths→Job setup 进行工作设置。

1. 选择 General

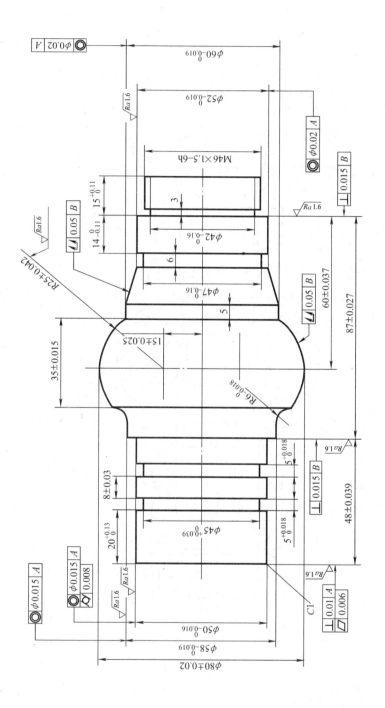

图 6-3　车床加工实例

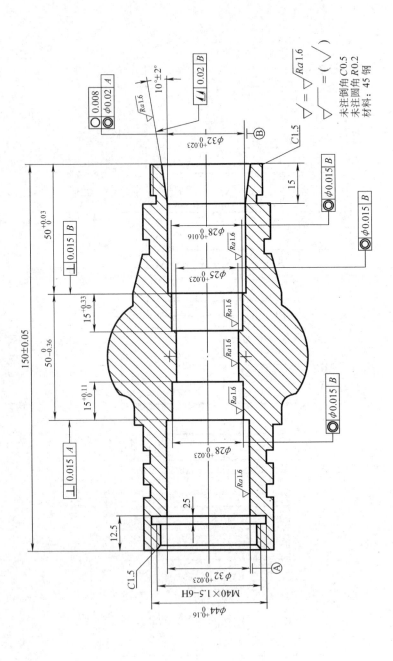

图 6-3 车床加工实例(续)

1）通过 Tool Offsets 设置刀具偏移。

2）通过 Feed Calculation 设置工件材料。

3）通过 Toolpath Configuration 设置刀具路径参数。

4）通过 Post Processor 设置后置处理程序。

2. 选择 Boundaries

1）通过 Stock 项目设置工件毛坯大小。或选择 Parameters 项设置毛坯的外径为 90mm，长度为 160mm，Z 坐标原点在工件右面，距离毛坯的右端面 5mm，生成如图 6-4 所示的虚线毛坯。

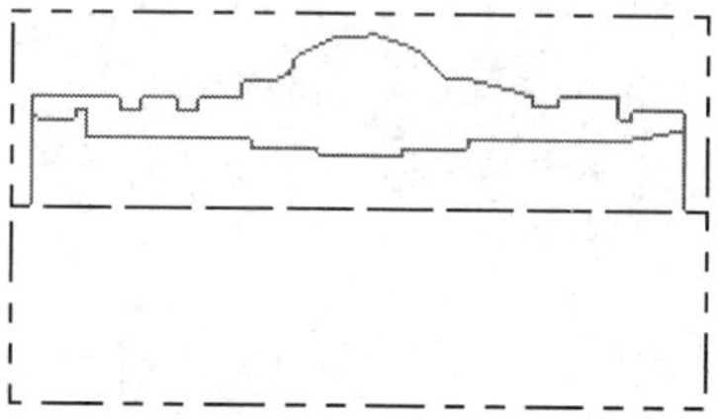

2）通过 Tailstock 项目设置尾座顶尖的参数。

3）通过 Chuck 项目设置卡盘的参数。

4）通过 Steady rest 项目设置辅助支撑的参数。

5）选择 OK（确认）按钮，设置完成。

图6-4　加工毛坯

四、生成车端面刀具路径

1）Main Menu→Toolpaths→Face 系统弹出如图 6-5 所示的对话框。

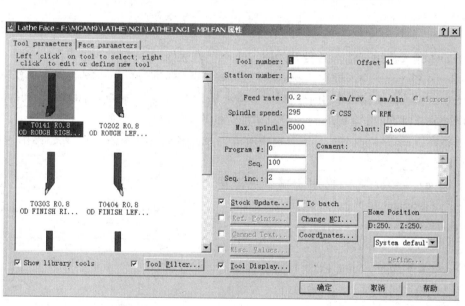

图6-5　车端面 Tool parameters 参数对话框

在 Tool parameters 参数对话框中选择刀具，并可以设置诸如刀具号、刀具偏移补偿号、刀塔号、进给速度、主轴转速、主轴转向、切削液启停、程序名、起始程序段号、程序段号增量和换刀点等参数。

2）单击对话框中的 Face parameters 标签，设置端面加工参数，如图 6-6 所示。Face parameters 选项中各参数的含义如下：

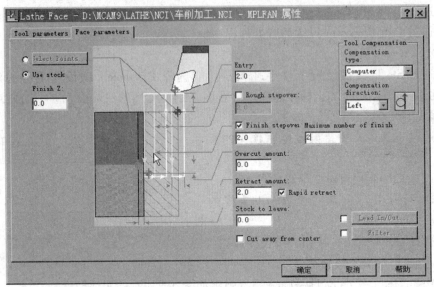

图 6-6　车端面 Face parameters 参数对话框

①Entry 输入框用于输入刀具开始进刀时距工件表面的距离。

②Rough stepover 输入框用于控制按该输入框设置的进刀量生成端面粗车刀具路径。

③Finish stepover 输入框用于控制按该输入框设置的进刀量生成端面精车刀具路径。

④Number of finish 设置端面车削精车加工的次数。

⑤Overcut amount 输入框用于控制在生成刀具路径时，实际车削区域超出由矩形定义的加工区域的距离。

⑥Retract amount 输入框用于输入退刀量，当选中 Rapid retract 复选框时快速退刀。

⑦Stock to leave 输入框用于输入加工后的预留量。

⑧Cut away from center 当选中该复选框时，从工件中心开始向外加工，否则从外向内加工。

3）使用 Select Point 选项或 use stock finish Z 项，确定端面加工区域。

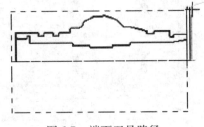

图 6-7　端面刀具路径

4）选择 OK，退出 Face 参数设置。生成的端面刀具路径如图 6-7 所示。

五、生成轮廓粗车加工刀具路径

1）Main Menu→Toolpaths→Rough→Chain。由于该工件需要调头分两道工序加工，因此本道工序只加工该工件的右半部分。Master CAM 具有自动串接功能，这里只需选择点击最右面的圆柱表面和中间的圆弧表面，然后选择 Done，即可完成所要加工路径的串接，如图 6-8 所示。

2）系统弹出 Tool parameters 参数对话框和 Rough parameters 参数对话框。Tool parameters 参数对话框如图 6-9 所示。在 Tool parameters 参数对话框中选择刀具，并设置其他参数。

3）选择对话框中的 Rough parameters 标签，并设置参数，如图 6-10 所示。Rough parameters 选项中各参数的含义如下：

①当选中 Overlap amount 复选框时，相邻粗车削之间设置有重叠量。重叠距离由该复选框下面的输入框设置。若设置了进刀重叠，则将在工件外形留下有凹凸不平的山形，Master CAM 通

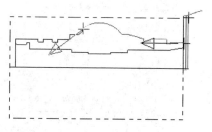

图 6-8　轮廓粗车加工路径串接

过设置重叠量，使得粗车加工留下的材料都有一样的厚度。当设置了重叠量时，每次车削的退刀量等于设置的背吃刀量（旧称切削深度）与重叠量之和。

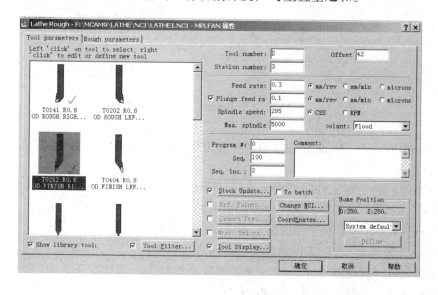

图 6-9　轮廓粗车加工 Tool parameters 参数对话框

②Rough 输入框用来设置每次车削加工的背吃刀量。背吃刀量的距离是以垂直于切削方向来计算的。当选中 Equal steps 复选框时，将最大背吃刀量设置为刀具允许的最大值。

③Stock to leave X 输入框用于输入在 X 轴方向上的预留量。

④Stock to leave Z 输入框用于输入在 Z 轴方向上的预留量。

⑤Entry 输入框用于控制进刀时刀具与工件端面的距离。

⑥Cutting Method 框用于设置粗切加工的模式。Master CAM 中提供两种选择：Oneway（单向切削）和 Zig-zag（双向切削）。在单向切削中，刀具在工件的一个方向切削后立即退刀，并以快速移离工件表面，接着进刀进行下一次切削加工。而双向切削时，刀具在往返过程中均进行切削加工。只有刀具为双刃刀具才能进行双向切削。

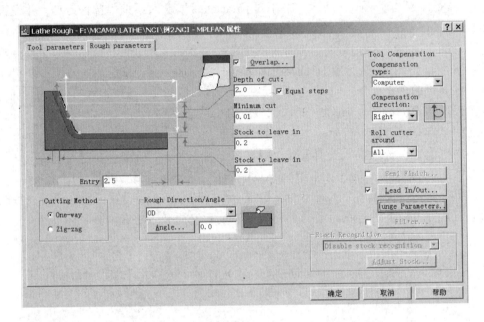

图 6-10   轮廓粗车加工 Rough parameters 参数对话框

⑦Rough Direction/Angle 栏用于设置粗切方向和粗切角度。Master CAM 提供了 4 种加工方向：

- OD（外径）：对工件的外表面进行切削加工。
- ID（内径）：对工件的内孔面进行切削加工。
- Face（前端面）：在工件的前端面方向进行切削。
- Back（后端面）：在工件的后端面方向进行切削。

粗切角度可以被设置为介于 0°～360° 的任意数值，一般情况下，外径或内径车削都是采用 0° 粗车，端面车削则采用 90° 粗车。

⑧Tool Compensation：刀具偏移方式设置。

⑨Lead In/Out：添加进刀/退刀刀具路径设置。

⑩Plunge Parameters：设置底切参数。单击 Plunge Parameters 按钮，系统弹出图 6-11 所示的 Plunge cut parameters 对话框。该对话框用来设置在粗车加工中是否允许底切，若允许底切，则需设置底切参数。

当选择 Plunge Cutting 栏中的 Do not allow tool to plunge along cut 单选按钮时，切削加工跳过所有的底切部分，这时需要另外生成刀具路径进行底切部分的切削加工。

当选择 Plunge Cutting 栏中的 Allow tool to plunge along cut 单选按钮时，系统可以进

行底切部分的加工，这时系统激活 Tool Width Compensation 栏。

当选择 Tool Width Compensation 栏中的 Use plunge clearance angle 单选按钮时，激活 Plunge clearance 输入框，系统按 Plunge clearance 输入框输入的角度在底切部分进刀。

当选择 Tool Width Compensation 栏中的 Use tool width 单选按钮时，激活 Start of Cut 栏。这时系统根据刀具的宽度及 Start of Cut 栏中的设置进行底切部分的加工。

当在 Start of Cut 栏选中 Start cut on tool front corner 单选按钮时，系统用刀具的前角点刀进行底切加工。

当在 Start of Cut 栏选中 Start cut on tool back corner 单选按钮时，系统用刀具的后角点刀进行底切加工。通常这时刀具应设置为前后均可加工，否则将会引起工件或刀具的损坏。

在本例中不使用底切。

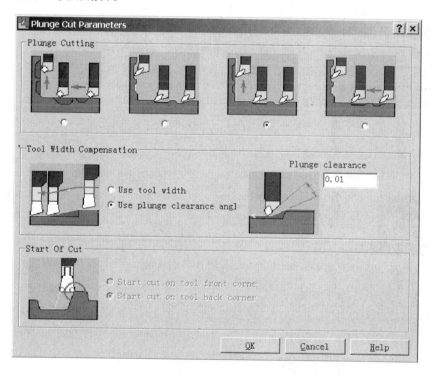

图 6-11　Plunge cut parameters 对话框

4）确定，生成的刀具路径如图 6-12 所示。

六、生成精车加工刀具路径

精车是沿工件的外表面、内孔或端面做一次或多次的车削。一般精车加工的工件在进行精车加工前要进行粗车加工。要生成精车加工刀具路径，除了要设置刀具参数外，还要设置一组精车加工刀具路径特有的参数。精车加工参数在 Finish parameters 选项中进行设置。下面接着前面的例子来介绍生成精车加工刀具路径的方法。

1）Main Menu→Toolpaths→Finish→Chain。选择要精加工的外圆柱表面，如图 6-13 所示，然后选择 Done。

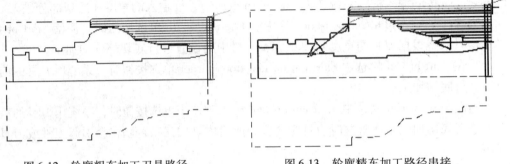

图 6-12 轮廓粗车加工刀具路径   图 6-13 轮廓精车加工路径串接

2）系统弹出 Tool parameters 参数对话框和 Finish parameters 参数对话框。在 Tool parameters 参数对话框中选择刀具，并设置其他参数，如图 6-14 所示。

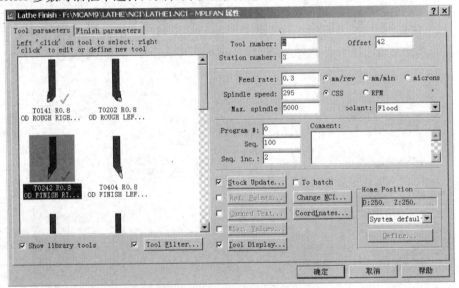

图 6-14 轮廓精车加工 Tool parameters 参数对话框

3）选择对话框中的 Finish parameters 标签，并设置参数。Finish parameters 选项中各参数与 Rough parameters 选项中的参数基本相同，如图 6-15 所示。Finish parameters 选项中增加的 Number of finish 输入框用来设置精车加工的次数。精车加工的次数为精车加工余量除以 Finish stepover 输入框中输入的精车加工进刀量。

4）确定。生成的刀具路径如图 6-16 所示。

七、切槽加工刀具路径

下面接着前面的例子加工该工件右端的退刀槽。

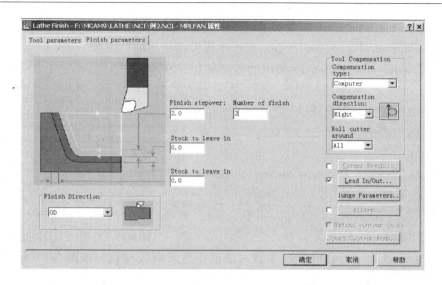

图 6-15 轮廓精车加工 Finish parameters 参数对话框

1）Main Menu→Toolpaths→Groove→3 line→OK→选取构成欲加工槽的三个边→End here→Done。系统将弹出如图 6-17 所示的对话框。

2）Tool parameters 参数对话框中选择刀具，并设置其他参数。

3）Groove shape parameters 参数对话框中设置槽的形状。

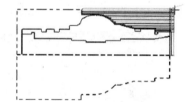

图 6-16 轮廓精车加工刀具路径

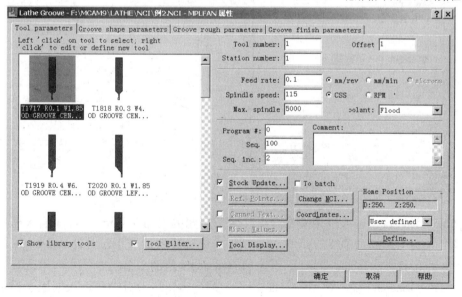

图 6-17 切槽加工 Tool parameters 参数对话框

4）Groove rough parameters 参数对话框中设置槽的粗加工参数。

5）Groove finish parameters 参数对话框中设置槽的精加工参数。

6）选择 OK，生成如图 6-18 所示的刀具路径，在本例中生成了最右边槽的刀具路径。

八、生成螺纹加工刀具路径

下面接着前面的例子来介绍生成螺纹加工刀具路径的方法。

1）Main Menu → Toolpaths → Next menu → Thread。系统将弹出如图 6-19 所示的对话框。

2）在 Tool parameters 参数对话框中选择刀具，并设置其他参数。

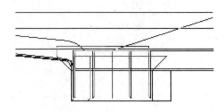

图 6-18　切槽加工刀具路径

3）在 Thread shape parameters 参数对话框中定义螺纹参数，如图 6-20 所示。各参数的意义：

①Lead 输入框用来设置螺纹的螺距。有两种表示方法，当选择 threads/mm 单选项时，输入框中的输入值表示为每毫米长度上螺纹的个数；当选择 mm/threads 单选按钮时，输入框中的输入值表示为螺纹的螺距。

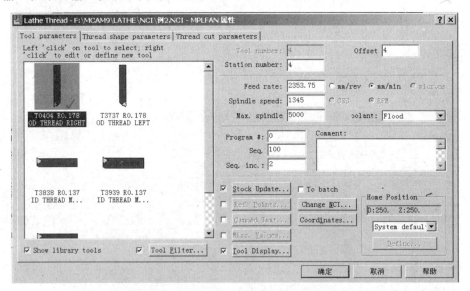

图 6-19　螺纹加工 Tool parameters 参数对话框

②Included angle 输入框用来设置螺纹两条边间的夹角，Thread angle 输入框用来设置螺纹一条边与螺纹轴垂线的夹角。Thread angle 的设置值应小于 Included angle 的设置值，对于一般螺纹，Included angle 值为 Thread angle 值的 2 倍。

③Major Diameter 输入框用于设置螺纹的顶径；Minor Diameter 输入框用于设置螺纹的底径；Thread depth 输入框用于设置螺纹的高度。

④Start Position 输入框用于设置螺纹起点的 Z 坐标；End Position 输入框用于设置螺纹终点的 Z 坐标。系统通过这两个值定义螺纹的长度。

⑤Thread 输入框用于选择内、外螺纹加工方式。当选择 OD 选项时，生成外螺纹加工的刀具路径；当选择 ID 选项时，生成内螺纹加工的刀具路径；当选择 Face/Back 选项时，生成用于加工螺旋槽的刀具路径。

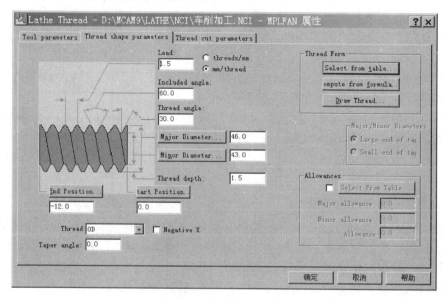

图 6-20　螺纹加工 Thread shape parameters 参数对话框

4）在 Thread cut parameters 参数对话框中定义螺纹切削参数，如图 6-21 所示，各

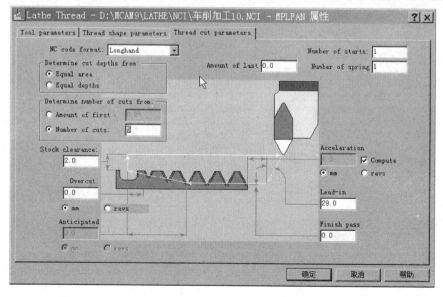

图 6-21　螺纹加工 Thread cut parameters 参数对话框

参数的意义如下：

①NC code format。该参数用来设置螺纹指令的形式，用于切削螺纹的 NC 代码有三种：G32、G92、G76。G32 和 G92 命令一般用于切削简单螺纹，G76 用于切削复合螺纹。

②Determine cut depths form。该参数用来设置定义背吃刀量的方式。当选择 Equal area 单选按钮时，系统按相同的切削量来定义每次的背吃刀量；当选择 Equal depths 时，系统按统一的深度进行切削加工。

③Determine number of cut form。该参数用来设置定义切削次数的方式。当选择 A-mount of first 单选按钮时，系统根据设置的第一刀切削量、最后一刀切削量（Amount of last）和螺纹深度来计算切削次数；当选择 Num-ber of cuts 单选按钮时，系统根据设置的切削次数、最后一刀切削量和螺纹深度来计算切削量。

5）选择 OK，生成的刀具路径如图 6-22 所示。

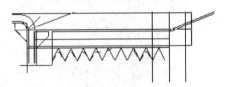

图 6-22　螺纹加工刀具路径

九、生成孔加工刀具路径

Master CAM 的钻孔加工用于生成钻孔、镗孔或攻螺纹的刀具路径。系统提供 20 种钻孔形式，包括 7 种标准形式和 13 种自定义形式。要生成钻孔刀具路径，首先要设置刀具参数，还要设置钻孔刀具路径参数。

下面接着前面的例子来介绍生成钻孔加工刀具路径的方法。

1）Main Menu→Toolpaths→Drill。系统将弹出如图 6-23 所示的对话框。

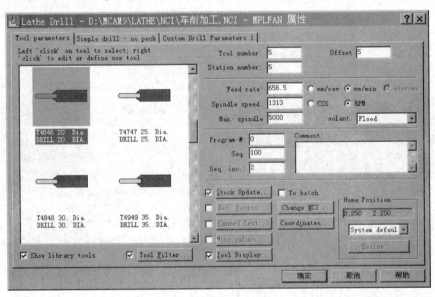

图 6-23　孔加工 Tool parameters 参数对话框

2）在 Tool parameters 参数对话框中选择刀具，并设置其他参数。

3）在 Simple drill-no peck 参数对话框中设置孔的位置、深度及其他参数，如图 6-24 所示。

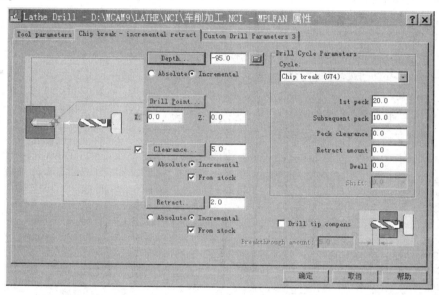

图 6-24　孔加工 Simple drill-no peck 参数对话框

有关 Drill Cycle Parameters 选项中各参数的意义：

①Drill/Counterbore：用于一般的钻孔加工，即完成钻孔循环指令中的 G81 或 G82 功能，其钻孔加工过程以固定的速度完成，然后退回到初始位置。

②Peck Drill：用于排屑困难的深孔加工，孔加工完后退回到安全位置。

③Chip break：用于深孔加工，即完成钻孔循环指令中的 G74 功能，其工作过程可参考相关的功能指令。在本例中孔的加工使用该参数较合适。

④Tap 为左旋螺纹加工指令。攻螺纹结束后主轴反转丝锥退回到安全位置。

4）在 Custom Drill Parameters 参数对话框中设置要使用的典型钻孔循环。

5）选择 OK，生成的刀具路径如图 6-25 所示。

当然，在钻孔之前还要打中心孔，打中心孔的过程同钻孔，在此不再叙述。

十、生成镗孔加工刀具路径

镗孔刀具路径的生成应使用轮廓粗加工

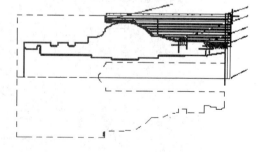

图 6-25　孔加工刀具路径

和精加工功能。与外轮廓加工的区别是刀具应选择镗刀，加工方向应选择内表面加工，如图 6-26 和图 6-27 所示，生成的刀具路径如图 6-28 所示。

十一、生成截断加工刀具路径

截断加工以生成一个垂直的刀具路径来切削工件，一般用于工件的切断。系统首先通过选取一个点来定义车削起始位置，然后设置共有的刀具参数，和一组截断车削刀具路径特有的参数来生成截断加工刀具路径。

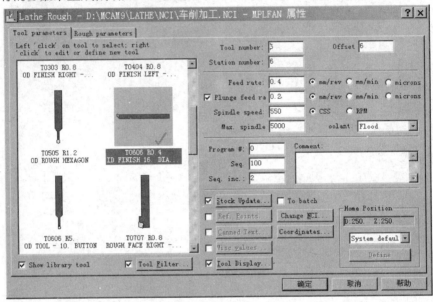

图 6-26 镗孔加工 Tool parameters 参数对话框

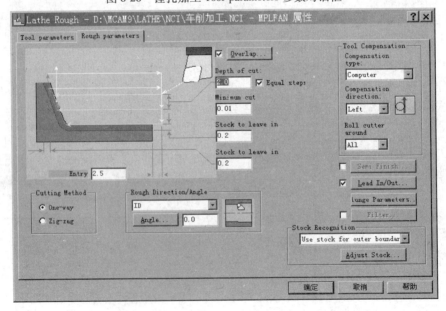

图 6-27 镗孔加工 Rough parameters 参数对话框

1）Main Menu→Toolpaths→Next menu→Cutoff。系统将提示选取一个点来定义车削起始位置，输入截断点的坐标为（90，－155），回车确定，系统将弹出如图6-29所示的对话框。

2）在 Tool parameters 参数对话框中选择刀具，并设置其他参数。

3）在 Cutoff parameters 参数对话框中设置截断车削参数，如图6-30所示。

Cutoff parameters 选项中的大部分参数与前面介绍的参数相同，下面仅介绍截断车削特有的参数：

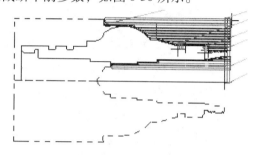

①X Tangent Point：该参数设置截断车削的终止点的 X 坐标，系统的默认设置为 0（将工件截断），用户可以在输入框中输入终止点的 X 坐标，也可以单击 X Tangent Point 按钮在绘图区选取一点，以该点的 X 坐标作为截断车削终止点的 X 坐标。

图6-28　镗孔加工刀具路径

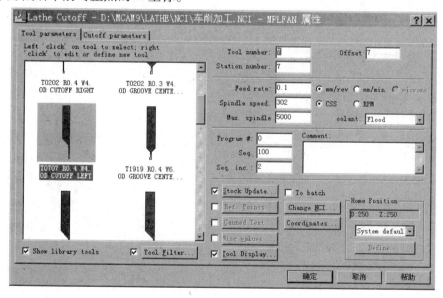

图6-29　截断加工 Tool parameters 参数对话框

②Cut to：该参数设置刀具的最终切入位置。当选择 Front radius 单选按钮时，刀具的前角点切入至定义的深度；当选择 Back radius 单选按钮时，刀具的后角点切入至定义的深度。

③Corner Geometry：该参数在截断车削起始点位置定义一个角的外形。当选择 None 单选按钮时，在起始点位置垂直切入，不生成倒角；当选择 Radius 选项时，按输入框设置的半径生成倒圆角；当选择 Chamfer 单选按钮时，按设置的参数生成倒角，其设置方法与切槽加工中切槽角点处倒角设置方法相同。

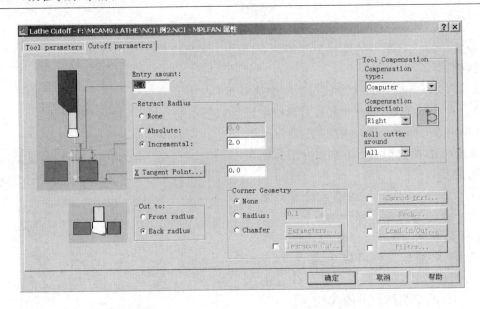

图 6-30　截断加工 Cutoff parameters 参数对话框

4）选择 OK，生成的刀具路径如图 6-31 所示。

十二、Master CAM 车削编程的检查仿真与后置处理

通过 Main Menu→Toolpaths→Operations 或通过 Main Menu→NC utils 进入刀具路径检查。下面使用 Operations 进行刀具路径检查。系统弹出如图 6-32 所示的对话框，各项的意义如下：

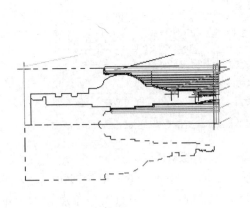

图 6-31　截断加工刀具路径　　　　　　　　　图 6-32　操作管理器

1）Select All：表示检查所有刀具路径，若欲检查某一段加工路径，则可选择欲检查的加工路径即可。

2）Regen Path：重新生成刀具路径。一般当切削参数改变或刀具改变后均需要重新生成刀具路径。

3）Backplot：重绘刀具路径。

4）Verify：模拟实体刀具路径检查。控制功能键如图所示。按加工按钮计算机就会仿真零件的加工过程。仿真加工得到的零件如图6-33所示。

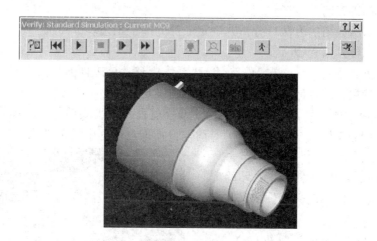

图6-33　模拟实体刀具路径检查结果

十三、后置处理

所谓后置处理就是根据实际使用的数控系统，生成特定系统的数控加工程序。Master CAM 可以生成 NCI 文件和 NC 文件，NCI 文件是刀具路径文件，NC 文件即数控加工程序。选择 Post 系统弹出如图6-34 所示对话框，各项意义如下：

1）Change Post：改变后置处理程序。Master CAM 带有多种数控系统的后置处理程序，并且可以根据实际需要，通过对后置处理程序的修改，生成 Master CAM 所没有后置处理程序的 NC 程序。

2）NCI file：生成刀具路径文件。

3）NC file：生成数控加工程序文件。

4）Send to machine：NC 程序发送给数控机床。

5）选择 OK 确定。

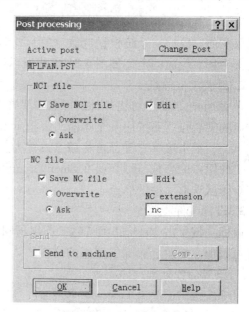

图6-34　后置处理对话框

第三节　铣削与加工中心的计算机辅助编程

本节将通过零件的数控编程实例来介绍 Master CAM 的外形、挖槽、钻孔、面铣、曲面粗加工、曲面精加工等铣削与加工中心自动编程过程。

一、确定加工工艺

根据第四章所介绍的方法，分析并确定工件的加工工艺。

二、建立工件几何模型

采用前面所介绍的方法，在 Master CAM 系统中建立该工件的几何模型。

三、机床参数、工件毛坯参数和刀具参数的设定

以图 6-35 所示的零件加工为例介绍自动编程过程。单击菜单 Main menu→Toolpaths→Job setup，系统弹出如图 6-36 所示的对话框，在该对话框中需定义的参数有：

1. 定义工件毛坯尺寸

在 Master CAM 中铣削工件毛坯的形状只能设置为立方体，定义工件的尺寸有以下几种方法：

1）直接在 Job Setup 对话框的 X、Y和 Z 输入框中输入工件毛坯的尺寸。

2）单击 Select corners 按钮，在绘图区选取工件的两个角点定义工件毛坯的大小。

3）单击 Bounding box 按钮，在绘图区选取几何对象后，系统根据选取对象的外形来确定工件毛坯的大小。本例采用该方法来定义毛坯，生成的毛坯如图 6-35 虚线所示。

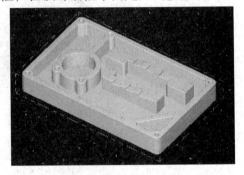

图 6-35　加工毛坯

2. 设置工件原点

在 Master CAM 中可将工件的原点定义在工件的 10 个特殊位置上，包括 8 个角点及两个面的中心点。系统用一个小箭头来指示所选择原点在工件上的位置。将光标移到各特殊点上，单击鼠标左键即可将该点设置为工件原点。

工件原点的坐标可以直接在 Stock Origin 输入框中输入，也可单击 Select Origin 按钮后在绘图区选取工件的原点。

3. 设置工件材料

鼠标左键单击 Material 项按钮，弹出材料菜单，在窗口内单击鼠标右键，通过菜单操作可添加、修改、删除所使用的材料。

4. 设置后置处理程序

鼠标左键单击 Post Processor 项按钮，弹出系统所有的后置处理程序，用户即可对所使用的后置处理程序进行设置。

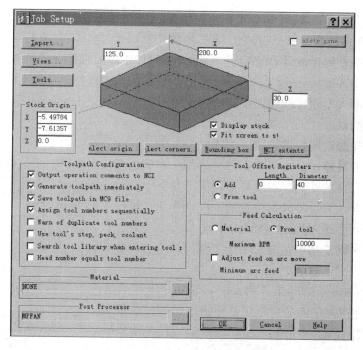

图 6-36 工作参数设置对话框

5. 其他参数设置

（1）工件显示控制 当选中 Display stock 复选框时，在屏幕中显示出设置的工件。当选中 Fit screen to stock 复选框并进行 Fit screen 操作时，显示的对象包括设置的工件。

（2）刀具路径系统规划

①当选中 Output operation comments to NCI 复选框时，在生成的 NCI 文件中包括操作注解；

②当选中 Generate toolpath immediately 复选框时，在创建新的刀具路径时，立即更新 NCI 文件；

③当选中 Save toolpath in MC9 file 复选框时，在 MC9 文件中存储刀具路径；

④当选中 Assign tool numbers sequentially 复选框时，系统自动依序指定刀具号；

⑤当选中 Use tool's step, peck, coolant 复选框时，采用刀具的进刀量、冷却设置等参数；

⑥当选中 Search tool library when entering tool 复选框并在 Tool parameter 选项中输入刀具号时，系统自动使用刀具库中对应刀具号的刀具。

（3）刀具偏移 Tool Offset Registers 栏用来设置在生成刀具路径时的刀具偏移值。当选择 Add 单选按钮时，系统将 Length（长度）和 Diameter（直径）输入框中的输入值与刀具的长度和直径相加作为偏移值。当选择 From tool 单选按钮时，系统直接使用刀具的长度和直径作为偏移值。

（4）进给量计算　Feed Calculation 栏用来设置在加工时进给量的计算方法。当选择 Material 单选按钮时，根据材料的设置参数计算进给量，当选择 From tool 单选按钮时，根据刀具的设置参数计算进给量。Maximum RPM 输入框用来输入加工时刀具的最大转速。当选中 Adjust feed on arc move 复选框时，系统在进行圆弧加工时自动调整进给量。其进刀量最大不超过线性加工时的进给量，最小不小于 Minimum arc feed 输入框中输入的最小进给量。

四、平面轮廓铣削自动编程

平面铣削刀具路径是由沿着工件外形的一系列线和弧组成的。平面铣削通常用于加工二维或三维工件的外形，二维外形铣削刀具路径的背吃刀量固定不变，而三维外形铣削刀具路径的背吃刀量随外形位置的不同而变化，如图 6-35 所示。

（一）顶面平面铣削刀具路径的生成

在顶面的平面铣削中主要对所加工零件的上表面进行粗加工和精加工。生成外形铣削刀具路径的操作步骤如下：

1）Main menu→Toolpaths→Face→Chain。按顺序单击毛坯顶面的四条边线→End here→Done，完成加工面的选择，系统弹出如图 6-37 所示对话框。

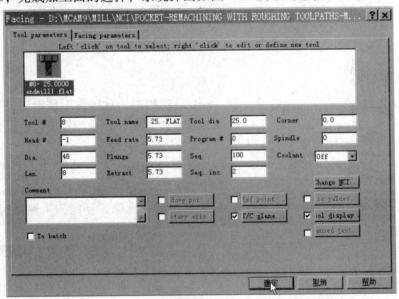

图 6-37　平面铣削 Tool parameters 对话框

Tool parameters 对话框各参数的意义：

①公共刀具参数　Tool　#为刀具号码；Tool name 为刀具名称；Tool dia 为刀具直径，由于现在要进行顶面的加工，故在此选用直径为 25mm 的端铣刀；Corner 为刀角半径；Head　#为刀塔编号；Dia. 为半径修正；Len. 为长度修正；Feed rate 为 X、Y 轴进给速度；Plunge 为 Z 轴进给速度；Retract 为退刀速度；Program　#为程序名称；Seq. 为

程序起始行号；Seq. inc 为行号增量；Spindle 为主轴转速；Coolant 为切削液（冷却液）。

②Comment　注释。

③Home point　机械原点设置。

④Rotary axis　旋转轴设置。

⑤Ref point　参考点设置。

⑥T/C plane　刀具平面/构图平面设置。

⑦Change NCI　改变 NCI 文件名设置。

⑧Msc values　杂项变数设置。

⑨Tool display　刀具显示形式设置。

⑩Canned text　插入指令设置。

2）选择 Facing parameters 标签，系统弹出如图 6-38 所示对话框。Facing parameters 选项用来设置生成的表面铣削路径的特有参数，各参数的意义：

①高度设置。Facing parameters 选项卡中共有 5 个高度（或深度）值需要设置。

Clearance（安全高度）：此参数设定每一个刀具路径中刀具所移动的 Z 方向距离，在此高度之上，刀具可以任意平移。有两种方法来定义安全高度：Absolute（绝对坐标）和 Incremental（增量坐标）。在绝对坐标下，系统按照设置的参数将安全高度设定为某一特定值，而在增量坐标下，依据相对于工件表面的高度来设置安全高度。

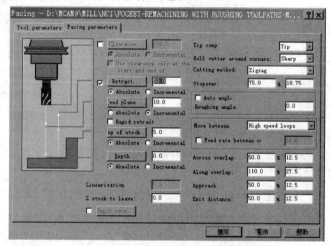

图 6-38　平面铣削 Facing parameters 对话框

Retract（参考高度）：参考高度为下一个刀具路径前刀具回缩的位置，参考高度需高于进刀位置。

Feed plane（进给平面）：刀具以快速移动到下刀位置后，再以慢速逼近工件。它也有绝对坐标与增量坐标之分。

Top of stock（工件表面）：用以设定工件的高度，同样有绝对坐标与增量坐标之分。

Depth（最后背吃刀量）：设置最后的加工深度，同样有绝对坐标与增量坐标之分。

②其他参数选用系统默认参数，单击确定，生成的刀具路径如图 6-39 所示。

（二）外轮廓刀具路径的生成

1）Main menu→Toolpaths→Contour→Solids。首先将图 6-40 所示的 Edges、Loop 项设置为 Y，Faces 项设置为 N。然后选择要加工零件的底面轮廓线，连续选择 Done，系

统弹出如图 6-42 所示对话框，图 6-41 为路径串连图。

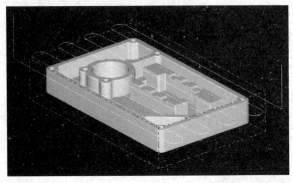

图 6-39　平面铣削刀具路径

图 6-40　菜单

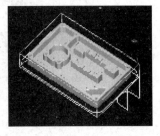

图 6-41　路径串连图

2）设置 Tool parameters 对话框，由于要生成轮廓加工路径，故此选择直径为 25mm 的端铣刀。

3）设置 Contour parameters 对话框，如图 6-42 所示。各参数的含义如下：

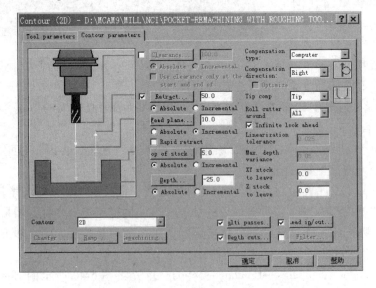

图 6-42　轮廓加工 Contour prameters 对话框

①高度设置。与第三节所述相同。

②刀具补偿。刀具补偿是指将刀具中心从选取的边界路径上按指定方向偏移一定的距离。Master CAM 中的刀具偏移参数可以在 3 种选择之间切换：Left（左偏移）、Right（右偏移）和 Off（不偏移）。设置为左偏移时，刀具在路径的左边；设置为右偏移时，刀具在路径的右边；设置为不偏移时，刀具中心在路径上。对应产生的数控指令为 G41，G42，G40。

③外形分层。单击 Multi Passes 按钮，弹出 Multi Passes 对话框。各参数的意义：

Roughing passes 栏：该栏中的 Number 和 Spacing 输入框分别用来输入切削平面中的粗切削的次数及间距。粗切削的间距是由刀具直径决定，通常粗切削间距大约是刀具直径的 60% ~ 75%。

Finishing passes 栏：该栏中的 Number 和 Spacing 输入框分别用来输入切削平面中的精切削的次数及间距。

Machine finish passes at 栏：该栏用来选择是在最后深度进行精切削还是在每层都进行精切削。当选择 Final Depth 单选按钮时，则精切削路径在最后深度下产生。

Keep tool down 复选框：该复选框用来选择刀具在每一次切削后，是否会回到进刀位置的高度。当选中该复选框时，刀具会从目前的深度直接进给一个背吃刀量；若未选中该复选框，则刀具将回到原来进刀位置的高度，而后刀具再进给到下一个切削的深度。

④分层铣深。单击 Depth cuts 按钮，弹出 Depth cuts 对话框，该对话框用来设置定义外形铣削中分层背吃刀量的各参数。

Max rough step 输入框：该输入框用于输入粗切削时的最大进给量。

Finish cuts 输入框：该输入框用于输入精切削的次数。

Finish step 输入框：该输入框用于输入精切削时的最大进给量。

Depth cut order 栏：该选项用来设置深度铣削的次序。

Tapered wall 复选框：当选中该复选框时，从工件表面按 Tapered wall 输入框中设定的角度铣削到最后的深度。

Sub program 复选框：选中该复选框时，在 NCI 文件中生成子程序行（1018 行为子程序的开始，1019 行为程序的结束）。

⑤切入/切出。单击 Lead in/out 按钮，弹出 Lead in/out 对话框，该对话框用来在刀具路径的起始及结束，加入一直线段或圆弧段使刀具路径平滑切入或切出。加入刀具路径开始处称为 Entry（切入），加入刀具路径末端处称为 Exit（切出）。

Line（线性）切入/切出。在线性切入/切出中，直线刀具路径的移动有两种模式：Perpendicular（垂直）及 Tangent（相切）模式。垂直切入/切出模式所增加的直线刀具路径与其相近的刀具路径垂直，而相切模式所增加的直线刀具路径与其相近的刀具路径相切。

● Length 输入框用来输入直线刀具路径的长度，前面的输入框用来输入路径长度与刀具直径的百分比，后面的输入框可直接输入刀具路径的长度。这两个输入框只需输入其中的一个数值即可。

● Ramp height（渐升/降高度）输入框，用来输入所加入的进刀直线刀具路径的起始点和退刀直线末端的高度。

Arc（圆弧）切入/切出。该模式的切入/切出刀具路径由下列3个参数来定义：

● Radius（半径）：切入/切出刀具路径的圆弧半径值。

● Sweep（角度）：切入/切出刀具路径的角度值。

● Helix height（螺旋高度）：切入/切出刀具路径螺旋（圆弧）的深度。

⑥过滤设置。单击 Filter 按钮弹出 Filter settings 对话框，该对话框用于设置 NCI 文件的过滤参数。对 NCI 文件进行过滤时，通过删除共线的点和不必要的刀具移动来优化和简化 NCI 文件。

Tolerance 输入框。当刀具路径的点与直线或圆弧的距离小于或等于该输入框的公差值时，系统自动将到该点的刀具路径去除。

Look ahead 输入框。该输入框用于输入每次过滤时删除的最多的点数，最大取值范围为 1100。取值越大，过滤速度越大，但优化效果越差。

Create arcs 复选框。若选中该复选框，在去除刀具路径中的共线点时用圆弧代替直线；若未选中该复选框，则仅使用直线来调整刀具路径。

Minimum arc radius 输入框。该输入框只有在选中 Create arcs 复选框时才有效，用于设置在过滤操作过程中圆弧路径的最小半径，但圆弧半径小于该输入值时，用直线代替。

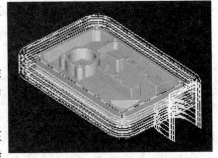

图 6-43　轮廓铣削刀具路径

Maximum arc radius 输入框。该输入框只有在选中 Create arcs 复选框时才有效，用于设置在过滤操作过程中圆弧路径的最大半径，但圆弧半径大于该输入值时，用直线代替。

4）单击确定按钮，系统即可按选择的外形、刀具及设置的参数生成如图 6-43 所示的轮廓铣削刀具路径。

（三）挖槽加工

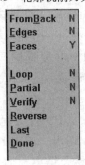

图 6-44　菜单

挖槽铣削用于产生一组刀具路径去切除一个封闭外形所包围的材料，或者铣一个平面，也可以粗切削一个槽。挖槽加工刀具路径由两组主要的参数来定义：挖槽参数和粗加工/精加工参数。下面接着上面的例子介绍挖槽加工刀具路径的生成。挖槽铣削刀具路径构建步骤：

1）Main menu→Toolpaths→Pocket→Solids。首先将如图 6-44 所示的 Edges、Loop 项

设置为 N, Faces 项设置为 Y。然后选择所加工零件的内部型腔底面轮廓, 连续选择 Done, 系统弹出如图 6-45 所示挖槽对话框。

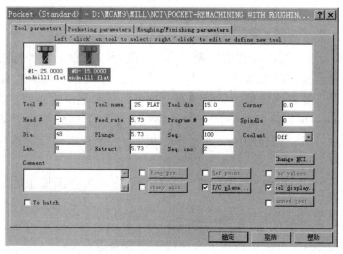

图 6-45 挖槽加工 Tool parameters 对话框

2) 设置 Tool parameters 项, 由于该槽需要粗加工和精加工两道工序, 首先生成粗加工刀具路径, 故在此选择直径为 15mm 的端铣刀进行粗加工。

3) 设置 Pocketing parameters 参数项。如图 6-46 所示, 各参数项的意义如下:

①Machining direction 栏。设置加工方向。铣削的方向可以有顺铣和逆铣两种。顺铣指铣刀的切削力方向和工件与刀具的相对运动进给方向相同; 逆铣指铣刀的切削力方向与刀具的进给方向相反。

②Depth cuts 项。该项的参数大部分与轮廓铣削相同, 只是增加了一项 Use island

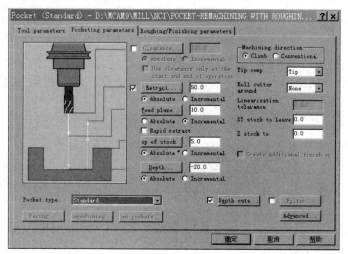

图 6-46 挖槽加工 Pocketing parameters 对话框

depth，该项用于选择是否接受槽内的岛屿高度对挖槽的影响，如果接受岛屿高度的影响，挖槽时会依岛屿的高度将岛屿和海的高度差部分挖掉；若关闭该选项，刀具路径绕过岛屿。

③Facing 项。该对话框各参数的意义：

Overlap percentage：可以设置端面加工的刀具路径、重叠毛坯外部边界或岛屿的刀具路径的量，该选项是清除端面加工刀具路径的边，并用一个刀具直径的百分率来表示。该区域能自动计算重叠的量。也就是说刀具可以超出挖槽边界而扩大挖槽的范围。

Overlap amount：可以设置端面加工刀具路径、重叠毛坯外部边界或岛屿的量，该选项能清除端面加工刀具路径的边，并在 XY 轴作为一个距离计算，该区域等于重叠百分率乘以刀具直径。

Approach distance：该距离参数是确定从工件至第一次端面加工的起点的距离，它是输入点的延伸值。

Exit distance：退刀线的线长。

Stock about islands：可以在岛屿上表面留下设定余量。

④Remachining 项。该项用于重新计算粗加工刀具不能加工的毛坯面积，构建外形刀具路径，去除留下的材料，留下的材料可根据以前的操作和刀具尺寸进行计算。

⑤Open 项。通过对 Open 项参数的设置可以忽略岛屿进行挖槽加工。

⑥Advanced 项。该项对话框部分参数解释：

Tolerance for remachining and constant overlap：使用螺旋下刀的方式加工或者做残料清角。公差值是由刀具的百分比运算得到，一个小的公差值可构建一个精密的刀具路径。残料加工时，一个较小公差可产生较大的加工面积，输入下面两个公差值的任一个：a. Percent for tool：用刀具直径的百分率设置公差；b. Tolerance：直接指定距离来设置公差。

Display stock for constant overlap spiral：选择该选项可以显示刀具切除的毛坯。

4) 选择 Roughing/finishing parameters 对话框，得到如图 6-47 所示对话框。Roughing/finishing parameters 参数对话框部分参数解释：

①Rough。选择铣削图形中的一种方法，作挖槽铣削，每一种粗加工形式有图示说明。

Zigzag：双向切削，该方式产生一组来回的直线刀具路径来粗铣挖槽。刀具路径的方向是由粗切角度参数来决定，粗切角度也决定挖槽路径的起点。

Constant overlap spiral：等距环切，构建一粗加工刀具路径，以等距切除毛坯，并根据新的毛坯余量重新计算，重复处理直至系统铣完内腔。该选项构建较小的线性移动，可干净清除所有的毛坯加工余量。

Parallel spiral：环绕切削，用螺线形式粗加工内腔，每次用横跨量修正外部边界，该选项加工不能干净清除毛坯。

Parallel spiral and clean conners：环绕切削并清角，用与环绕切削相同的方法粗加工内腔，但是在内腔角上增加小的清除加工，可切除更多的毛坯，该选项增加了可用性，但不能保证将毛坯完全清除干净。

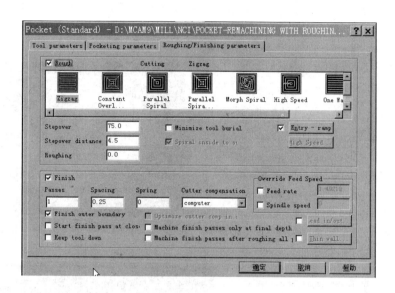

图 6-47　Roughing/finishing parameters 对话框

Morph spiral：依外形环切，在外部边界和岛屿间用逐步进行插补方法粗加工内腔。

True spiral：螺旋切削，用所有正切圆弧进行粗加工铣削，其结果为刀具提供了一个平滑的运动，一个短的 NC 程式和一个较好的全部清除毛坯余量的加工。

One way：单向铣削，类似于双向切削，但切削的刀具路径只在一个方向上切削。

High speed：高速铣削。

②Stepover。该参数是设置在 X 轴和 Y 轴粗加工之间的切削间距，以刀具直径的百分率计，当设定好后可以自动调整下面的"切削距离"参数值。

③Stepover distance。该参数是测量在 X 轴和 Y 轴粗加工之间的距离，该选项是在 X 轴和 Y 轴计算的一个距离，并等于切削间距百分率乘以刀具直径。

④Roughing。该参数是设置双向和单向粗加工刀具路径铣刀移动的角度，是切削方向和工作坐标轴 X 轴的夹角。

⑤Minimize tool burial。当环绕切削内腔岛屿时提供优化刀具路径，避免损坏刀具，要使用较小刀具加工。该选项在双向铣削时有效，并能避免插入刀具绕岛屿的毛坯太深。

⑥Spiral inside to out。该选项应用于所有螺旋铣削挖槽的刀具路径，螺旋刀具路径从内腔中心至内腔壁，默认的螺旋铣削方法，是刀具从内腔外壁移至中心。

⑦Entry-helix。它是一个螺旋线或斜向进入内腔的刀具路径选项。使用螺旋线或使

用斜向进刀，或两者都不是。如果不使用粗加工进刀选项，系统会自定义一个插入点。在本例中由于使用的是端铣刀，其底面中心没有切削刃，故此必须采用螺旋线或斜向进刀。

5）填写好三个挖槽参数对话框后，确认执行，得到如图 6-48 所示的粗加工挖槽刀路。

6）精加工挖槽刀具路径的生成。完成了粗加工后，回到 Toolpaths 菜单，再次执行 Pocket 操作完成槽的精加工。精加工的参数基本与粗加工相同，只是应选择直径较小的刀具，在此选择直径为 6mm 的端铣刀；另外还须在 Roughing/finishing parameters 对话框设置一些精加工参数，其对话框如图 6-47 所示，生成的精加工路径如图 6-49 所示。各参数的意义如下：

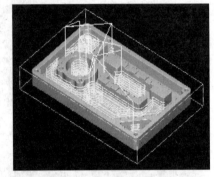

图 6-48　粗加工挖槽刀路

①No. of：挖槽铣削精加工次数。

②Finish pass：精加工余量。

③Finish out boundary：打开精加工外部边界选项，内腔壁和内腔岛屿接受一次精加工，若关闭该选项，只能挖槽精加工岛屿，不能铣削外部边界。该选项常设置为开。

④Start finish pass at close：从粗铣结束处开始精加工。该选项常设置为关。

⑤Keep tool down：保持刀具向下铣削，该选项常设置为关。

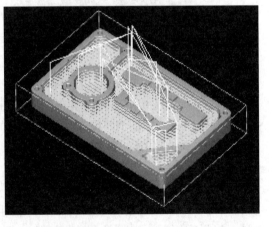

图 6-49　精加工挖槽刀路

⑥Machine finish passes only at final depth：机床只在最后深度精加工。如果关闭该选项，精加工铣削至全部深度。

⑦Machine finish passes after roughing all：粗加工所有内腔后再精加工。若关闭该选项，精加工是在每次粗加工后执行。该选项适用于多区域内腔铣削。

⑧Cutter compensation：精加工在控制器内铣刀修正。执行该参数去启动在控制器内的铣刀修正，当精加工时不能在计算机内进行修正，该选项允许在控制器内调整铣刀修正。

⑨Optimize cutter comp in c：使控制器修正最佳化。若为精加工在控制器使用铣刀修正，该选项在刀具路径上消除小于或等于刀具半径的圆弧，并帮助防止划伤表面，若

在控制器不选择铣刀修正，该选项防止精加工刀具进入粗加工所用的刀具加工区。

⑩Lead in/out：进/退刀内腔铣削的刀具路径选择。

7）槽内中间长方形岛屿上表面浅槽的加工　在 Toolpaths 菜单中，再次执行 Pocket 操作，过程如下：

Main menu→Toolpaths→Pocket→Solids，按顺序选择 7 个浅槽，然后选择 Done，再设置 Tool parameters、Pocketing parame ters、Roughing/finishing parameters 等项参数。注意所选择的刀具直径不要大于槽的宽度，这里选择直径为 5mm 的端铣刀，另外在 Pocketing parameters 项 Pocket type 中选择 Open 方式。生成的刀具路径轨迹如图 6-50 所示。

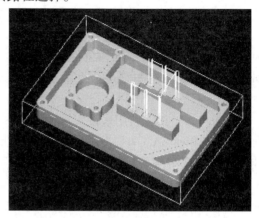

图 6-50　表面浅槽挖槽刀路

（四）钻孔加工

钻孔刀具路径主要用于钻孔、镗孔和攻螺纹等加工。除了前面介绍的刀具共同参数之外，还有一组专用的钻孔参数用来设置钻孔刀具路径生成方式。继续前面的例子进行钻孔加工。

生成钻孔刀具路径的操作步骤如下：

1）Main menu→Toolpaths→Drill，进入钻孔子菜单。

2）使用 Point Manager 子菜单，在绘图区选取点。在本例中采用 Manual→Center，选取四个钻孔点，按 ESC 键完成选点后，将出现钻孔路径，如图 6-51 所示，然后选择 Done。

Point Manager 子菜单提供多种选取钻孔中心点的方法。下面分别进行介绍：

①Manual：该选项以手动方法输入钻孔中心点。选择该选项后，弹出 Point Entry 子菜单，可以按绘制点的方法输入钻孔中心点。

②Automatic：选择该选项后，系统依次提示选取第一个点、第二个点和最后一个点，选取了这 3 个点后，系统自动选择一系列已存在的点作为钻孔中心。

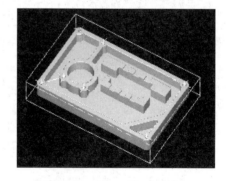

图 6-51　钻孔加工刀具路径

③Entities：选择该选项后，通过选取几何对象，系统以选取的几何对象的端点作为钻孔中心。

④Window pts：此方法通过选取两对角点生成一个矩形窗口，系统将窗口内的所有点作为钻孔点。

⑤Last：采用上一次钻孔刀具路径的点及排列方式作为钻孔刀具路径的点及排列方式。

⑥Mask on arc：该选项选取圆弧的圆心为钻孔中心。

⑦Pattens：该选项有两种安排钻孔点的方法：Grid（网格）和 Bolt circle（圆周状），其使用方法与绘点命令中对应选项相同。

⑧Options：该选项用来设置钻孔的排列顺序，Master CAM 9.0 提供了 17 种 2D 排列方式、12 种螺旋排列方式和 16 种交叉排列方式。如图 6-52 ~ 图 6-54 所示。

3）系统弹出 Drill 对话框。在 Tool parameters参数框中选择用于生成刀具路径的刀具，首先使用中心钻，打中心孔，如图 6-55 所示。

4）点击 Simple drill-no peck 标签，设置钻孔类型及相应的钻孔参数，如图 6-56 所示。

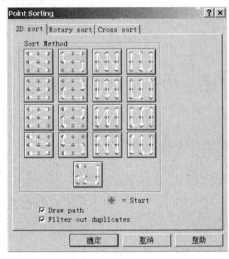

图 6-52　2D 钻孔刀具路径

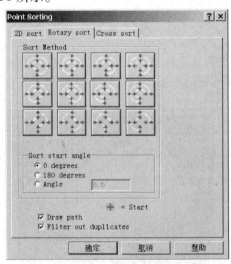

图 6-53　旋转钻孔刀具路径

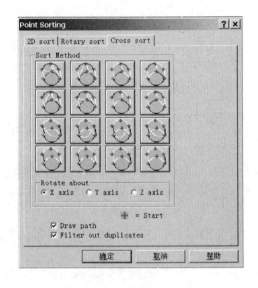

图 6-54　交叉钻孔刀具路径

钻孔参数对话框部分参数解释：

①Cycle：钻孔循环，该参数提供 8 种钻削循环供用户定义。从下拉式菜单中选一个选项，如图 6-57 所示。

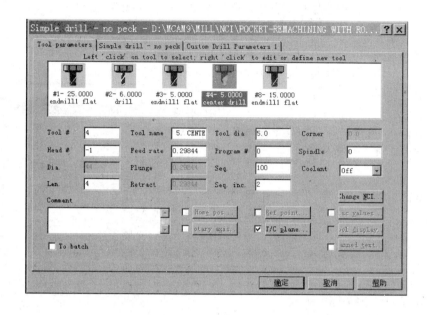

图 6-55　钻孔 Tool parameters 参数框

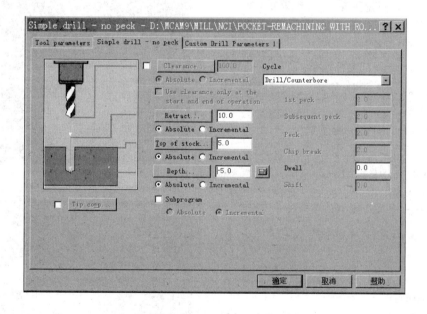

图 6-56　钻孔 Simple drill-no peck

Drill/Counterbore：钻孔或镗沉头孔，孔深小于 3 倍的刀具直径，即 G81/G82 指令。

Peck drill：钻孔深度大于 3 倍刀具直径的深孔，特别用于碎屑不易排除的情况，对应 G83 指令。

Chip Break：钻孔深度大于 3 倍刀具直径的深孔，对应 G73 指令。

Tap：攻左旋或右旋内螺纹孔，对应 G84 指令。

Bore #1：用进给速度进刀和退刀钻孔，用于铰孔，对应 G85 指令。

Bore #2：用进给速度进刀，到达深度后主轴停止、快速退刀，用于镗孔，对应 G86 指令。

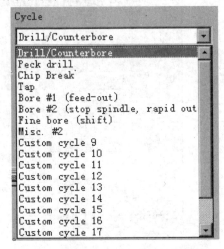

图 6-57　钻孔循环钻孔参数

Fine bore（shift）：在钻孔深度处停转，将刀具偏移后退刀，用于精镗孔，对应 G89 指令。

②1st peck：设置第一次步进钻孔深度。

③Subsequent peck：随后每一次的步进背吃刀量。

④Peck：本次刀具快速进刀与上次步进深度的间隙。

⑤Chip break：退刀量。

⑥Dwell：刀具暂留在孔底部的时间。

⑦Shift：退刀偏移量，该参数设定镗孔刀具在退刀前让开孔壁一个距离，以防伤及孔壁，该选项只用于镗孔循环。

⑧Top comp：刀尖补偿设置。选择该按钮可以进入刀尖补偿对话框。刀尖补偿对话框中参数解释：

Break through：贯穿距离。

Tip length：刀尖长度。

Tip Angle：刀尖角度。

图 6-58　钻孔加工刀具路径

5）选择 OK 按钮，系统即可按设置的参数生成钻孔路径，如图 6-58 所示。

（五）Master CAM 的铣削编程的检查仿真与后置处理

零件加工仿真检查结果如图 6-59 所示。

五、曲面加工

Master CAM 的曲面铣削刀具路径用于加工曲面、实体或实体表面。在曲面、实体或实体表面数控加工中，经常需要粗加工和精加工两道工序才能完成。粗加工的任务是

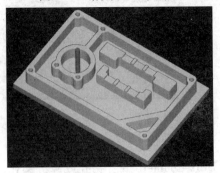

图 6-59　铣削编程的检查仿真结果

尽可能快速去除工件的材料，精加工的任务是精确地构建曲面。Master CAM 提供了 8

种粗加工方法，10 种精加工方法。各曲面粗加工的功能如下：

● Parallel：生成某一特定角度的平行切削粗加工路径。

● Radial：生成放射状的粗加工刀具路径。

● Project：将已有的刀具路径或几何图形投影到所选择的曲面上，生成粗加工刀具路径。

● Flowline：沿曲面流线方向生成粗加工刀具路径。

● Contour：沿曲面外形生成粗加工刀具路径。

● Pocket：依曲面形态，在 Z 方向切削生成粗加工刀具路径。

● Plunge：切削所有位于曲面与凹槽边界的材料，生成粗加工刀具路径。

● Restmill：残料粗加工，用小直径刀具去清除大直径刀具所没有加工到的区域。

各曲面精加工的功能如下：

● Parallel：生成某一特定角度的平行切削精加工刀具路径。

● Par. Steep：生成用于清除曲面斜坡上残留材料的精加工刀具路径。斜坡面由两斜坡角度决定。

● Radial：生成放射状的精加工刀具路径。

● Project：将已有的刀具路径或几何图形投影到选取的曲面上生成精加工刀具路径。

● Flowline：沿曲面流线方向生成精加工刀具路径。

● Contour：沿曲面外形生成精加工刀具路径。

● Shallow：生成用于清除曲面浅面积部分残留材料的精加工刀具路径。浅面积由两斜坡角度决定。

● Pencil：生成用于清除曲面间的交角部分残留材料的精加工刀具路径。

● Leftover：生成用于清除因直径较大刀具加工所残留的材料的精加工刀具路径。

● Scallop：生成一等距环绕工件曲面的精加工刀具路径。

限于篇幅，这里仅对常用的曲面加工方法加以介绍，其余加工方法请参阅相关书籍。

（一）Parallel 平行式曲面粗加工与精加工（见图 6-60）

图 6-60　平行加工零件

1. Parallel 平行式曲面粗加工

生成 Parallel 平行式曲面粗加工刀具路径的操作步骤如下：

（1）Main menu→Toolpaths→Surface　系统子菜单有六个选项，前两个选项后面介绍。

Driver 选项用于选择加工面，S——选择加工面；A——全部是加工面；N——无加工面。本例选 A。Check 选项用于选择干涉面，S——选择干涉面；A——全部是干涉面；N——无干涉面。本例选 N。CAD file 选项用于选择是否读取曲面的 CAD 文件，N——不读取；Y——读取。本例选 N。Contain 选项用于选择边界串联，N——不选取；Y——选取。本例选 N。

（2）继续前面选择 Rough→Parallel 平行式曲面粗加工刀具路径子菜单　系统子菜单有三个选项：Boss、Cavity 和 Unspecified。Boss 表示工件的外形为凸形；Cavity 表示工件的外形为凹形；Unspecified 为默认参数，一般与上一次生成平行曲面粗加工刀具路径的参数相同时选择 Unspecified。在本例中选 Boss。

（3）继续前面加工面选择　选择 All→Surface→Done，系统弹出如图 6-61 所示对话框。

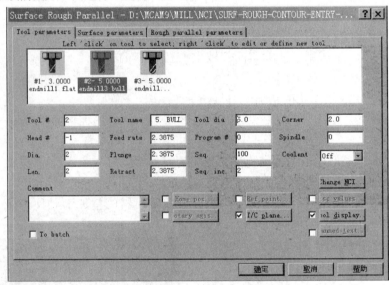

图 6-61　平行加工 Tool parameters 标签

（4）单击 Tool parameters 标签　其意义与前面相同。本例选择 ϕ5mm 端铣刀。

（5）单击 Surface parameters 标签　其意义与前面相同。

（6）单击 Rough parallel parameters 标签　如图 6-62 所示。其意义如下：

1）Total tolerance。该输入框用来输入曲面刀具路径的精度公差。设置值越小，刀具路径就越精确。但加工时间越长。在一般的曲面粗加工中其设置值可稍大，建议设置为 0.05mm。

2）Cutting method。该下拉框用来选择切削方式。Master CAM 提供两种切削方式：Zigzag 双向切削和 Oneway 单向切削。

3）Max. stepdown。该输入框用来设置两相近切削路径的最大 Z 方向距离。最大 Z 方向距离越大，则生成的粗加工层次越少，但加工结果越粗糙。最大 Z 方向距离越小，则粗加工层次越多，粗加工结果越平滑。

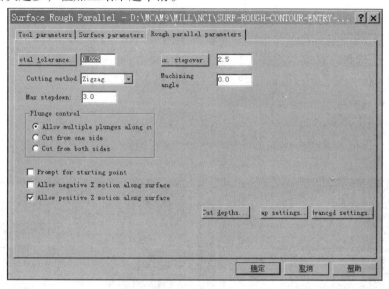

图 6-62　平行加工 Rough parallel parameters 标签

4）Max. stepover。该输入框用来设置两相近切削路径的最大进给量。该设置值必须小于刀具的直径。同样，该值设置的越大，生成的刀具路径数目越少，加工结果越粗糙。该值设置得越小，生成的刀具路径数目越多，加工结果越平滑。

5）Machining angle。该输入框用来设置加工角度，加工角度从 X 轴逆时针方向计算。

6）Plunge control。该栏用来设置进刀和退刀时刀具在 Z 轴方向的移动方式。

7）Prompt for starting point。当选中该复选框时，在设置完各参数后，系统提示用户指定起始点，系统以距所选取的点最近的角点为刀具路径的起始点。

8）Allow negative Z motion along surface 和 Allow positive Z motion along surface。

9）Cut depth。该对话框用来设置粗加工的背吃刀量。

10）Gap settings。该对话框用来设置刀具在不同间隙时的运动方式。

（7）确定　生成如图 6-63 所示的 Parallel 平行式曲面粗加工刀具路径及模拟加工结果。

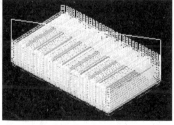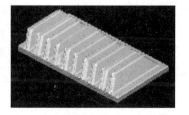

图 6-63　Parallel 平行式曲面粗加工刀具路径及模拟加工结果

2. 平行式曲面精加工

1）Main menu→Toolpaths→Surface。各项的选择同粗加工。

2）选择 Finish→Parallel 平行式曲面精加工刀具路径。各项的选择同粗加工。

3）加工面选择。各项的选择同粗加工。

4）Tool parameters 项设置同粗加工。刀具选择 ϕ3mm 平底铣刀。

5）Surface parameters 项设置同粗加工。

6）Finish parallel parameters 项采用系统默认值。

7）确定。生成如图 6-64 所示的 Parallel 平行式曲面精加工刀具路径及模拟加工结果。

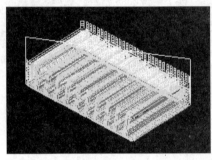

图 6-64　Parallel 平行式曲面精加工刀具路径及模拟加工结果

（二）Radial 放射状曲面粗加工与精加工（见图 6-65）

Radial 放射状曲面铣削粗加工与精加工适合加工关于中心对称和近似中心对称类型的曲面，它可以产生放射状的加工刀路。

1. Radial 放射状曲面粗加工

Radial 放射状曲面粗加工刀具路径构建步骤：

（1）Main menu→Toolpaths→Surface 曲面加工。选择加工面与检查面，方法同平行式曲面加工。

（2）Rough→Radial　放射状曲面粗加工。设置加工面形状，方法同平行式曲面加工。

图 6-65　Radial 放射状曲面粗加工零件

（3）确定加工表面　可以直接选择加工表面，也可以利用 All→Surface→Done 选择加工表面，然后选择放射状刀具路径的放射点，本例中选加工圆盘的中心为放射状刀具路径的放射点，之后系统弹出 Rough radial parameters 参数对话框。

（4）Tool parameters 项设置同平行式曲面加工　为快速去除加工余量，刀具选择 ϕ10mm 球头铣刀。

（5）Surface parameters 项设置同平行式曲面加工

（6）Rough radial parameters 参数框设置　如图 6-66 所示，其参数意义如下：

1）Max. angle increment：该选项可以设定以放射状中心为基准的每相邻两次进给之间的最大角度增量值，本例选 2°。

2）Start angle：相对于工作坐标系 X 轴的刀具路径起始角度，本例从 0°开始加工。

3）Sweep angle：刀具路径的结束角度，在本例中结束角度为 360°。

4）Start distance：放射状曲面粗加工刀具路径中心点与选取点的偏移距离。

5）Starting point：设置刀具的进刀点。可以选两种进刀点：

①由内而外：进刀点在放射状刀路的中心。

②由外而内：进刀点在放射状刀路的外边界。

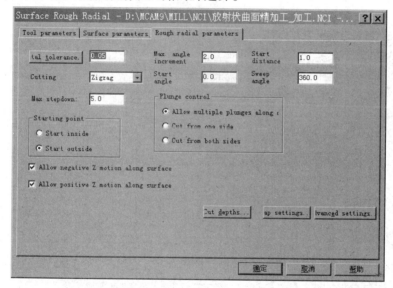

图 6-66　放射状曲面粗加工 Rough radial parameters 参数框

其他参数项目的设定方法与平行切削时的设定方法相同。

（7）确定　生成如图 6-67 所示的 Radial 放射状曲面粗加工刀具路径及模拟加工结果。

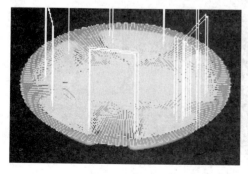 

图 6-67　Radial 放射状曲面粗加工刀具路径及模拟加工结果

2. Radial 放射状曲面精加工

Radial 放射状曲面精加工刀具路径构建步骤：

1）Main menu→Toolpaths→Surface，选择加工面与检查面，方法同粗加工。

2）选择 Finish→Radial，设置加工面形状，方法同粗加工。

3）选择 All→Surface→Done，系统弹出如图 6-68 所示对话框。

4）Tool parameters 参数框设置方法同粗加工。刀具选择 φ5mm 平底铣刀。

5）Surface parameters 参数框设置方法同粗加工。

6）Finish radial parameters 参数框设置如图 6-68 所示，其参数意义同粗加工。

7）确定。生成如图 6-69 所示的 Radial 放射状曲面精加工刀具路径及模拟加工结果。

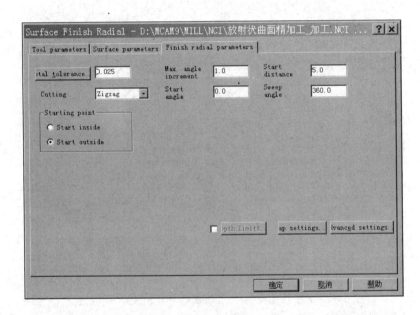

图 6-68　放射状曲面精加工 Finish radial parameters 参数框

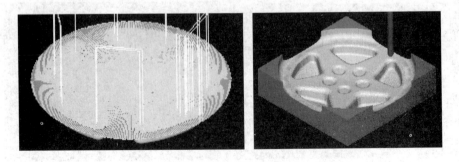

图 6-69　Radial 放射状曲面精加工刀具路径及模拟加工结果

（三）Flowline 流线式曲面粗加工与精加工

Flowline 流线式曲面粗加工与精加工（见图 6-70）可以沿曲面流线方向生成加工路径。

1. Flowline 流线式曲面粗加工

Flowline 流线式曲面粗加工刀具路径构建步骤：

1）Main menu→Toolpaths→Surface，确定为曲面粗加工，然后选择加工面与检查面，方法同平行加工。

2）选择 Rough→Flowline，确定为流线式加工，然后设置加工面形状，同平行加工。

图 6-70　流线式曲面加工零件

3）选择加工面→Done。

4）Tool parameters 项设置同平行加工。刀具选择 ϕ25mm 球头铣刀。

5）Surface parameters 项设置同平行加工。

6）Rough flowline parameters 参数框设置。如图 6-71 所示，其参数意义如下：

①Cut control：控制切削沿曲面移动的参数，有两种控制方式：

Distance：设置沿曲面移动的切削增量，确定两相邻刀具路径的移动距离。

Total tolerance：用于确定实际刀具路径与实际曲面在切削方向的公差。较小的切削公差可得到更精确的刀具路径，但是需要较长时间生成刀具路径，并生成较长的 NC 程序。

Check flow motion for gouge：执行过切检查。

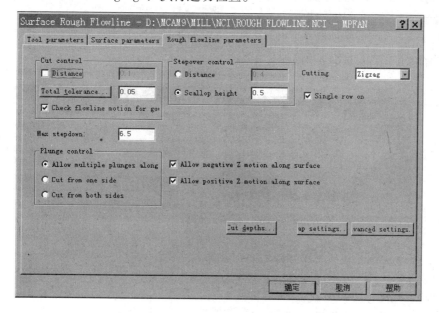

图 6-71　Rough flowline parameters 参数框

②Stepover control：用来计算刀具在截面方向移动路径间的参数。

Distance：确定两相邻刀具路径在截面方向的移动距离。

Scallop height：设置曲面流线式加工刀具路径间剩余材料的高度。

③Cuting：该参数是设置用于粗加工流线式曲面的刀具路径的切削加工方法，可选取双向铣削或单向铣削。

④Plunge control：用于确定 Z 轴粗加工进刀方式。选取下列选项之一：

Allow multiple plunges along：沿切削方向允许多次进刀和退刀。

Cut from one side：仅沿工件的一边进刀。

Cut from both sides：沿工件的两边进刀。

Cut allow negative Z motion along surface：当进刀切削时，让刀具沿曲面负 Z 轴方向切削。

Cut allow positive Z motion along surface：当进刀切削时，让刀具沿曲面正 Z 轴方向切削。

7）确定。系统弹出曲面流线加工修正菜单，如图 6-72 所示，各参数解释如下：

①FLIP：该项用于切换曲面法向及其反向之间的半径修正。

②Offset：该项用于切换流线方向。

③Cut dir：该项用于切换切削方向。

④Step dir：该项用于设置每个曲面刀具路径的切入点。

⑤Edge toler：该项用于设置边界的公差值。

⑥Plot edges：显示边界线。

图6-72　菜单

经设置后，选择 Done，生成如图 6-73 所示的 Flowline 流线式曲面粗加工刀具路径和模拟加工结果。

图6-73　Flowline 流线式曲面粗加工刀具路径和模拟加工结果

2. Flowline 流线式曲面精加工

Flowline 流线式曲面精加工刀具路径构建步骤：

1）Main menu→Toolpaths→Surface，选择加工面与检查面，同粗加工。

2）选择 Finish→Flowline，设置加工面形状，同粗加工。

3）选择加工面→Done。

4）Tool parameters 参数框设置。刀具选择 φ10mm 平底铣刀。

5）Surface parameters 参数框设置。

6）Finish flowline parameters 参数框设置。

7）确定。生成如图 6-74 所示 Flowline 流线式曲面精加工刀具路径及模拟加工结果。

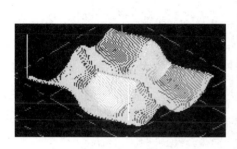
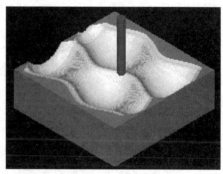

图 6-74　Flowline 流线式曲面精加工刀具路径及模拟加工结果

（四）Contour 等高外式曲面粗加工与精加工（见图 6-75）

等高外式曲面加工一般用于铸造或锻造的零件加工，其刀具路径类似于地图上的等高标线而得名。

1. Contour 等高外式曲面粗加工

Contour 等高外式曲面粗加工刀具路径构建步骤：

1）Main menu→Toolpaths→Surface→Rough→Contour。

2）选取所加工的零件曲面，然后选择 Done。

3）Tool parameters 参数框设置。选择 φ20mm 的平头牛鼻铣刀为粗加工刀具。

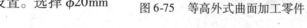

图 6-75　等高外式曲面加工零件

4）Surface parameters 参数框设置。

5）Rough contour parameters 参数框设置。如图 6-76 所示，其参数意义如下：

①Direction of closed contours：该栏用于设置封闭外形的铣削方向，有 Conventional（顺铣）和 Climb（逆铣）两个选项。

②Direction of open contours：该栏用于设置开放曲面外形的铣削方向，有 One way（单向切削）和 Zigzag（双向切削）选项。

③Transition：该栏用于设置当移动量小于允许间隙时刀具移动的形式，与前面介绍的 Gap settings 框基本相同，其中 High speed 选项相当于 Smooth 选项，Ramp 选项相当

于 Direct 选项。

④Entry/exit arc：选中该复选框后，添加圆弧形式的切入／切出刀具路径，Radius 输入框用于输入圆弧刀具路径的半径，Sweep 输入框用于输入圆弧刀具路径的扫描角度。

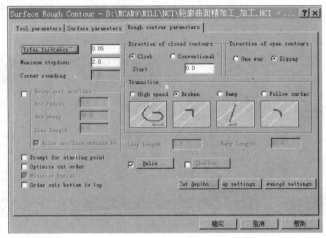

图 6-76　等高外式曲面粗加工参数框

⑤Corner rounding：该输入框用于输入在锐角处（角度小于 135°）用来替代锐角刀具路径的长度。

⑥Order cuts bottom to top：选择该复选框后，从底部向上部执行等高外形加工。

6）确定。生成如图 6-77 所示的 Contour 等高外式曲面粗加工刀具路径及模拟加工结果。

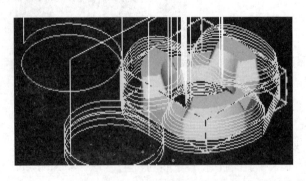
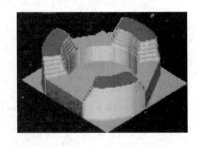

图 6-77　Contour 等高外式曲面粗加工刀具路径及模拟加工结果

2．Contour 等高外式曲面精加工

Contour 等高外式曲面精加工刀具路径构建步骤：

1）Main menu→Toolpaths→Surface→Finish→Contour。

2）选取所加工的零件曲面，然后选择 Done 选项。

3）Tool parameters 参数框设置。选择 φ10mm 的平头牛鼻铣刀为精加工刀具。

4）Surface parameters 参数框设置。

5）Finish contour parameters 参数框设置。

6）确定。生成如图 6-78 所示 Contour 等高外式曲面精加工刀具路径及模拟加工结果。

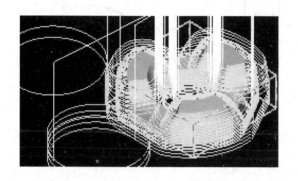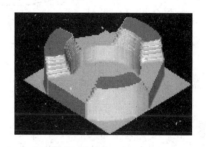

图 6-78　Contour 等高外式曲面精加工刀具路径及模拟加工结果

习题与思考题

6-1　什么是自动编程？有何作用？

6-2　MasterCAM 的主要功能有哪些？

6-3　什么是二维刀具路径，三维刀具路径？有何区别？

6-4　用 MasterCAM 生成如图 6-79 所示零件的刀具路径。

6-5　用 MasterCAM 生成如图 6-80 所示零件的刀具路径。

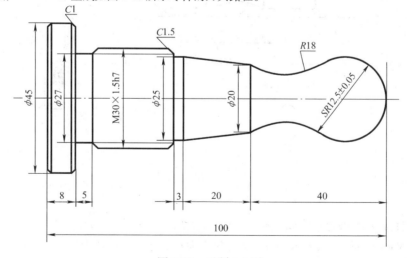

图 6-79　习题 6-4 图

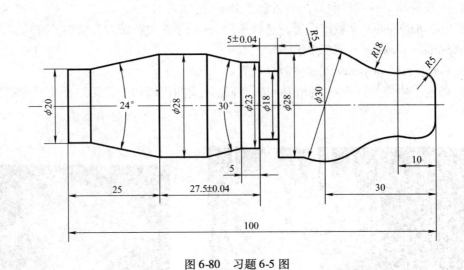

图 6-80 习题 6-5 图

6-6 用 MasterCAM 生成如图 6-81 所示零件的刀具路径。

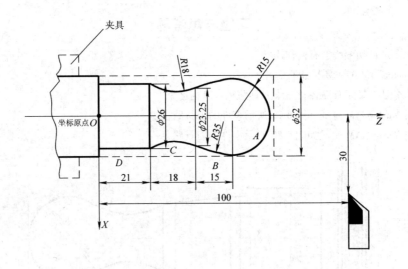

图 6-81 习题 6-6 图

6-7 用 MasterCAM 生成如图 6-82 所示零件的刀具路径。

6-8 用 MasterCAM 生成如图 6-83 所示零件的刀具路径。

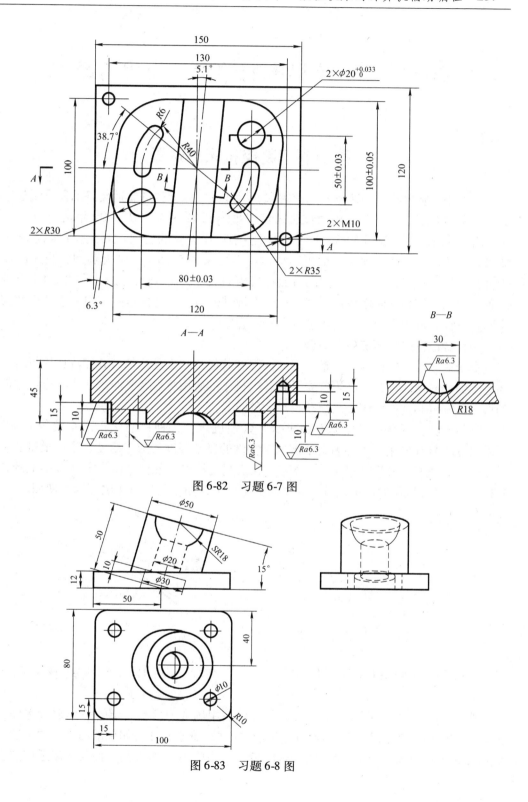

图 6-82 习题 6-7 图

图 6-83 习题 6-8 图

第七章　数控机床的购置、使用与维护

第一节　数控机床的购置

近年来，随着我国制造业的迅速崛起，对数控机床等先进制造装备的需求量越来越大。据资料介绍，2006 年我国数控机床消费量达 9.91 万台，比 2005 年增长 30%，是 2000 年数控机床消费量的 3.59 倍；数控机床消费量约占金属切削机床消费量的 68.2%，数控机床消费额约占金属切削机床消费额的 53.5%。毫无疑问，我国已经成为世界数控机床消费大国之一。随着数控机床的大量应用和迅速普及，如何科学合理地配置、选购、管理和使用数控机床并充分发挥其效益等问题便日益突出。本节就数控机床购置与使用过程中的一些问题进行分析和介绍。

一、数控机床的经济适用场合

众所周知，任何机床都不是万能的，都有其优势和不足，都有其经济适用场合及应用范围的局限性。因此，必须首先了解各类机床的应用特点及其经济适用场合，才能有的放矢地配置和选购机床，从而获得最大的效益。

就机床大类（普通机床、专用机床、数控机床、各种自动化生产系统等）而言，影响机床配置和使用的主要因素是被加工零件的复杂程度、加工精度、生产批量、生产效率、自动化要求和生产成本等。图 7-1 在宏观上给出了各种机床的经济适用范围，图 7-2 给出了各种机床的加工批量与成本的关系，可以用于指导机床的配置和使用。

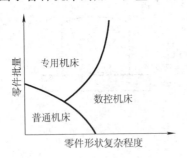

图 7-1　各种机床的经济适用范围

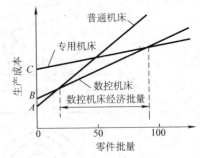

图 7-2　各种机床的加工批量与成本的关系

由图 7-1 和图 7-2 可见，数控机床的经济适用场合为形状复杂的中小批量零件的生产。当零件形状复杂时，手工操作的普通机床往往难于胜任，如果采用复杂的工装，其成本又太高；当零件的生产批量较小时，采用专用机床成本较高，而且难以适应加工对象的经常变化。因此，从经济性角度讲，在加工形状复杂的中小批量零件时，应优先选用数控机床；在加工形状简单、批量很小的零件时，应优先选用普通机床；在加工形状较简单、批量很大的零件时，应优先选用专用机床。

随着社会的进步，生活水平的提高，人们的需求越来越呈现多样化、个性化的趋势，在制造领域中的反映就是生产模式由原来的大批大量生产转变成多品种小批量生产。在多品种小批量生产模式下，为了追求利润最大化，传统的刚性自动生产线逐步趋于淘汰，而柔性自动化的数控机床及以数控机床为主构成的柔性制造系统（FMS）的应用则越来越广。图 7-3 给出了各种机械制造系统的生产效率与柔性，从中可见，当零件

品种很多、批量较小时，采用数控机床可以实现低成本、高效率的柔性自动化生产。如果零件形状很复杂、精度要求较高，采用其他机床难以实现加工要求时，即使是单件生产，也常常优先选用数控机床。

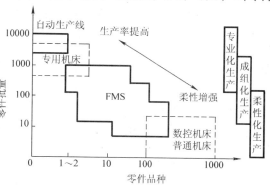

图 7-3　各种机械制造系统的生产效率与柔性

二、数控机床的选购原则

数控机床一般比较昂贵，与同规格的普通机床相比，全功能型数控机床的价格一般要高出 5～10 倍。对企业来讲，购置数控机床的目的主要是为了完成某些关键零部件或某些关键工序的加工。因此，企业在确定设备配置时，应首先根据实际需要和各种机床的经济适用场合做出是否必须购置数控机床的投资决策，然后在具体购置数控机床时，还应按下述原则进行充分的调研分析、选择比较和采购实施，以保证购置到最合适满意的设备。

1. 工艺适应性原则

工艺适应性原则主要是指所选购的数控机床功能和性能必须适应被加工零件的形状、尺寸、精度和生产节拍等要求。

被加工零件的形状决定加工工艺和加工设备类型，如回转体零件应采用车削工艺，选用数控车床；异形板块类零件应采用铣削工艺，选用数控铣床或立式加工中心；尺寸较大的箱体类零件往往需要钻镗铣复合加工，应选用卧式数控镗铣床或工序集中程度高的卧式加工中心等。被加工零件的尺寸决定所选用数控机床的规格，规格大，功能范围宽，但成本高；规格小，功能范围窄，但成本低。数控机床是通用机床，其加工对象往往并不确定，因此在选购时应留有一定的功能冗余，但如果冗余太大则要付出较大的经济代价。被加工零件的精度要求决定所选用数控机床的精度，精度越高，价格越高，而且价格随精度按非线性增长，因此在选购数控机床时应格外慎重，不要盲目追求高精度，只要满足生产要求就可以了。被加工零件的生产节拍决定所选用数控机床的数量，如果节拍较长，可选用一台数控机床；如果节拍较短且产品生产周期较长、批量较大，

则应选用一台或多台高效率数控机床或者由多台数控机床组成的柔性制造系统或生产线。

2. 可靠性原则

数控机床的可靠性是影响数控机床发挥效益的一个非常重要的因素，也是数控机床用户特别关心的焦点问题。表 7-1 是《机械工人》杂志社于 2002 年开展的"数控系统应用调查"中关于影响选择数控系统的因素的调查分析结果，从中可以看出，无论对哪一档次的数控系统，可靠性和稳定性始终是影响用户选购的第一要素。因此在选购数控机床时必须认真考察比较拟购数控机床的可靠性和稳定性，广泛听取多数用户对其可靠性和稳定性的评价，或者向全国数控机床用户委员会或其他类似机构进行有关方面的咨询。

表 7-1 不同档次数控系统购买因素分析

因素 产品	可靠性 稳定性	品　牌	价　格	服　务
经济型	33%	16%	30%	21%
普及型	37%	19%	23%	21%
高档型	31%	28%	18%	23%

3. 市场占有率原则

市场占有率高的数控机床是旺销产品，已受到多数用户青睐和肯定，生产批量较大，机床结构和制造工艺比较成熟，一般可靠性较高，企业信誉较好，质量容易得到保证。

4. 优化配置原则

数控机床的配置既要满足功能要求，又要保证质量稳定可靠，还要经济合理。

目前，数控机床中的许多重要零部件（如数控系统、主轴部件、主轴冷却系统、主电动机和伺服电动机、滚珠丝杠、滚动导轨、回转刀架或刀库、电气元件、液压元件等）已经标准化或通用化，由许多专业化生产厂家配套生产。因此，在选择数控机床配置时，应在购置费用预算范围内优先选择著名厂家批量生产的名牌配套零部件，同时还要使各配套零部件在性能上相匹配，避免良莠不齐，因为数控机床使用中的性能往往不是取决于最好的配套零部件，而是取决于最差的配套零部件。

数控机床在基本功能配置之外还有一些任选功能配置，这些任选功能往往是针对一些特殊需要提供的，而且需要额外付费。选购时，应根据实际需要，必备的功能应与主机一起购置，这样在费用上往往可以得到优惠，而可有可无或者使用概率很小的功能则不要盲目配置，以免遭受无谓的经济损失。

数控系统的配置应充分考虑企业现有状况，如现有数控机床所配置的数控系统、企业技术人员和操作、维修人员技术水平和经验等。一般情况下，在购置新数控机床时，应优先选配与现有数控系统相同或为同一厂家生产的数控系统，这样可大大减轻技术适应难度，缩短使用适应周期，便于设备管理与维修。如果企业在尚无数控机床的情况下购置新数控机床，则应优先选配目前市场上的主流产品，如 FANUC、SIEMENS、华中数控等数控系统，这样可比较容易地在国内甚至当地获得技术援助和支持，有利于数控机床的管理、使用和维修。

5. 维修备件供应原则

在使用数控机床过程中经常会遇到维修备件供应难的问题，或者供应渠道不畅，供应周期长；或者原来的备件已淘汰，厂家专门生产此种备件价格昂贵，或者根本不再生产。因此，在选购数控机床，尤其是选购进口数控机床时，应优先选择在国内设有备品备件仓库，可随时选购维修备件的供货商，或者要求供货商配备足够数量的关键易损件的维修备件，或者要求供货商保证设备淘汰后，能以合理的价格提供功能替代备件或原设计采用的备件，以免造成较大损失。

6. 质量保证原则

选购数控机床，尤其是选购高档昂贵数控机床时，不但要考核数控机床本身的质量，还要尽可能实地考察数控机床生产企业质量保证体系的完善性和可信性。只有企业具备较高的工艺装备水平、完善的质量保证体系和良好的社会声誉，才能可靠地保证所提供数控机床的质量。

7. 维修服务网络原则

由表 7-1 可见，售后服务是用户在选购数控机床时必须考虑的一个重要因素。因此，在选购数控机床时，一定要认真考核供货商及其配套产品生产企业的售前咨询和售后服务网络是否健全，服务队伍的素质能否胜任工作，服务是否及时，能否履行对售后服务的承诺。对于在中国没有维修服务网点，或者虽然有维修网点，但形同虚设的供货商，原则上不应订购其所提供的数控机床，以免使用过程中因设备维修问题造成较大的经济损失。

8. 避免风险原则

包括避免技术风险和资信风险。为避免技术风险，应采取交钥匙工程的方法与供货商签订合同，要求供货商负责设备的安装、调试、人员培训、产品试生产等全部过程，直到用户满意为止。为避免资信风险，应对供货商进行实地考察，还要通过银行或其他可信渠道考察其资信情况以及流动资金、负债率等情况，以防止出现供货商因流动资金不足而拖期交货，或因负债率过高而破产等情况，使用户蒙受损失。

9. 环保安全原则

所选购的数控机床不应含有对人体有害且含量超标的物质，不应出现漏水、漏油、漏气等现象，以免造成环境污染。所选购的数控机床应采取完善的安全防护措施，电气系统应符合相关安全标准，以保证使用过程中的人身安全。

10. 科学验收原则

在与供货商签订数控机床购置合同时，应参考数控机床的有关标准，详细制订验收方式、方法等条款。在数控机床购置到位并安装完成后，应严格按照购置合同中各项技术指标和配置要求以及验收方式、方法等进行验收，以防供货商任意变动机床配置，以次充好，用不合格品来蒙混过关。

11. 性能价格比原则

数控设备的价格主要取决于技术水平的先进性，质量和精度的好坏，功能的强弱、配置的高低以及质量保证费用等。对数控机床的价格必须进行综合考虑，不要一味追求低价格，但也要防止价格上的欺骗，出了高价而没有买到好的产品，或者是买的设备水平、质量都不错，但却不值那么多钱。因此，选购数控机床时要货比三家，比技术水平、比质量、比功能、比性能、比配置、比运行费用，最后再比价格，这样才能保证买到性能价格比合理的数控设备。

12. 招标采购原则

数控机床是高价值设备，根据国家有关规定，国有企事业单位添置数控机床均需通过招标方式进行采购。为了购买到最满意、性能价格比最优的数控机床，近年来越来越多的私有、民营和外资企业也都采取招标方式进行采购。招标采购是一种非常好的货比三家的选购办法，但在招标采购之前应做好充分的准备，包括市场调研（供应商考察与邀请、用户信息收集与分析等）、标书准备、评标专家聘请等。其中评标专家聘请可委托招标公司负责，市场调研应考虑上述一些原则，这里简要介绍标书准备工作中的一些注意事项。

1）所提出的技术参数和指标务必尽可能详尽，一方面可以将企业的主要技术要求表达完整、准确、清楚，另一方面可为技术验收提供详细依据。

2）所提出的技术指标务必切合实际，既不要盲目追求先进性和全能性，以免抬高价格，造成浪费；也不要为节省购置费用而降低技术指标要求，以免购置的数控机床满足不了生产要求。

3）在提出精度指标时应注明所采用的标准，为评标和验收提供依据。目前国际上经常采用的有四种标准，即国际标准（ISO—International Standard Organization，国际标准化组织）、美国标准（ASME—American Society of Mechanical Engineers，美国机械工程师协会）、德国标准（VDI—Verein Deutscher Ingenieure，德国工程师协会）和日本标准（JIS—Japanese Industrial Standards，日本工业标准），四种标准中除 JIS 标准采用一次测量评定方法外，其余标准均采用多次、多点测量的数理统计评定方法，测量结果区别不大。因此，一般情况下应在标书中注明采用 ISO 标准（因我国标准与 ISO 标准等效），特殊情况下也可采用 ASME、VDI 或 JIS 标准，但必须清楚，JIS 标准比其余几种标准宽松，因此按 JIS 标准评价合格的产品，按其他标准进行评价可能不合格。例如，德国某公司提供的某加工中心样本标明，其定位精度按 JIS、VDI 标准测定，分别为 $\pm 4\ \mu m$、$14\ \mu m$；重复定位精度分别为 $\pm 2\ \mu m$、$10\ \mu m$。

4）在标书中应明确提出所要求的详细配置，要求投标方按要求的配置报价竞标，以便于评标比较。配置要求分两种情况，一种是指定机床标准配置中主要零部件（如主轴部件、进给伺服电动机及滚珠丝杠、滚动导轨、刀库、数控装置、监视器等）的配套生产厂家及规格型号，另一种是明确提出所需的选配功能及附件（如对刀仪、排屑器、数控回转工作台，以及抛物线插补、NURB 曲线插补、三维图形模拟等），这两种配置要求都应在招标之前基本确定并列入标书中。

5）在标书中应明确提出验收方式方法、保修期和售后服务要求等。主要技术参数和技术要求是数控机床验收的主要依据，此外一般还应要求进行综合加工试验验收，即规定试切削某一较复杂零件，规定相应的切削试验条件，切削加工中检验机床的运行状况，切削加工后检验零件精度、表面粗糙度是否达到预期要求。数控机床的保修期一般为一年，在可能的条件下应尽量要求延长保修期，如一年半或二年，这样可使用户对机床有较长的适应期，也可考验供货商对其机床的信心。数控机床在使用过程中必然会出现故障，如果不能得到及时维修，则会影响正常生产，造成经济损失，因此应在标书中要求供货商在接到维修请求时能在规定的时间（一般为 8h）内予以响应，并派服务人员在规定的时间（一般为 24h）内到达现场进行维修。

第二节　数控机床的使用与管理

数控机床是技术密集度及自动化程度很高的典型机电一体化加工设备，具有零件加工精度高，加工质量稳定，柔性自动化程度高，可减轻工人的体力劳动强度，大大提高生产效率等显著特点。尤其是数控机床可完成普通机床难以完成或根本不能完成的复杂曲面零件的加工，因而数控机床在机械制造业中的作用愈来愈突出，目前我国大多数企业都已拥有数控机床。但能否充分发挥数控机床的优越性，关键还取决于使用者能否在生产中科学地管理和使用数控机床。

一、数控机床的使用

数控机床是柔性自动化通用机床，与传统的普通机床和自动化机床相比既有相同之处，又有显著区别，因此必须十分清楚数控机床的特点并加以合理利用，才能充分发挥数控机床的效益。下面就数控机床使用中的一些要点加以介绍。

1. 合理选择加工工艺

数控机床的加工对象及其加工工艺应与数控机床的工艺特点相适应。一般情况下，中小批量、形状较复杂、精度要求较高的零件应优先采用数控机床进行加工；对于一些粘性较大的难加工材料的零件可选用高速数控机床进行加工；对于需车削、铣削复合加工的零件，应选用车削中心进行加工；对于需钻、镗、铣、攻螺纹等复合加工的零件，应选用镗铣加工中心进行加工。在普通机床上进行加工，常将加工工序分散到多台机床上分别完成，以保证加工质量并提高加工效率；而在数控机床上进行加工，则多数倾向于将多个工序集中在一台机床上和一次装夹下完成，在保证加工质量的同时提高加工效率。

2. 合理使用切削用量

切削用量包括切削速度、进给速度（或进给量）、切削宽度、背吃刀量等，在数控机床上切削用量对加工质量、加工效率的影响与在普通机床上的影响是相同的。但是，由于数控机床刚度和抗振性等性能比普通机床高得多，且输出功率大、切削速度和进给速度高，可进行高速、强力切削，因此可使用比较大的切削用量。一般情况下，应参考数控机床说明书、切削用量手册、刀具手册，根据实际加工情况和实践经验来合理选择切削用量。当加工铸铁等脆性材料的零件时，一般应选择较低的切削速度；当加工粘度较大的有色金属材料的零件时，一般应选择较高的切削速度。由于数控机床主轴均采用无级调速，因此可以根据最佳的切削速度选择最佳的主轴转速。进给速度的选择主要根据工件的加工精度及表面粗糙度要求，当要求较高时，进给速度应选取得小一些；当要求较低时，进给速度应选取得大一些，以提高生产率。背吃刀量的选择主要依据机床、工件及刀具系统的刚度，当系统刚度较高、工件加工余量不大时，可一次走刀切除全部余量，以提高加工效率；有时为了保证加工精度和表面粗糙度，可在粗加工后留一定余量，最后再精加工一刀。

普通机床上进行零件加工时常将粗加工和精加工工序分开，采用不同的机床来完成，而在数控机床上如果工艺允许则可在一次装夹下同时完成粗、精加工。

3. 充分的技术准备

为了提高数控机床的使用效率，应尽量提高其切削加工时间，降低机床调整、装卸工件等其他辅助时间。因此，在进行数控加工前应做好充分的技术准备，包括刀具、夹具、辅具等，以免在加工过程中因缺少必要的刀、辅具等而使机床停工。数控机床上以采用各种标准刀具为主，因此应在购置数控机床后根据需要陆续配备种类和数量足够的刀柄和刀片。数控机床的夹具一般比较简单，但如果夹具设计的合理，可以显著提高数控机床的利用率和加工效率，甚至提高加工质量。如采用成组技术原理设计加工中心夹具，将多个相同或相近零件装夹在夹具上，用 2 套以上夹具带着零件一起在机床上装卸，零件在夹具上的装卸则安排在机床外，这样可使零件在夹具上的装卸时间与机床加工时间重合，且一次装夹可完成多个零件的加工。如图 7-4 所示。

4. 数控加工程序编制

数控机床是在数控加工程序的控制下完成零件加工的，普通机床上由操作者完成的各种控制动作以及零件图样上的各项技术要求，在数控机床上均需通过数控加工程序来实现。因此，数控加工程序是影响零件加工质量的一个重要因素。数控加工程序的编制往往需要较长时间，尤其是当零件形状比较复杂时，因此程序编制是影响数控机床使用率的一个重要因素，也是数控机床使用过程中的一个非常重要的环节。对于形状简单的零件，采用手工编程往往比计算机辅助编程更快；对于形状复杂的零件，尤其是涉及较大量刀具轨迹计算的零件，应采用计算机辅助编程。无论是手工编程还是计算机辅助编程，都应采用机外编程的方法，这样可将编程准备时间与机床加工时间重合，提高机床的利用率。因此，一般应为一台或几台数控机床配备一台专门用于编程的计算机，即使是手工编程，也应先在计算机上将编好的程序输入并存为文本文件，然后利用数控机床的 DNC 接口（RS‑232C 接口）将程序传送给数控机床，以减少利用数控机床操作面

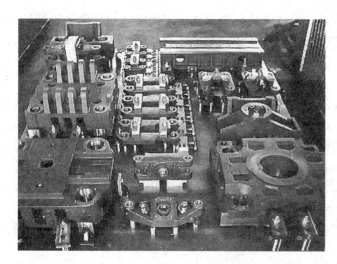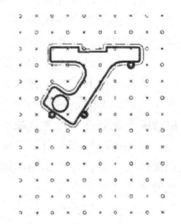

图 7-4　加工中心上的成组技术夹具

板输入程序的时间并降低程序输入错误率。有些企业为了节省计算机开支，要求编程人员通过数控操作面板输入程序，结果占用了很多机床时间，得不偿失。计算机辅助编程软件可根据企业现有条件、技术（编程）人员的水平及其对软件的熟悉程度来选择，目前常用的计算机辅助数控编程软件有 MasterCAM、Cimatron、CAXA 等，一些大型计算机辅助设计软件，如 Pro/E、UG、IDEAS、CATIA 等，均具有计算机辅助数控编程功能。此外，对编程人员的要求是不仅熟练掌握数控编程技术，更要具备扎实的制造工艺基础和丰富的工艺设计经验，否则很难编制出高质量的数控加工程序。

5. 充分利用数控机床一年的保修期

对于新购置的数控机床，一旦验收签字以后应立即投入运行，尽量提高机床的开动率，使故障的隐患尽可能在保修期内得以暴露和排除。一般来说，数控系统要经过 9 ~ 14 个月的运行才能进入有效运行期（稳定工作期），数控机床大约经过 6 ~ 12 个月左右的试用期，才可投入正常使用。在保修期和试用期内，应尽量让机床开足使用，使机床有一个足够的"老化"过程。

二、数控机床的管理

目前，企业购置的数控机床越来越多，但有些企业由于对数控机床认识不足，管理不善，如人员配置不到位、维护保养不当、使用不合理、管理制度不健全或执行不力等，结果使数控机床不能正常发挥作用，造成数控资源的严重浪费。因此，数控机床的管理问题不容忽视。下述为数控机床管理中应注意的几个问题。

1. 完善人员配置，加强人员培训

数控机床是典型的机电一体化产品，所涉及的知识面较宽，其管理和使用与普通机床相比难度要大。因此，要提高数控机床的管理和使用水平，以获得预期的效益，需要配备一支结构合理、素质高的人才队伍，该人才队伍应由管理、维修保养、编程、操作等类人才组成。

数控机床的管理人员不但要具备生产管理知识，还应了解数控机床的各方面特点，这样才能保证既合理地向数控机床下达生产任务，又科学地给数控机床安排生产准备、维修保养时间。此外，数控机床管理人员还应通过合理的工时计算和定额制订来激励数控机床相关人员的工作积极性。

数控机床的维修保养人员应具备机电一体化的知识结构和丰富的实践经验，在故障发生之前能够通过科学的保养来防止或延迟故障的发生，在故障发生之后能够采用科学的诊断与维修技术迅速查找出故障部位及原因，并迅速加以排除。

数控机床编程人员不但要具备较强的数控编程能力，更要具备机械加工工艺设计方面的经验，这样才能编制出既满足工件加工要求、符合数控机床特点、又能提高数控加工效率的高质量程序。

数控机床的操作人员必须经过专业技能培训，具备相应的职业技能证书或上岗证书，爱岗敬业，虚心好学。

总之，企业一定要重视数控技术人才队伍的合理配置，加强对各类人才的培训，并为他们创造不断学习与提高的良好环境。

2. 建立健全规章制度

数控机床技术复杂，价格昂贵，自动化程度高，不规范的管理和违章操作不仅会造成重大的经济损失，还可能导致严重的人身伤亡事故。因此，必须针对数控机床的特点，建立健全各项规章制度，如数控机床管理制度、数控机床安全操作规程、数控机床操作使用规程、数控机床维修制度、数控机床技术管理办法、数控机床维修保养规程、数控机床电气和机械维修技术人员的职责范围等。并要求有关人员严格遵守，实现数控机床管理的规范化和系统化。

3. 建立完善的数控设备基础数据档案和使用、维修档案

在数控机床购置到位后，应注意保管好数控机床的随机资料，并为其建立基础数据档案或数据库，详细描述该数控机床的主要功能和技术性能指标、技术特点和加工能力以及适用对象等，为此后的管理、使用、设备调整与维修提供原始依据。在数控机床使用过程中，应建立数控机床使用、维修与保养记录及交接班记录，详细记录数控机床的运行情况及故障情况，特别是对机床发生故障的时间、部位、原因、解决方法和解决过程予以详细的记录和存档，以便在今后的操作、维修工作中参考、借鉴。

4. 为数控机床创造一个良好的使用环境

一般来说，数控机床对使用环境没有什么苛刻要求，可安装在与普通机床一样的生产车间里使用。但是，由于数控机床中含有大量电子元器件，因此在数控机床车间里应尽量避免阳光直射、空气潮湿和粉尘、地基振动等，以免电路板和电子元器件因阳光直射而过早老化；因空气潮湿和粉尘而遭受腐蚀、接触不良或短路；因振动而脱焊或接头松动，从而导致机床不能正常运行。对于使用者而言，应注意对数控机床周围环境的保护，例如在下雨天，不要将雨伞带到生产现场，应更换工作鞋等。如果有条件的话，可为数控机床配置带有空调的恒温车间，这样不仅可保证数控机床加工质量的稳定性，还

可显著降低故障率，提高可靠性。此外，应尽量保持周围环境的整洁，并使数控机床的色彩与周围环境的色彩和谐，使机床操作者始终有一个良好的工作心情，以减少对数控机床的野蛮操作。

5. 尽可能提高数控机床的开动率

购置数控机床的主要目的是解决高精度、形状复杂零件的加工问题，让其创造更大的价值，因此一定要尽可能提高数控机床的开动率。然而，目前在数控机床的管理和使用上存在一些错误认识，有些生产管理人员认为，数控机床价格昂贵，为保证数控机床完好率，避免经常出现故障而慎重使用，因此很少给数控机床安排加工任务，使数控机床几乎成为一种摆设；另有一些管理人员因为数控机床使用不当而经常出现故障，维修又不及时，有时会影响生产任务的按时完成，因而认为数控机床不好用，从而将其长期闲置不用；还有一些管理或技术人员错误认为数控机床是娇贵的设备，在加工中不敢使用较大但却较佳的切削用量，经常以"大马"来拉"小车"，不能使数控机床发挥其应有的效益。这些错误认识既不利于合理使用数控机床，也会使企业利益受到损失。

数控机床购进后，如果它的开动率不高，不但会使用户投入的资金不能起到再生产的作用，还很可能因超过保修期，需为设备故障支付额外的维修费用。因为数控机床在使用初期故障率往往较大，用户应在这期间充分使用数控机床，使其薄弱环节尽早暴露出来，在保修期内得以解决。即使平时生产任务不足，也不应将数控机床闲置不用，这不是对数控机床的爱护，因为如果长期不用，可能由于受潮等原因加快数控装置中电子元器件的变质或损坏。此外，数控机床并非像有些人认为的那样娇贵，如果合理使用切削用量，可使数控机床的效率和生产率得到充分发挥，因而创造更高的效益；如果使用、维护和保养得当，编程、操作、维护和管理人员素质高，配置合理，则数控机床的可靠性可以得到显著提高，甚至比使用普通机床更加可靠。

第三节　数控机床的维护与保养

一、数控机床的可靠性

1. 数控机床可靠性的基本概念

数控机床可靠性是指其在规定条件下，规定时间内，完成规定功能的能力。

数控机床的故障是指其在规定条件下，规定时间内，丧失了规定功能。

这里所谓的规定条件是指由数控机床生产商在随数控机床提供的相关技术文件中明确规定的环境温度和湿度、电源电压和频率、地基要求、操作规程等使用条件和使用方法等。

可靠性与故障是两个相反的概念。提高可靠性和降低故障率是人类一直在不懈追求的目标。然而在现实环境中制造并工作于现实环境下的数控机床，受自然规律的支配，必然受到来自内部和外部各种因素的干扰和影响，必然会出现各种各样的故障。可靠性研究结果表明，任何产品的可靠性都遵循图 7-5 所示的曲线变化规律。由于该曲线形状好像浴盆,故常称为"浴盆曲线"。由浴盆曲线可见,数控机床的失效区和老化区,犹如人的婴幼儿和老年时期,是事故多发且危险性较大的阶段,在使用时应格外注意。在有效寿命区使用的数控机床,故障率一般较低也较稳定,是数控机床充分发挥效益的阶段。

数控机床是一种高精度、高效率、高价格和高自动化程度的生产装备。从用户角度讲,希望所购置的数控机床能够长期连续可靠运行,从中获得较大的经济效益。从制造商角度讲,同样希望所生产的数控机床具有较高的可靠性,以便赢得良好的社会声誉,减少售后服务开支,扩大市场份额,为企业带来较大的经济效益。

然而,由于数控机床是复杂的机电一体化设备,其中采用的电子元器件和机械零部件繁多,结构要求紧凑,生产过程中涉及机械、液压、电气、电子、计算机、检测与传感、自动控制等多个学科领域知识和技术的应用,因而存在很多影响数控机床可靠性的因素。此外,在数控机床使用过程中,管理、维修与保养等都对其可靠性产生重要影响。因此,为了提高数控机床的可靠性,需要制造商与用户共同努力。

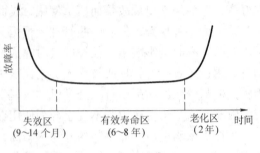

图 7-5　故障率曲线

2. 数控机床可靠性指标

(1) 平均无故障工作时间 (Mean Time Between Failure, MTBF)　平均无故障工作时间是指可修复产品在相邻两次故障间能正常工作的时间的平均值,也就是产品在寿命期内总工作时间与总故障次数之比,即

$$MTBF = \frac{总工作时间}{总故障次数}$$

显然,数控机床的平均无故障工作时间越长越好。

(2) 平均修复时间 (Mean Time To Repair, MTTR)　平均修复时间是指数控机床在寿命期内,从出现故障开始维修直至排除故障恢复正常使用的平均时间,即

$$MTTR = \frac{总故障时间}{总故障次数}$$

显然,数控机床的平均修复时间越短越好。

(3) 有效度 A　有效度是指一台可维修的数控机床在某一段时间内,维持其功能和性能的有效性的能力,这是从可靠性和可维修性角度对数控机床的正常工作能力进行综合评价的尺度,可用下式表达

$$A = \frac{MTBF}{MTBF + MTTR}$$

显然,有效度 A 是一个小于 1 的数,但越接近 1 越好。

3. 影响数控机床可靠性的主要因素

影响数控机床可靠性的主要因素可分为来自内部和外部两大类,其中来自内部的因

素主要取决于制造厂商的设计和制造质量，其对可靠性的影响主要反映在数控机床出厂时的可靠性指标上，前面介绍的"充分利用数控机床的一年保修期"是降低内部因素对可靠性影响的有效方法。外部因素主要是指数控机床使用过程中环境条件的变化以及管理、维护等方面的影响因素，这类因素的影响主要取决于用户，因此从用户使用的立场出发，这里简要介绍数控机床使用过程中的一些影响因素和提高可靠性的措施。

（1）电网质量 我国使用的数控机床的三相交流电源电压要求为（380±10%）V，电源频率要求为（50±1）Hz，三相电源尽量要平衡。如果数控机床的供电电网达不到上述质量要求，则容易损坏数控系统的电气元件，使可靠性降低。

（2）安装环境 数控机床对安装使用环境有较高的要求，一般应远离振源和污染源，不应直接受强日光照射，环境通风要好，日温差不应太大，湿度不应太大。数控机床在出厂时都明确规定了有关运输、保存和安装使用环境的指标，如果不能保证这些指标要求，则将降低其可靠性。例如，数控机床在湿度较大的沿海地区使用时，如果较长时间不用，其中的电子元器件极易失效，机械零部件也容易受腐蚀而生锈，导致可靠性降低。

（3）操作者水平 事实表明，许多数控机床的故障是人为造成的。由于操作者技术水平较低，或者操作者责任心不强，不遵守操作规程，野蛮操作，导致数控机床出现故障，或者造成机床损坏，有时甚至可能出现人身伤亡事故。因此，数控机床操作者应经过专门培训，并取得相应的职业资格证书方可上机操作，并在操作过程中严格遵守操作规程，最大限度地避免人为因素产生的故障，显著提高数控机床的可靠性。

（4）维护与保养 数控机床的维护与保养是影响数控机床可靠性的一个非常重要的因素。科学的维护与保养可保持数控机床在良好的状态下运行，减少故障，延长寿命。同时，通过科学的维护与保养还可及时发现故障隐患并加以排除，防止造成重大损失。

（5）动态保存 数控机床因某种原因而较长时间不用时，应定期（每隔一周或两周）通电空运行一段时间，以确保电子元器件不因空气潮湿而失效；应将切削液箱排空，并将暴露在空气中的机械零部件涂上润滑脂，以防锈蚀。

4. 数控机床可靠性现状

随着数控技术及其相关的各项支撑技术的迅速发展和进步，数控机床的可靠性也在逐年提高。20 世纪 70 年代，作为数控机床大脑的数控系统的平均无故障工作时间（MTBF）约为 3000h，到 20 世纪 90 年代，MTBF 已经提高到 30000h。另据资料介绍，目前 FANUC 的 CNC 系统的 MTBF 已能达到 125 个月（90000h）。数控机床整机的可靠性水平也在不断提高，整机的 MTBF 已由 20 世纪 80 年代初期的 100～200h 提高到目前的 500～800h。可见，影响数控机床可靠性的主要因素是数控机床的机械零部件，如换刀机构、液压系统、主传动机构和伺服进给机构等均是数控机床容易发生故障的部位，应在数控机床使用和维修过程中格外予以关注。

二、数控机床的故障诊断与维修

数控机床在使用过程中不可避免地会出现故障，产生故障的原因有多种多样，但无论如何，故障出现后必须冷静对待，科学分析与诊断，并及时加以排除，否则必然会影响生产，造成经济损失。这里主要介绍数控机床故障的一般诊断方法、数控系统常见故障以及常见故障的排除方法。

1. 数控机床的故障诊断方法

数控机床的故障诊断包括预防性诊断和故障后诊断，前者是指在机床正常运行过程中，通过采用一定的技术、手段和方法，根据所监测的机床状态信号的变化情况，预测可能产生的故障种类、部位和原因，其目的在于预防故障的发生，为预防性维修提供依据；后者是指在机床出现故障后，在基本不拆卸或少拆卸的情况下，通过采用一定的技术、手段和方法，迅速查找出故障部位和原因，为进一步排除故障提供依据。

预防性诊断是一种积极的故障诊断方法，涉及到多种学科技术领域的知识，其技术难度大，是当前故障诊断技术研究的主要内容和发展方向。目前，预防性诊断技术和手段主要由数控机床生产厂商随机床一起提供，许多数控机床所具备的在线自诊断功能即属于预防性诊断。在线自诊断功能可以在系统运行过程中对数控系统及与之相连的伺服单元、伺服电动机、主轴伺服单元和主轴电动机以及外围设备等实时进行自动诊断与检查，并在发现异常时显示报警信息。

故障后诊断是一种当系统发生故障后的被动诊断方法，由于诊断工作需要停机进行，因此又称离线诊断。目前，故障后诊断仍是一种主要的故障诊断方法。

目前，数控机床故障的一般诊断方法主要有如下几种：

（1）直观法　直观法是利用人的感官，通过看、听、问、闻、触摸等进行故障诊断的方法，也是一种最基本而又快速有效的故障诊断方法。维修人员通过对故障发生时的各种光、声、味等异常现象进行调查了解，对故障现场进行实地观察，并对故障的可能部位进行触摸等方法，往往可将故障范围缩小到一个模块或一块电路板上。直观法要求维修人员具有丰富的实际经验，要有多学科领域知识和综合判断能力。

（2）自诊断功能法　自诊断功能法是利用数控系统所具备的自诊断功能来监视数控机床硬件和软件的工作状况，并在发现异常时通过 CRT 或发光二极管显示报警信息以及故障大致部位和大致起因的方法。由于自诊断功能能显示出数控系统与机床本体之间的接口信号状态，因此可帮助判断出所发生的故障是机械故障还是电气故障，并指示出故障的大致部位。

（3）功能程序测试法　功能程序测试法是将数控系统的常用功能和特殊功能，如定位、插补、螺纹切削、固定循环、用户宏程序等用手工编程或自动编程方法，编制成一个功能测试程序，输入到数控系统内存中存储起来，在需要进行故障诊断时，将该程序调出并加以执行，检查数控机床执行这些功能的准确性和可靠性，进而判断故障发生的可能原因。这种方法主要用于长期闲置机床的开机检查以及机床加工出废品但又无故障报警时的故障诊断，可以诊断编程错误、操作错误和机床性能降低等故障。

（4）备件替换法　备件替换法是在分析出故障大致原因的情况下，利用备用的模块、电路板、集成电路芯片或元器件逐次替换可疑对象，从而把故障范围缩小到电路板或芯片级的一种故障诊断方法。这种方法简单易行，在现场故障诊断时经常采用，其缺点是要求用户准备较多的备件。

（5）转移法 转移法是将数控系统中具有相同功能的两个模块、电路板、集成电路芯片或元器件相互交换，观察故障现象是否随之转移，从而迅速确定故障部位的一种故障诊断方法。

（6）参数检查法 现代数控系统有很多参数，这些参数决定着机床的功能和性能，在机床出厂前已被设置好，并被存储在由后备电池保持的 CMOS RAM 中。当由于电池不足、外界干扰或误操作等原因使某些参数丢失或变化时，系统将发生混乱，使机床无法正常运行。这时，可根据故障现象和特征，参考随机床提供的技术手册，核对并修正相应的错误参数，便可找出故障原因并加以排除。

（7）测量比较法 为了调整和维修方便，数控系统的电路板上均设计有多个检测用端子。用户可利用这些端子检测系统运行时的信号幅度和波形，并与正确的信号幅度和波形进行比较，从而发现故障的部位和原因。由于数控机床厂一般不提供有关方面的资料，因此要求维修人员在实际工作中不断积累有关数据，为采用这种故障诊断方法提供充足的依据。

（8）敲击法 当数控系统出现的故障表现为时有时无时，往往可采用敲击法诊断出故障的部位。因为这类故障多数是由电路板上的焊点虚焊或线路接触不良而引起的，因此当用绝缘物体轻轻敲击电路板时，这类故障肯定会重复再现。

（9）原理分析法 根据数控系统的组成原理，从逻辑上分析各点的逻辑电平和特征参数（如电压值或波形等），然后用万用表、逻辑笔、示波器或逻辑分析仪进行测量、分析和比较，从而诊断出故障部位和原因。这种故障诊断方法要求维修人员必须对整个系统及每个电路的原理了如指掌。

由于数控机床的故障原因和故障部位一般比较复杂和隐蔽，因此在实际工作中往往需要综合采用上述介绍的几种方法来进行故障诊断。

2. 数控机床的常见故障

数控机床包括数控系统与机床本体两大部分。一般来讲，机床本体的故障率较高，但由于这部分故障看得见、摸得到，因此比较容易修复；而数控系统虽然可靠性已经达到很高，但与机械本体结合起来后，其运行环境一般比较恶劣，尤其是在维护、使用不当时，常常会导致数控系统故障，且由于数控系统故障看不到，摸不着，查找和维修比较困难，因此对用户来讲，经常表现出来的是数控系统故障。因此，这里重点就数控系统的常见故障位置及故障现象进行分析和介绍。

（1）位置环故障 位置环是实现伺服控制的关键环节，工作频度高，与伺服进给机构直接连接，速度和负载变化范围大，所以容易发生故障。常见的故障有：

1）位控环报警。可能是测量回路开路，测量系统损坏，或位控单元内部损坏。

2）不发指令就动作。可能是漂移过高，正反馈，位控单元故障，测量元件损坏。

3）测量元件故障。一般表现为无反馈值，机床回不了基准点，高速时漏脉冲产生报警，可能的原因是光栅测量元件内灯泡坏了，光栅或读数头脏了，光栅坏了。

（2）伺服驱动系统故障　伺服驱动系统与电源电网、机械系统等相关联，而且在工作过程中一直处于频繁启动和运行状态，因而故障较多。常见的故障有：

1）系统损坏。一般由于网络电压波动太大，或电网电压冲击造成。

2）无控制指令，但电动机高速旋转。故障原因是速度环开环或变为正反馈，因为在正反馈情况下，系统的零点漂移会迅速累加而使电动机高速旋转。

3）加工表面达不到要求，圆弧插补过程中控制轴换向时出现凸台，或电动机低速爬行或振动。一般是由于伺服系统调整不当，各轴伺服控制环增益不相等或者电动机匹配不合适所引起，解决办法是进行控制环最佳化调节。

4）熔丝烧断，电动机过热甚至烧坏。可能的原因一般是机械负载过大或运动被卡死。

（3）电源部分故障　电源是用于提供系统正常工作的能源，电源失效或故障将导致系统停机甚至损坏整个系统。在欧美国家，这类问题一般较少，因而在系统设计时这方面因素考虑不多，但我国电源质量较差，波动较大，有时会出现高频脉冲这一类干扰，再加上一些人为的因素（如突然拉闸断电等），容易造成电源故障或损坏。另外，数控系统部分运行数据，设定数据以及加工程序等一般存储在 RAM 存储器内，系统断电后，靠后备电池来保持，若停机时间比较长，拔插电源或存储器都可能造成数据丢失，使系统不能运行。

（4）可编程序控制器逻辑接口故障　数控系统的刀库管理、主轴启停和正反转、液压系统各执行元件的控制等逻辑控制功能，主要由内置的 PMC 来实现。PMC 通过接口与外界种类繁多的各种信号源和执行元件相连接，实时采集各信号源（如断路器、伺服阀、指示灯等）的状态信息，并根据控制要求对各执行元件（如主轴电动机、换刀机械手、各种液压阀等）进行实时控制，因此发生故障的可能性较大，而且故障类型亦千变万化。

（5）其他常见故障　由于环境条件超出规定（如电磁干扰和振动干扰太强、温度和湿度超出允许范围等），操作者操作不当，系统参数设定不当，也可能造成停机或故障。如某工厂的数控设备，开机后不久便失去数控准备好信号，系统无法工作，经检查发现机体温度很高，原因是通气过滤网已堵死，引起温度传感器动作，更换滤网后，系统恢复正常。此外，如不按操作规程拔插线路板，或无静电防护措施等，都可能造成停机故障甚至毁坏系统。

3. 常见故障的排除方法

（1）初始化复位法　一般情况下，由于瞬时故障引起的系统报警，可用硬件复位或开关系统电源的方法来依次清除故障。若系统工作存储区由于掉电、拔插线路板或电池欠压而造成混乱，则必须对系统进行初始化。系统初始化之前应注意作好数据备份。若初始化后故障仍没有排除，则应采取其他方法进行故障诊断。

（2）参数更改，程序更正法　系统参数是确定系统功能的依据，参数设定错误可能造成系统的故障或某些功能无效。此类故障可根据数控机床随机提供的手册进行诊断，并通过输入正确的参数加以排除。有时用户程序错误也会造成故障停机，这时可以利用系统的编辑功能对程序逐行进行检查，修正所有错误，以确保其正常运行。

（3）调节、最佳化调整法　调节是一种最简单易行的办法，通过对电位计的调节，修复系统故障；最佳化调整是一种综合调节方法，其目的是使伺服驱动系统与被拖动的机械系统实现最佳匹配，其方法是用一台多线记录仪或具有存储功能的双踪示波器，分别观察指令和速度反馈或电流反馈的响应关系，通过调节速度调节器的比例系数和积分时间，使伺服系统达到既有较高的动态响应性能，又不产生振荡的最佳工作状态。在现场没有示波器或记录仪时，可采用一种经验的方法，即调节速度调节器使电动机起振，然后再向相反的方向慢慢调节，直到消除振荡为止。

（4）备件替换法　对容易出现故障的部件准备好相应的备件，一旦出现故障，可采用备件逐个替换的方法诊断出故障部位，更换相应的电路板。电路板更换后应通过相应的初始化启动，机床便可迅速投入正常运转。

（5）改善电源质量法　一般采用稳压电源来改善电源质量，对于高频干扰也可以采用电容滤波法。通过这些预防性措施可以减少电源电路的故障。

（6）维修信息跟踪法　一些大的数控机床制造公司，经常根据实际使用中所发现的设计缺陷或各类常见故障，不断修改和完善系统软件或硬件。这些技术上的改进常以维修信息的形式不断提供给维修人员。这些信息也可以做为故障排除的依据，用于彻底排除故障。

三、数控机床的日常维护与保养

数控机床的日常维护与保养对提高数控机床的可靠性，保证数控机床始终处于良好的工作运行状态具有重要意义。数控机床日常维护与保养的宗旨是，延长数控机床各元器件和零部件的磨损周期，防止非正常损坏和恶性故障发生，延长数控机床的寿命。科学精心的维护与保养，可以极大程度地消除故障隐患，在数控机床处于正常工作状态时，降低出现故障的可能性；在故障即将出现时，及时予以发现并通过预防性维修将其消灭在萌芽状态；在故障出现后，也可以利用日常工作、维护与保养记录帮助维修人员迅速诊断故障并加以排除。数控机床的具体维护保养内容和要求在随机提供的使用、维修说明书中都有明确规定，一般来讲，应注意以下几方面内容：

1. 建立健全数控机床的日常维护规章制度

根据数控机床各部件的特点，确定相应的保养条例，如明文规定哪些部件需要天天清理，哪些部件必须定时加油或定期更换等。

2. 尽量少开数控柜和强电柜的门

机加工车间空气中一般都含有油雾、漂浮的灰尘甚至金属粉末，一旦落在数控装置内印制电路板或电子元器件上，容易引起绝缘和散热问题，并导致元器件及电路板损坏。

3. 定时清理数控机床的散热通风系统

应每天检查数控装置上各冷却风扇是否工作正常，每半年或每季度检查一次风道过滤是否有堵塞现象。如果过滤网上灰尘积聚过多，应及时清理，否则将会引起数控装置散热不良，过热报警故障。

4. 定期检查和更换直流电动机电刷

对于采用直流主轴电动机和直流伺服电动机的数控机床，电刷的磨损是导致电动机故障的一个主要原因，因此应对电刷进行定期检查和更换。检查周期随机床使用的频繁程度而定，一般应每半年或一年检查一次。

5. 经常监视数控机床的电网电压

数控机床允许使用的电网电压在额定值的 ± (10~15)% 范围内波动，如果经常超出此范围将导致系统不能正常工作，甚至会造成电子元器件损坏。因此，应经常监视电网电压，并在电网电压波动较大时及时采取措施，如配置稳压电源等。

6. 定期更换备用电池

数控机床各种参数及数控加工程序一般存储在 CMOS 型的 RAM 存储器中，在机床断电后由备用电池供电保护这些数据。备用电池的寿命一般为 1~2 年。一般情况下，即使备用电池尚未失效，最好也应每年更换一次，以确保系统能正常工作。电池的更换必须在数控装置通电状态下进行。

7. 数控机床长期不用时的维护

数控机床长期闲置不用不但降低了利用率，如不定期维护还将会导致失效。因此，在数控机床长期闲置不用时，应采取下述两方面措施：

1）经常给系统通电，特别是在环境湿度较大的梅雨季节更应如此。在机床锁住不动的情况下，让系统空运行，利用电器元件本身的发热来驱散数控装置内的潮气，保证电子器件性能的稳定可靠。

2）如果数控机床采用直流电动机驱动，则应将电刷从直流电动机中取出，以免由于化学腐蚀作用，使换向器表面腐蚀，造成换向性能变坏，使整台电动机损坏。

8. 备用印制电路板的维护

印制电路板长期不用容易失效，因此已购置的备用印制电路板应定期装到数控装置上通电运行一段时间，以防损坏。

表 7-2 所列内容可供日常维护与保养参考。

表 7-2 日常维护与保养内容

序号	检查周期	检查部位	检查内容
1	每天	导轨润滑机构	油标、润滑泵，每天使用前手动打油润滑导轨
2	每天	导轨	清理切屑及脏物，检查滑动导轨有无划痕，滚动导轨润滑情况
3	每天	液压系统	检查油量、油质、油温及有无泄漏
4	每天	主轴润滑油箱	检查油量、油质、油温及有无泄漏
5	每天	液压平衡系统	工作是否正常

（续）

序号	检查周期	检查部位	检查内容
6	每天	气源自动分水过滤器	及时清理自动分水过滤器中分离出的水分，检查压力
7	每天	电器散热箱、通风装置	冷却风扇工作是否正常，过滤器有无堵塞
8	每天	各种防护罩	有无松动、漏水，特别是导轨防护装置
9	每天	机床液压系统	液压泵有无异常噪声，压力表接头有无松动，油面是否正常
10	每周	空气过滤器	坚持每周清洗一次，保持无尘、畅通，发现损坏应及时更换
11	半年	滚珠丝杠	清洗丝杠上的旧润滑脂，更换新润滑脂
12	半年	液压油路	清洗各类阀、过滤器，清洗油箱底，换油
13	半年	主轴润滑箱	清洗过滤器，换油
14	不定期	主轴电动机冷却风扇	除尘，清理异物
15	不定期	运屑器	清理切屑，检查是否卡住
16	不定期	电源	供电网络大修，停电后检查电源相序、电压
17	不定期	电动机传动带	调整传送带松紧
18	不定期	刀库	检查刀库定位情况，机械手相对主轴的位置

习题与思考题

7-1 试说明数控机床的经济适用场合，并分析为什么数控机床适用于多品种小批量生产模式。

7-2 选购数控机床时，怎样考虑市场占有率原则？

7-3 试对表 7-1 中的品牌和价格两列数据进行分析，并说明从中可得出什么结论。

7-4 数控机床使用中应注意哪些问题？为什么应尽量提高数控机床的开动率，尤其是对于新购置的数控机床？

7-5 为了科学合理地管理和使用数控机床，应为其配置哪些专业技术人才，为什么？

7-6 很多西方人喜欢购买"二手"汽车。试根据机电产品的可靠性变化规律来分析其原因。

7-7 影响数控机床可靠性的主要因素有哪些？

7-8 常用的数控机床故障诊断方法有哪些？

7-9 在数控机床的日常维护与保养过程中，应注意哪些问题？

参 考 文 献

[1] 李诚人，数控技术的现状与展望［J］. 现代制造工程. 2008，4，129-132.

[2] 盛伯浩. 唐华. 高效柔性制造技术的新进展［J］. 制造技术与机床，2003，2，21-25.

[3] 邱先念. 数控机床故障诊断及维修［J］. 设备管理与维修，2003，1，21-23.

[4] 机械工人杂志社. 数控系统千人调查［J］. 机械工人，2002，6，2-4.

[5] 龚秉周. 单一加工中心零件成组加工技术［J］. 现代制造工程，2002，11，49-51.

[6] 李佳特. "开放"的道路——纪念数控技术诞生50周年［J］. 航空制造技术，2002，3，17-19.

[7] 得宝机床（北京）有限公司. 数控机床维修技术简述（1，2）［J］. 制造技术与机床，1999，6-8.

[8] 于久清. 数控车床/加工中心编程方法、技巧与实例［M］. 北京：机械工业出版社，2008.

[9] 聂秋根，陈光明. 数控加工实用技术［M］. 北京：电子工业出版社，2007.

[10] 赵刚. 数控铣削编程与加工［M］. 北京：化学工业出版社，2007.

[11] 杨江河，蒋文兵. 加工中心实用技术［M］. 北京：机械工业出版社，2007.

[12] 卢胜利，王睿鹏，祝玲. 现代数控系统——原理、构成与实例［M］. 北京：机械工业出版社，2006.

[13] 数控加工技师手册编委会. 数控加工技师手册［M］. 北京：机械工业出版社，2005.

[14] 夏庆观. 数控机床故障诊断［M］. 北京：机械工业出版社，2004.

[15] 罗学科，谢富春. 数控原理与数控机床［M］. 北京：化学工业出版社，2004.

[16] 范钦武. 模具数控加工技术及应用［M］. 北京：化学工业出版社，2004.

[17] 何玉安. 数控技术及其应用［M］. 北京：机械工业出版社，2004.

[18] 朱晓春. 数控技术［M］. 北京：机械工业出版社，2004.

[19] 戴向国，于复生，刘雪梅. Mastercam 8.0 数控加工基础教程［M］. 北京：人民邮电出版社，2004.

[20] 沙杰. 加工中心结构、调试与维护［M］. 北京：机械工业出版社，2003.

[21] 林宋，田建君. 现代数控机床［M］. 北京：化学工业出版社，2003.

[22] 王春海. 数字化加工技术［M］. 北京：化学工业出版社，2003.

[23] 任玉田，等. 机床计算机数控技术［M］. 2版. 北京：北京理工大学出版社，2002.

[24] 王仁德，赵春雨，张耀满. 机床数控技术［M］. 沈阳：东北大学出版社，2002.

[25] 王爱玲. 现代数控原理及控制系统［M］. 北京：国防工业出版社，2002.

[26] 白恩远. 现代数控机床伺服与检测技术［M］. 北京：国防工业出版社，2002.

[27] 李郝林，方键. 机床数控技术［M］. 北京：机械工业出版社，2002.

[28] 张魁林. 数控机床故障诊断［M］. 北京：机械工业出版社，2002.

[29] 许祥泰，等. 数控加工编程实用技术［M］. 北京：机械工业出版社，2002.

[30] 刘雄伟. 数控机床操作与编程培训教程［M］. 北京：机械工业出版社，2002.

[31] 廖卫献. 数控车床加工自动编程［M］. 北京：国防工业出版社，2002.

［32］ 李佳．数控机床及应用［M］．北京：清华大学出版社，2001.

［33］ 全国数控培训网络天津分中心．数控机床［M］．北京：机械工业出版社，2001.

［34］ 刘书华．数控机床与编程［M］．北京：机械工业出版社，2001.

［35］ 王永章，杜君文，程国全．数控技术［M］．北京：高等教育出版社，2001.

［36］ 余仲裕．数控机床维修［M］．北京：机械工业出版社，2001.

［37］ 罗学科，等．数控机床编程与操作实训［M］．北京：化学工业出版社，2001.

信息反馈表

尊敬的老师:

您好!感谢您多年来对机械工业出版社的支持和厚爱!为了进一步提高我社教材的出版质量,更好地为我国高等教育发展服务,欢迎您对我社的教材多提宝贵意见和建议。另外,如果您在教学中选用了《数控机床与编程》第 2 版(郑堤主编),欢迎您提出修改建议和意见。

一、基本信息

姓名:_____ 性别:_____ 职称:_____ 职务:_____

邮编:_____ 地址:_____

任教课程:_____ 电话:____—_____(H)_____(O)

电子邮件:_____ 手机:_____

二、您对本书的意见和建议

(欢迎您指出本书的疏误之处)

三、您对我们的其他意见和建议

请与我们联系:

100037 机械工业出版社·高教分社 邓编辑 收

Tel:010—88379711,68311394(O),68997455(Fax)

E-mail:happyDHP@sohu.com

http://www.cmpbook.com